海南省
生态环境质量报告

HAINAN SHENG
SHENGTAI HUANJING
ZHILIANG BAOGAO

2023年

海南省生态环境监测中心 / 编

中国环境出版集团 · 北京

图书在版编目（CIP）数据
海南省生态环境质量报告．2023 年 / 海南省生态环境监测中心编．-- 北京 ：中国环境出版集团，2024.12. -- ISBN 978-7-5111-6098-0
Ⅰ．X821.266
中国国家版本馆 CIP 数据核字第 2025FH5318 号

审图号：琼 S（2024）037 号

责任编辑 孙 莉
封面设计 岳 帅

出版发行 中国环境出版集团
（100062 北京市东城区广渠门内大街 16 号）
网 址：http://www.cesp.com.cn
电子邮箱：bjgl@cesp.com.cn
联系电话：010-67112765（编辑管理部）
发行热线：010-67125803，010-67113405（传真）
印 刷 北京鑫益晖印刷有限公司
经 销 各地新华书店
版 次 2024 年 12 月第 1 版
印 次 2024 年 12 月第 1 次印刷
开 本 787 × 1092 1/16
印 张 13.25
字 数 240 千字
定 价 65.00 元

《2023年海南省生态环境质量报告》
编 委 会

李金秋　伍成成　杨昕蕊　吴　艳　刘建卓
张鸣珊　黄丹瑜　杨　锐　熊曾恒　谢福武
吴思怡　田毓婷　符式锦　李晓敏　吴小龙
（海南省辐射环境监测站）
符　兰　陈贻师　石书敬　杨小秀　何荣天
王　叶　周　云　唐　煜　罗　坚

批准部门：海南省生态环境厅
主编单位：海南省生态环境监测中心
参加编写单位：海南省辐射环境监测站
资料提供单位：海南省各市（县、自治县）生态环境监测站（环境保护监测站、环境监测站）

前言

2023年是全面贯彻落实党的二十大精神的开局之年，全国生态环境保护大会应势而动，鼓角催征，为进一步加强生态环境保护、推进生态文明建设提供了方向指引和根本遵循。海南省委、省政府进一步学深悟透习近平生态文明思想核心要义，从“国之大者”高度持续深化思想认识，推动习近平生态文明思想在海南落地生根。全省生态环境系统在各部门的通力协作下，聚焦海南自由贸易港建设中心工作，坚持以生态环境高水平保护助力经济社会高质量发展，守正创新、主动担当，统筹推进国家生态文明试验区建设，“绿水青山就是金山银山”转化机制不断完善，“双碳”工作取得突破；不折不扣推进中央生态环境保护督察整改，全力配合保障第三轮中央生态环境保护督察；深入打好污染防治攻坚战，全省生态环境质量稳中向好、保持领先，生态环境工作扎实推进、富有成效。全省空气优良天数比例和包括$PM_{2.5}$在内的五项污染物浓度保持历史最好水平，地表水水质优良比例再创新高。海南的天更蓝、地更绿、水更清，人民群众的获得感、幸福感更强。

《2023年海南省生态环境质量报告》基于2023年海南省生态环境监测网络监测数据，结合相关部门提供的环境状况内容编制而成。

本书共分五篇。第一篇为概况，介绍了生态环境监测网络布设和评价方法与标准；第二篇为生态环境质量状况，分析了海南省环境空气、降水、地表水、饮用水水源地、地下水、土壤、海洋、声环境、生态、辐射等环境要素的质量现状、质量特征、变化趋势和原因；第三篇为生态环境质量关联分析，运用统计方法与模型分析生态环境质量与环保措施、气候气象、产业结构、能源消耗、城市发展、农业面源等的关联性；第四篇为生态环境质量预测，基于季节性差分自回归滑动平均模型和灰色模型预测生态环境质量；第五篇为总结，概括了全省生态环境质量状况，找出主要环境问题和原因，提出对策和建议。

在海南省生态环境厅的直接领导下，省厅相关处室、海南省辐射环境监测站的配合参与下，由海南省生态环境监测中心具体组织完成本书的编写工作。编写过程中，除使用全省生态环境系统各级环境监测站的监测数据和海南省生态环境厅组织编写的生态环境保护规划、计划、总结等有关资料外，还使用了自然资源、统计、水务、气象、农业农村、林草、住建、公安、交通运输等部门的相关数据，特此向有关部门和人员表示感谢！

由于作者水平有限，本书内容不足之处，希望读者批评指正。

作者

目录 CONTENTS

第一篇

概 况

第一章　生态环境监测网络布设

一、环境空气质量监测网络

2023 年，海南省环境空气评价城市点位共 36 个。

监测频次：每日 24 h 连续监测。

监测项目：二氧化硫（SO_2）、二氧化氮（NO_2）、可吸入颗粒物（PM_{10}）、细颗粒物（$PM_{2.5}$）、一氧化碳（CO）、臭氧（O_3）6 项指标。

二、降水质量监测网络

2023 年，海南省大气降水监测点位 28 个。所有测点逢雨必测。必测项目为降水量、pH、电导率，增测项目为硫酸根、硝酸根、氟离子、氯离子、铵离子、钙离子、镁离子、钠离子、钾离子等离子组分。

三、地表水环境质量监测网络

（一）地表水

2023 年，海南省地表水环境质量监测 76 条河流 141 个断面、41 座湖库 52 个点位，共计 193 个断面（点位），包括 49 个国控断面（点位）、144 个省控断面（点位），其中 33 个国控断面（点位）建有水质自动监测站。

监测频次：每月监测 1 次。其中，未建有水质自动监测站的断面，所有指标按照采测分离的方式开展手工监测；建有水质自动监测站的断面，9 项基本指标开展实时、自动监测，其余指标开展手工监测。

监测项目：每月监测项目为“9+X”，现场增测水深、河宽，入海河流感潮断面增测盐度。其中，“9”为基本指标：水温、pH、溶解氧、电导率、浊度、高锰酸盐指数、氨氮、总磷、总氮（湖库增测叶绿素 a、透明度）；“X”为特征指标，《地表水环境质量标准》（GB 3838—2002）表 1 基本项目中，除 9 项基本指标外，上一年及当年断面水质超过Ⅲ类标准限值的指标，如断面考核目标为Ⅰ类或Ⅱ类，则 X 为超过Ⅰ类或Ⅱ类标准限值的指标。每季度第 1 个月开展 1 次《地表水环境质量标准》（GB 3838—2002）中表 1 全指标（粪大肠菌群除外）及流量采测分离监测。

（二）水功能区

根据《海南省水功能区划（修编）》，全省共划分 65 个水功能区，其中 24 个水功能区纳入国家重要水功能区进行考核。全省 65 个水功能区中一级水功能区 26 个，其中保护区 16 个、保留区 10 个；二级水功能区 39 个，其中饮用水源区 15 个、农业用水区 15 个、工业用水区 7 个、景观娱乐用水区 2 个。全省 65 个水功能区共布设监测断面（点位）57 个，其中 24 个重要江河湖泊水功能区被纳入国家考核，布设监测断面（点位）18 个。

2023 年，全省 65 个水功能区中 57 个断面（点位）全部纳入地表水国控、省控断面（点位），监测频次、监测项目同地表水。

四、饮用水水源地水质监测网络

2023 年，海南省共监测 32 个在用集中式生活饮用水水源地，其中地表水型水源地 31 个（河流型 12 个，湖库型 19 个）、地下水型水源地 1 个。

监测频次：①手工监测：兼为国控、省控断面的集中式饮用水水源地分别使用国控、省控采测分离数据；②自动监测：五参数（水温、pH、溶解氧、电导率和浊度）每 1 h 监测 1 次，其他指标每 4 h 监测 1 次。

监测项目：①地表水水源：每季度第 1 个月监测项目为《地表水环境质量标准》（GB 3838—2002）表 1 的基本项目（23 项，化学需氧量除外）、表 2 的补充项目（5 项）和表 3 的优选特定项目（33 项），共 61 项，并统计当月取水量；湖库型水源增测叶绿素 a 和透明度；每季度第 2 个月和第 3 个月，兼为国控、省控断面的水源地监测项目为“9+X”，其中 9 为基本指标：水温、pH、溶解氧、电导率、浊度、高锰酸盐指数、氨氮、总磷、总氮（湖库增测叶绿素 a 和透明度）；“X”为特征指标：《地表水环境质量标准》（GB 3838—2002）表 1 的基本项目中，除 9 项基本指标外，上一年及当年断面水质超过Ⅲ类标准限值的指标，如断面考核目标为Ⅰ类或Ⅱ类，则 X 为超过Ⅰ类或Ⅱ类标准限值的指标。每月自动监测项目为水温、pH、溶解氧、电导率、浊度、高锰酸盐指数、氨氮、总磷和总氮 9 项。②地下水水源：《地下水质量标准》（GB/T 14848—2017）表 1 的常规指标（37 项，不含总 α 放射性、总 β 放射性），并统计当月取水量。

五、地下水环境质量监测网络

2023年，海南省地下水环境质量监测网共75个监测点位。

监测频次：枯水期和丰水期各监测1次，饮用水源点位增加1次平水期监测。

监测项目：《地下水质量标准》（GB/T 14848—2017）表1常规指标中的29项，包括pH、硫酸盐、氯化物、铁、锰、铜、锌、铝、挥发性酚类（以苯酚计）、阴离子表面活性剂、耗氧量（COD_{Mn}法，以O_2计）、氨氮（以N计）、硫化物、钠、亚硝酸盐（以N计）、硝酸盐（以N计）、氰化物、氟化物、碘化物、汞、砷、硒、镉、铬（六价）、铅、三氯甲烷、四氯化碳、苯和甲苯。

六、土壤环境质量监测网络

2021—2022年，海南省共布设土壤环境监测网络监测点位402个，其中基础点366个、背景点36个。

监测频次：5年监测1轮。

基础点监测项目：理化指标（pH、有机质和阳离子交换量），无机污染物分为必测项目（砷、镉、铬、铜、铅、镍、汞、锌8种元素的全量）和增测项目（钒、锰、钴3种元素的全量），有机污染物分为六六六总量、滴滴涕总量和多环芳烃。

背景点监测项目：理化指标（pH、有机质和阳离子交换量），无机污染物（镉、汞、砷、铅、铬、铜、锌、镍、钒、锰、钴11种元素的全量），有机污染物分为六六六总量、滴滴涕总量和多环芳烃。

七、海洋环境质量监测网络

（一）海水水质

2023年，海南省近岸海域共布设117个监测点位，其中国控监测点位66个、省控监测点位51个。

监测频次：国控监测点位全年开展3期近岸海域海水水质监测，具体监测时间为春季（4—5月）、夏季（7—8月）、秋季（10—11月）；省控监测点位于春季、夏季开展2期监测。

春季、秋季监测项目：风速、风向、海况、天气现象、水深、水温、水色、盐度、透明度、叶绿素a、pH、溶解氧、化学需氧量、活性磷酸盐、亚硝酸盐氮、硝酸盐氮、氨氮、石油类、悬浮物质。

夏季监测项目：漂浮物质，色、臭、味，悬浮物质，盐度，pH，溶解氧，生化需氧量，石油类，六价铬，汞，砷，氰化物，硫化物，挥发酚、苯并 [a] 芘、阴离子表面活性剂、营养盐项目（活性磷酸盐、亚硝酸盐氮、硝酸盐氮、氨氮、无机氮、化学需氧量、非离子氨）、菌类（大肠菌群、粪大肠菌群）、重金属（铜、锌、总铬、六价铬、镉、铅、硒、镍）、有机氯（六六六、滴滴涕）、有机磷（马拉硫磷、甲基对硫磷）、总氮、总磷、叶绿素 a、水文及气象指标（风向、风速、天气现象、水温、水色、水深、透明度、海况）。

（二）海水浴场

2023 年，海南省共对 6 个重点海水浴场开展水质监测，分别为海口假日海滩浴场、三亚亚龙湾浴场、大东海浴场、皇后湾浴场、三亚湾浴场及东方鱼鳞州浴场。

监测频次：6—9 月每周监测 1 次。

监测项目：水温、pH、石油类、粪大肠菌群、漂浮物质和溶解氧共 6 项。

（三）典型海洋生态系统健康状况

2023 年，海南省近岸海域典型海洋生态系统健康状况监测覆盖了海南岛东海岸、海南岛西海岸和西沙群岛，主要包括珊瑚礁、海草床、红树林生态系统，共 85 个监测点位。

其中，海南岛东海岸的 20 个珊瑚礁监测点位覆盖了鹿回头、西岛、蜈支洲岛、龙湾、铜鼓岭、长圮港、亚龙湾、大东海、小东海、红塘湾 10 个海域，海南岛西海岸 11 个珊瑚礁监测点位覆盖了大铲礁、排浦、邻昌岛、美夏、海尾 5 个海域，西沙群岛的 21 个珊瑚礁监测点位覆盖了永兴岛、西沙洲、赵述岛、北岛、晋卿岛、甘泉岛 6 个海域。海南岛东海岸的 13 个海草床监测点位覆盖了高隆湾、长圮港、龙湾、新村港、黎安港 5 个海域，海南岛西海岸的 4 个海草床监测点位覆盖了临高红牌和马袅 2 个海域；8 个红树林监测点位覆盖了海南东寨港国家级自然保护区和临高新盈红树林分布区 2 个区域，8 个生物多样性监测点位覆盖了西沙群岛。

监测频次：每年监测 1 次，西沙群岛珊瑚礁生态系统于 7 月开展监测，海南岛东海岸和西海岸珊瑚礁生态系统于 8—9 月开展监测，海南岛东海岸和西海岸海草床生态系统于 8 月开展监测，红树林生态系统则根据群落区系特征确定监测时间。

珊瑚礁生态系统监测项目：水环境质量、生物质量、栖息地状况、生物群落状况

4 类项目。其中，水环境质量监测项目包括 pH、悬浮物、活性磷酸盐、无机氮、叶绿素 a 等；生物质量监测项目包括总汞、镉、铅、砷、石油烃等；栖息地状况监测项目包括活珊瑚覆盖度、大型底栖藻类盖度；生物群落状况监测项目包括软 / 硬珊瑚种类数、硬珊瑚补充量、珊瑚病害发生率、珊瑚死亡率、珊瑚礁鱼类密度等。

海草床生态系统监测项目：水环境质量、沉积物质量、生物质量、栖息地状况、生物群落状况 5 类项目。其中，水环境质量监测项目包括透光率、盐度年度变化、悬浮物、活性磷酸盐、无机氮等；沉积物质量监测项目包括有机碳含量、硫化物含量等；生物质量监测项目同珊瑚礁监测项目；栖息地状况监测项目包括海草分布面积、沉积物主要组分含量年度变化等；生物群落状况监测项目包括海草盖度、海草生物量、海草密度、底栖动物生物量等。

红树林生态系统监测项目：水环境质量、生物质量、栖息地状况、生物群落状况 4 类项目。其中，水环境质量监测项目包括盐度年度变化、pH、活性磷酸盐、无机氮等；生物质量监测项目同珊瑚礁监测项目；栖息地状况监测项目包括红树林面积、土壤盐分年度变化等；生物群落状况监测项目包括红树林覆盖度、红树林密度、底栖动物密度、底栖动物生物量等。

（四）海洋垃圾和微塑料

2023 年，海南省对海口湾、博鳌湾、三亚湾、洋浦湾 4 个区域开展海洋垃圾监测，并对南渡江、万泉河、昌化江入海口开展海洋微塑料监测。

监测频次：每年监测 1 次，海洋垃圾于 10—12 月开展监测，海洋微塑料于 9 月开展监测。

监测项目：海洋垃圾监测项目包括海面漂浮垃圾、海滩垃圾、海底垃圾的种类、数量、重量，海洋微塑料监测项目包括海面漂浮微塑料的数量、成分、粒径和形状。

八、声环境质量监测网络

（一）区域声环境质量

2023 年，海南省区域声环境质量监测点位共 2 167 个，各市县建成区监测总面积为 387.18 km^2。

监测频次：昼间、夜间各监测 1 次。

监测项目：等效声级（L_{eq}）、L_{10}、L_{50}、L_{90}、L_{max}、L_{min}、标准偏差（SD）。

（二）道路交通声环境质量

2023 年，海南省道路交通声环境质量监测点位共 476 个，监测路段共 371 条。

监测频次：昼间、夜间各监测 1 次。

监测项目：等效声级（L_{eq}）、L_{10}、L_{50}、L_{90}、L_{max}、L_{min}、标准偏差（SD）、车流量。

（三）功能区声环境质量

2023 年，海南省功能区声环境质量监测点位共 140 个。其中，所有监测市县均无 0 类区；三亚、儋州、五指山、文昌、万宁、东方、屯昌、澄迈、临高、白沙、乐东、保亭、琼中 13 个市县无 3 类区；三亚、儋州、五指山、文昌、琼海、万宁、屯昌、定安、澄迈、临高、白沙、乐东、陵水、保亭、琼中 15 个市县无 4b 类区。

监测频次：每季度监测 1 次，共监测 1 112 点次，昼间、夜间各 556 点次。

监测项目：等效声级（L_{eq}）、L_{10}、L_{50}、L_{90}、L_{max}、L_{min}、标准偏差（SD）。

九、生态质量监测网络

2023 年，海南省生态质量监测范围覆盖 18 个市县（不含三沙市）。

数据来源：基于国产高分 / 资源卫星影像（分辨率优于 3 m），采用目视解译的方法进行空间分布信息遥感提取，形成原始影像数据、空间分布矢量数据。

监测频次：每年监测 1 次。

主要步骤：①遥感影像数据的收集及预处理；②基于典型要素遥感解译标志，经目视判读，实现信息面向对象的遥感解译与分类提取；③对遥感分类结果实地核查和精度验证，对遥感分类结果进行修正和优化，最终获得空间分布矢量数据；④基于 ArcGIS 软件空间分析功能，对所得的海南省土地利用类型数据、岸线数据、生态保护红线数据、地级市建成区绿地数据、植被覆盖度（NDVI）数据等进行统计计算，最后计算全省及各市县生态质量指数（EQI）。

十、辐射环境质量监测网络

2023 年，海南省辐射环境质量监测点位共 115 个，包括 15 个环境 γ 辐射剂量率连续自动监测点位、12 个环境 γ 辐射剂量率累积监测点位、13 个空气监测点位、34 个淡水水体监测点位（32 个饮用水源水监测点位、1 个地表水监测点位、1 个地下水监测点位）、5 个土壤监测点位和 21 个电磁辐射监测点位，以及海域 11 个海水监测点位（近岸海域5个、近海海域6个）、3个近岸海域海洋生物监测点位和1个南海近海海域沉积物监测点位。监测点位涉及环境γ辐射、空气、水体、土壤、电磁辐射和生物共6类要素。

15个环境γ辐射剂量率连续自动监测点位均开展环境γ辐射剂量率连续监测。

12个环境γ辐射剂量率累积监测点位监测环境γ辐射剂量率为1次/季。

13个空气监测点位根据采样功能开展空气碘、气溶胶、沉降物、降水、水蒸汽及氡监测。其中，海口红旗镇站监测空气中碘-131（1次/季），气溶胶中γ核素、钋-210（1次/月）、锶-90和铯-137（1次/日，累积1年测量），沉降物γ核素、锶-90和铯-137（1次/季，累积1年测量），降水氚（累积样，1次/季），氚化水蒸气（1次/季）；海口市白驹大道站、三亚市榆亚路站和三沙市永兴岛站3个站点监测气溶胶γ核素（1次/半年），海口市白驹大道站监测空气中氡（1次/季）；其余9个站点监测气溶胶γ核素（1次/季）、锶-90和铯-137（1次/季，累积1年测量）；监测空气中碘-131（1次/年），沉降物γ核素、锶-90和铯-137（1次/季，累积1年测量）。

34个淡水水体监测点位中，1个地表水监测点位监测总α、总β、铀、钍、镭-226、锶-90、铯-137（枯水期、平水期各1次）；南渡江海口龙塘段饮用水水源地水监测点位监测总α、总β、锶-90、铯-137（1次/半年），其余31个饮用水水源地监测点位监测总α、总β（1次/年）；1个地下水监测点位监测总α、总β、铀、钍、镭-226、铅-210、钋-210（1次/年）。

5个土壤监测点位监测γ核素（1次/年）。

21个电磁辐射监测点位中，输变电工程外围点位监测工频电场强度、工频磁感应强度，其余点位监测功率密度（1次/年）。

5个近岸海域海水监测点位中，儋州市兵马角海域海水监测点位监测锶-90、氚、碳-14、γ核素（1次/半年）；文昌市铜鼓岭海域海水监测点位监测锶-90、氚、碳-14、γ核素（1次/年）；其余海水监测点位监测锶-90、氚、γ核素（1次/年）。

6个近海海域海水监测点位监测锶-90、氚、γ核素（1次/年），其中1个点位增测碳-14（1次/年）。

3个近岸海域海洋生物监测点位监测γ核素、锶-90、氚、碳-14、铅-210、钋-210，其中，儋州市兵马角麒麟菜监测频次为1次/半年，其余海洋生物监测频次为1次/年。

1个南海近海海域沉积物监测点位监测γ核素、锶-90（1次/年）。

第二章　评价方法与标准

一、环境空气质量

城市空气质量评价依据《环境空气质量标准》（GB 3095—2012）及修改单[①]和《环境空气质量评价技术规范（试行）》（HJ 663—2013），同时按照《生态环境部办公厅关于印发〈城市环境空气质量排名技术规定〉的通知》（环办监测〔2018〕19号）的要求计算6项指标的综合指数，对海南省各市县环境空气质量进行综合污染评价及排名。

降尘标准限值按照海南省污染防治工作领导小组办公室《关于开展城乡扬尘专项整治行动的通知》中3 t/（km^2·月）的要求进行达标评价。

二、降水质量

降水质量评价依据《空气和废气监测分析方法（第四版）》中“空气中CO_2溶解于降水和从降水中逸出达到动态平衡时的pH约为5.60，因此通常称pH小于5.60的降水为酸雨”。将pH小于5.60作为酸雨判据，pH低于5.00的降水为较重酸雨，pH低于4.50的降水为重酸雨。酸雨城市是指降水pH年均值低于5.60的城市。

降水pH平均值采用雨量加权平均值计算：

$$\mathrm{pH} = -\log\left[\mathrm{H}^+\right]$$

$$\left[\mathrm{H}^+\right]_{平均} = \frac{\sum\left[\mathrm{H}^+\right]_i \cdot V_i}{\sum V_i}$$

$$\mathrm{pH}_{平均} = -\log\left[\mathrm{H}^+\right]_{平均}$$

式中，$[H^+]_i$——第i次降水中的氢离子浓度，mol/L；

　　V_i——第i次降水的降水量，mm。

酸雨率为pH小于5.60的降水样品个数占降水样品总个数的百分率。

阴阳离子浓度平均值采用雨量加权平均值计算：

---

① 本报告中涉及的修改单发布前监测数据均按修改单要求转换后参与评价。

$$[X]=\frac{\sum_{i=1}^{n}[X]_i \cdot V_i}{\sum_{i=1}^{n}V_i}$$

式中，$[X]_i$——第 i 次降水中某离子的浓度，mg/L；

V_i——第 i 次降水中的实测降水量，mm。

三、地表水环境质量

地表水环境质量评价依据《地表水环境质量标准》（GB 3838—2002）、《“十四五”国家地表水监测及评价方案（试行）》（环办监测函〔2020〕714号）、《地表水环境质量评价办法（试行）》（环办〔2011〕22号）、《地表水环境质量监测数据统计技术规定（试行）》（环办监测函〔2020〕82号），同时按照《城市地表水环境质量排名技术规定（试行）》（环办监测〔2017〕51号）对各市县地表水环境质量进行排名。

选取全省地表水水质定类指标，按照《地表水环境质量标准》（GB 3838—2002）中Ⅲ类标准计算水质综合污染指数以评价水质的综合污染程度。

河流、水系、湖库综合污染指数计算公式：

$$P=\frac{1}{m}\sum_{j=1}^{m}P_j$$

断面（点位）综合污染指数计算公式：

$$P_j=\frac{1}{n}\sum_{i=1}^{n}P_{ij}$$

除溶解氧外，单项污染指数计算公式：

$$P_{ij}=\frac{C_{ij}}{C_{i0}}$$

溶解氧污染指数计算公式：

$$P_{ij}=\begin{cases}0, C_{ij}\geqslant C_{饱(t)} \\ \dfrac{C_{饱(t)}-C_{ij}}{C_{饱(t)}-C_{标(t)}}, C_{ij}<C_{饱(t)}\end{cases}$$

式中，P——河流、水系、湖库的综合污染指数；

m——参与评价的断面（点位）数，个；

P_j——第 j 个断面（点位）的综合污染指数；

n——参与评价的污染项目数，个；

P_{ij}——第 j 个断面（点位）第 i 个指标的污染指数；

C_{ij}——第 j 个断面（点位）第 i 个指标的浓度，mg/L；

C_{i0}——第 i 个指标的评价标准限值，mg/L；

$C_{饱(t)}$——t 温度下的饱和溶解氧值，$C_{饱(t)}=477.8/(t+32.26)$，mg/L；

$C_{标(t)}$——t 温度下相应水质类别的溶解氧标准值，$C_{标(t)}=C_{饱(t)}\times$ 饱和度，Ⅲ类标准对应的饱和度为 60%，mg/L。

四、饮用水水源地水质

地表水型饮用水水源地评价依据《地表水环境质量标准》（GB 3838—2002）和《地表水环境质量评价办法（试行）》（环办〔2011〕22 号），执行Ⅲ类标准；补充项目和优选特定项目 33 项执行相应标准限值。

地下水型饮用水水源地评价依据《地下水质量标准》（GB/T 14848—2017），执行Ⅲ类标准。

水质评价采用单因子评价法，分为达标和不达标两类。水源年度评价采用年内各月（季）累计评价结果加和，即水质年内各月（季）均达标，则年度评价为达标，否则为不达标。饮用水水源地达标率为年度达标水源地数量之和与水源地总数量的百分比。

五、地下水环境质量

地下水环境质量评价依据《地下水质量标准》（GB/T 14848—2017）中地下水质量综合评价方法，总体水质按照枯水期和丰水期 2 次监测的平均值进行评价。

六、土壤环境质量

土壤环境质量评价依据《土壤环境质量　农用地土壤污染风险管控标准（试行）》（GB 15618—2018），林地和未利用地参照此标准评价。

七、海洋环境质量

（一）海水水质

近岸海域海水水质评价依据《海水水质标准》（GB 3097—1997）、《近岸海域环境监测技术规范　第十部分　评价及报告》（HJ 442.10—2020）、《海水、海洋沉积物和海洋生物质量评价技术规范》（HJ 1300—2023）。海水水质评价采用面积法，评价指标为pH、无机氮、活性磷酸盐、化学需氧量、石油类、溶解氧、铜、汞、镉、铅共10项。

（二）海水浴场

海水浴场近岸海域水质评价依据《海水浴场监测与评价指南》（HY/T 0276—2019）。

（三）典型海洋生态系统健康状况

典型海洋生态系统健康状况评价依据《近岸海洋生态健康评价指南》（HY/T 087—2005）。

珊瑚礁、海草床生态系统海水水质评价依据《海水水质标准》（GB 3097—1997）和《近岸海域环境监测技术规范　第十部分　评价及报告》（HJ 442.10—2020）。

海草床生态系统沉积物评价依据《海洋沉积物质量》（GB 18668—2002）和《海水、海洋沉积物和海洋生物质量评价技术规范》（HJ 1300—2023）。

（四）海洋垃圾和海洋微塑料

海洋垃圾评价依据《海洋垃圾监测与评价技术规程（试行）》（海环字〔2015〕31号），海洋微塑料评价依据《海洋微塑料监测技术规程（试行）》（海环字〔2016〕13号）。

八、声环境质量

区域声环境质量、道路交通声环境质量、功能区声环境质量评价依据《环境噪声监测技术规范　城市声环境常规监测》（HJ 640—2012）和《声环境质量标准》（GB 3096—2008）。

九、生态质量

生态质量评价依据《区域生态质量评价办法（试行）》（环监测〔2021〕99号），以地市级和县（市）级为单元，通过构建指标体系计算生态质量指数（EQI）（表1-2-1）。

表 1-2-1 区域生态质量评价指标体系

一级指标	二级指标	三级指标	评价县域
生态格局	生态组分	生态用地面积比指数	所有市县
		海洋自然岸线保有指数	昌江县、澄迈县、儋州市、东方市、海口市秀英区、海口市龙华区、海口市美兰区、乐东县、临高县、陵水县、琼海市、三亚市海棠区、三亚市吉阳区、三亚市天涯区、三亚市崖州区、万宁市及文昌市
	生态结构	生态保护红线面积比指数	所有市县
		生境质量指数	
		重要生态空间连通度指数	
生态功能	水土保持	水土保持指数	—
	水源涵养	水源涵养指数	—
	防风固沙	防风固沙指数	—
生态功能	生态宜居	建成区绿地率指数	海口市龙华区、海口市美兰区、海口市秀英区、海口市琼山区、儋州市、三亚市吉阳区及三亚市天涯区
		建成区公园绿地可达指数	
	生态活力	植被覆盖指数	白沙县、保亭县、昌江县、澄迈县、定安县、东方市、乐东县、临高县、陵水县、琼海市、琼中县、屯昌县、万宁市、文昌市、五指山市、三亚市崖州区及三亚市海棠区
		水网密度指数	
生物多样性	生物保护	重点保护生物指数	所有市县
	重要生物功能群	指示生物类群生命力指数	
		原生功能群种占比指数	
生态胁迫	人为胁迫	陆域开发干扰指数	所有市县
		海域开发干扰指数	昌江县、澄迈县、儋州市、东方市、海口市秀英区、海口市龙华区、海口市美兰区、乐东县、临高县、陵水县、琼海市、三亚市海棠区、三亚市吉阳区、三亚市天涯区、三亚市崖州区、万宁市及文昌市
	自然胁迫	自然灾害受灾指数	所有市县

十、辐射环境质量

辐射环境质量评价方法见表 1-2-2。

表 1-2-2　辐射环境质量评价方法

监测对象	监测项目	评价对象	评价方法	评价结论
环境γ辐射	环境γ辐射剂量率（连续）	小时均值	1. 与《中国环境天然放射性水平》中海南调查结果范围比较。 2. 与历年测值范围比较。 3. 与历年涨落范围[①]比较。 4. 与昌江核电运行前本底调查测值范围比较	低于历史范围上限为处于本底水平，否则为高于本底水平
	环境γ辐射剂量率（累积剂量）	小时均值		
	环境γ辐射剂量率（瞬时）	测值		
空气、水、土壤、生物	总α、总β、钾-40、铍-7、铅-210、钋-210、铀、钍、铀-238、钍-232、镭-226、镭-228、氚、碳-14	样品测量值	1. 与历年测值范围比较。 2. 与历年涨落范围比较。 3. 与昌江核电运行前本底调查测值范围比较。 4. 与探测下限比较	低于历史范围上限或低于探测下限为处于本底水平，否则为高于本底水平
	锶-90、铯-137		1. 与历年测值范围比较。 2. 与历年涨落范围比较。 3. 与昌江核电运行前本底调查测值范围比较。 4. 与探测下限比较	低于历史范围上限或低于探测下限为处于本底水平或未见异常，否则为高于本底水平
	其余人工γ放射性核素		与探测下限比较	低于探测下限为未见异常或处于本底水平，否则为高于本底水平
地表水、饮用水水源地	总α、总β	样品测量值	与《生活饮用水卫生标准》（GB 5749—2022）中规定的放射性指标指导值比较	高于或低于标准规定限值
海水	铯-137、锶-90	样品测量值	与《海水水质标准》（GB 3097—1997）中规定的限值比较	

续表

监测对象	监测项目	评价对象	评价方法	评价结论
地下水	总α、总β	样品测量值	与《地下水质量标准》（GB/T 14848—2017）中规定的Ⅲ类标准值比较	高于或低于标准规定限值
环境电磁辐射	功率密度、工频电场强度、工频磁感应强度	测量值	与《电磁环境控制限值》（GB 8702—2014）中规定的相应频率范围公众曝露控制限值比较	

注：①历年涨落范围是指基于历年监测值统计平均值 ±3 倍标准偏差的范围。

第二篇

生态环境质量状况

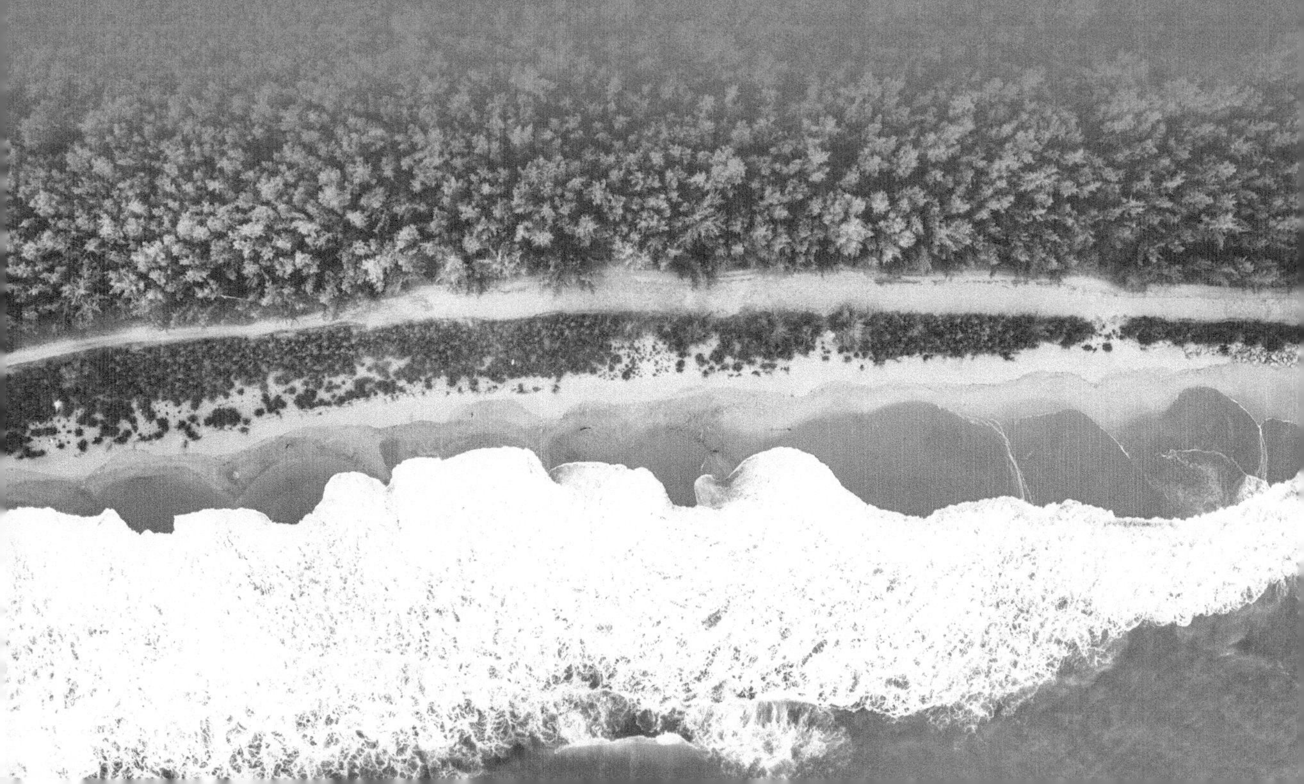

第一章　环境空气

2023 年，海南省环境空气质量总体优良，优良天数比例为 99.5%；O_3 日最大 8 h 平均值第 90 百分位数平均浓度达到二级标准，其余 5 项污染物浓度均达到一级标准。与 2022 年相比，优良天数比例上升 0.8 个百分点；$PM_{2.5}$、PM_{10}、SO_2、NO_2 年均浓度和 CO 月均值第 95 百分位数平均浓度持平，O_3 日最大 8 h 平均值第 90 百分位数平均浓度下降了 4 μg/m^3。

第一节　环境空气质量现状

一、海南省环境空气质量现状

（一）优良天数比例

2023 年，全省环境空气质量总体优良，优良天数比例为 99.5%，其中优级天数比例为 83.6%，良级天数比例为 15.9%，轻度污染天数比例为 0.5%，无中度及以上污染天（图 2-1-1）。

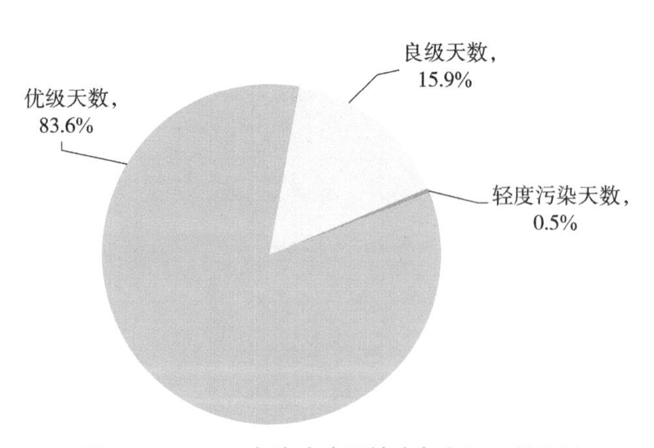

图 2-1-1　2023 年海南省环境空气各级天数比例

（二）主要污染物浓度

2023 年，全省环境空气主要污染物浓度分别为细颗粒物（$PM_{2.5}$）年均浓度 12 μg/m^3、可吸入颗粒物（PM_{10}）年均浓度 23 μg/m^3、二氧化氮（NO_2）年均浓度 6 μg/m^3、二氧化硫（SO_2）年均浓度 4 μg/m^3、一氧化碳（CO）月均值第 95 百分位数平均浓度 0.7 mg/m^3、臭氧（O_3）日最大 8 h 平均值第 90 百分位数平均浓度 108 μg/m^3，其中 $PM_{2.5}$、PM_{10}、NO_2、SO_2 年均浓度和 CO 日均值第 95 百分位数平均浓度均达到一级标准，O_3 日最大 8 h 平均值第 90 百分位数平均浓度达到二级标准（图 2-1-2）。

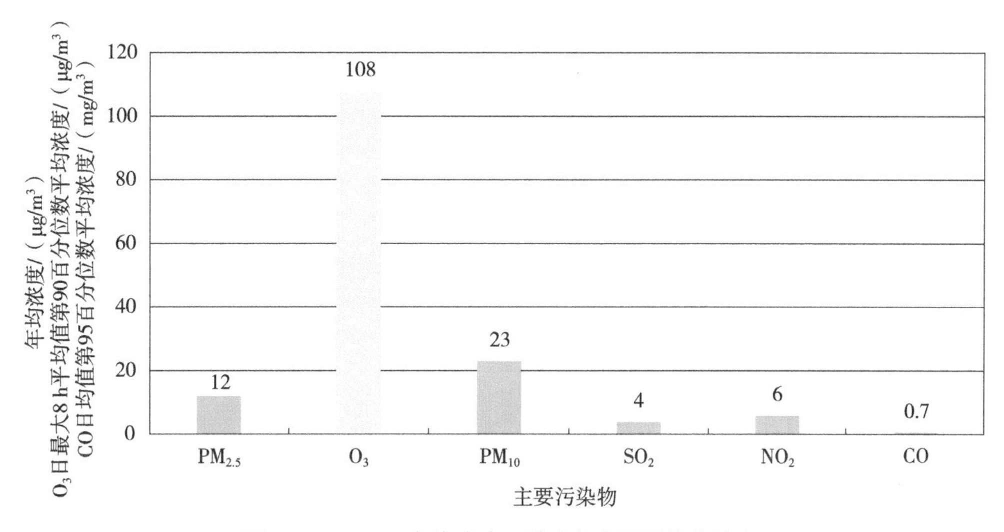

图 2-1-2　2023 年海南省环境空气主要污染物浓度

（三）环境空气质量综合指数

2023 年，全省环境空气质量综合指数为 1.739，其中 O_3 单项质量指数为 0.675，$PM_{2.5}$ 单项质量指数为 0.343，PM_{10} 单项质量指数为 0.329，CO 单项质量指数为 0.175，NO_2 单项质量指数为 0.150，SO_2 单项质量指数为 0.067。各污染物单项质量指数的贡献从大到小依次为 38.8%（O_3）、19.7%（$PM_{2.5}$）、18.9%（PM_{10}）、10.1%（CO）、8.6%（NO_2）和 3.9%（SO_2），O_3、$PM_{2.5}$ 和 PM_{10} 对全省环境空气质量的影响较大（图 2-1-3）。

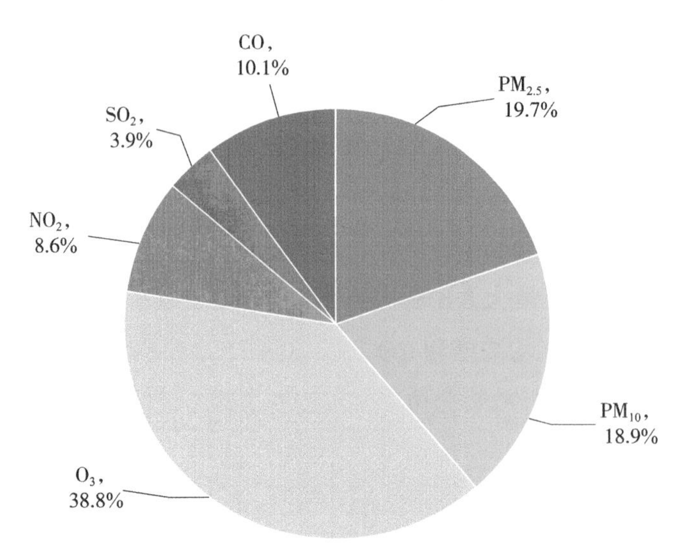

图 2-1-3 2023 年海南省环境空气污染物污染贡献比例

二、各市县环境空气质量现状

（一）优良天数比例

2023 年，五指山、澄迈、昌江、乐东、琼中 5 个市县优良天数比例为 100%；其余市县各出现 1～9 天轻度污染，优良天数比例为 97.5%～99.7%，轻度污染天的超标污染物均为 O_3。

（二）主要污染物浓度

1. $PM_{2.5}$

2023 年，全省各市县 $PM_{2.5}$ 年均浓度为 9～16 μg/m³，临高县 $PM_{2.5}$ 年均浓度达到二级标准，其余市县 $PM_{2.5}$ 年均浓度达到一级标准；各市县 $PM_{2.5}$ 日均浓度为 1～54 μg/m³，所有天数均达到二级标准，其中未达到一级标准的天数比例为 1.9%（122 d）。

2. PM_{10}

2023 年，全省各市县 PM_{10} 年均浓度为 17～29 μg/m³，均达到一级标准；PM_{10} 日均浓度为 2～82 μg/m³，均达到二级标准，其中未达到一级标准的天数比例为 3.7%（241 d）。

3. O_3

2023 年，全省各市县 O_3 日最大 8 h 平均值第 90 百分位数浓度为 89～127 μg/m³，其中五指山市和琼中县 O_3 日最大 8 h 平均值第 90 百分位数浓度达到一级标准，其余市县达到二级标准；各市县 O_3 日最大 8 h 平均值第 90 百分位数浓度为 16～204 μg/m^3，其中未达到一级标准的天数比例为 15.1%（1 044 d），超过二级标准的天数比例为 0.5%（37 d）。

4. NO_2

2023 年，全省各市县 NO_2 年均浓度为 3～11 μg/m^3，远低于一级标准；各市县 NO_2 日均浓度为 1～38 μg/m^3，远低于一级标准。

5. SO_2

2023 年，全省各市县 SO_2 年均浓度为 2～6 μg/m^3，远低于一级标准；各市县 SO_2 日均浓度为 1～14 μg/m^3，远低于一级标准。

6. CO

2023 年，全省各市县 CO 日均值第 95 百分位数浓度为 0.5～0.8 mg/m^3，远低于一级标准；各市县 CO 日均浓度为 0.1～1.1 mg/m^3，远低于一级标准。

（三）环境空气质量级别

2023 年，五指山市和琼中县环境空气质量级别为一级，其余市县环境空气质量级别为二级。其中，临高县 $PM_{2.5}$ 年均浓度达到二级标准，其余市县均达到一级标准；五指山市和琼中县 O_3 日最大 8 h 平均值第 90 百分位数浓度达到一级标准，其余市县达到二级标准；18 个市县（不含三沙市）的 PM_{10}、NO_2、SO_2 年均浓度和 CO 日均值第 95 百分位数浓度均达到一级标准（图 2-1-4）。

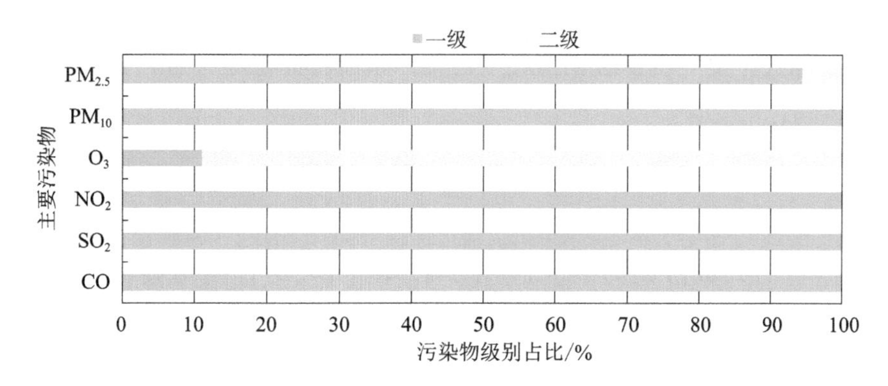

图 2-1-4　2023 年海南省各市县环境空气主要污染物级别占比

（四）环境空气质量综合指数及排名

2023 年，海南省 18 个市县（不含三沙市）环境空气质量综合指数为 1.388～2.187。五指山市的环境空气质量综合指数最低，为 1.388；琼中、乐东、白沙、保亭、三亚、陵水6个市县环境空气质量综合指数为1.549～1.664；屯昌、东方、万宁、澄迈、文昌、琼海、昌江7个市县的环境空气质量综合指数为1.701～1.854；儋州、定安、临高、海口4个市县环境空气质量综合指数大于1.900（表2-1-1）。

表2-1-1　2023年全省各市县环境空气质量排名

排名	市县名称	环境空气质量综合指数	排名	市县名称	环境空气质量综合指数
1	五指山市	1.388	10	万宁市	1.767
2	琼中县	1.549	11	澄迈县	1.785
3	乐东县	1.573	12	文昌市	1.836
4	白沙县	1.615	13	琼海市	1.837
5	保亭县	1.619	14	昌江县	1.854
6	三亚市	1.663	15	儋州市	1.904
7	陵水县	1.664	16	定安县	1.934
8	屯昌县	1.701	17	临高县	2.020
9	东方市	1.746	18	海口市	2.187

注：各市县环境空气质量综合指数差异较小，为方便各市县排名，结果特保留3位小数。

（五）首要污染物

2023年，五指山、澄迈、昌江、乐东、琼中5个市县未出现超标天，其余市县共出现37 d超标天，空气质量级别为轻度污染，超标污染物均为O_3。13个市县轻度污染天数为1～9 d。

全省18个市县（不含三沙市）共出现1 077 d良级天，首要污染物为O_3、$PM_{2.5}$、PM_{10}，占比分别为89.3%、5.7%、5.0%。各市县良级天数为21～99 d，其中以O_3为首要污染物的天数占比为70.8%～95.5%，以$PM_{2.5}$为首要污染物的天数占比为0～12.0%，以PM_{10}为首要污染物的天数占比为0～20.8%，其中有5 d出现2种首要污染物。

三、降尘量

2023年，海南省降尘年均量为1.6 t/（km^2·月），低于降尘标准限值3 t/（km^2·月）。月降尘量达标率为93.1%。各市县降尘年均量为0.65～2.74 t/（km^2·月），均低于降尘标准限值。降尘量呈中间低、四周高的空间分布特征。海口、三亚、儋州、陵水 4 个市县存在月降尘量超标的情况。

第二节　环境空气质量时空变化规律分析

一、海南省环境空气质量时空变化规律分析

（一）日变化

2023 年，海南省 $PM_{2.5}$ 与 PM_{10} 日变化趋势类似，均呈双峰形日变化规律。其中 PM_{10} 呈现明显的双峰形日变化规律，$PM_{2.5}$ 波动幅度较小。$PM_{2.5}$ 日内 1 h 平均浓度为 12～14 μg/m³，峰值出现在 20—21 时；PM_{10} 日内 1 h 平均浓度为 22～26 μg/m³，峰值出现在 10 时和 19—20 时，谷值出现在 14—15 时（图 2-1-5）。

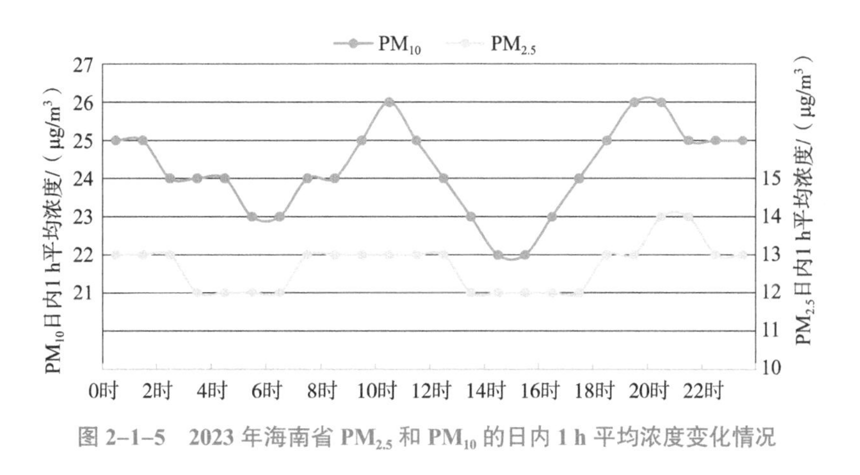

图 2-1-5　2023 年海南省 $PM_{2.5}$ 和 PM_{10} 的日内 1 h 平均浓度变化情况

O_3 日内 1 h 平均浓度为 40～72 μg/m³，呈单峰形日变化规律，从 8 时起 O_3 浓度逐渐上升，14—17 时达到峰值后浓度下降（图 2-1-6）。

NO_2 日内 1 h 平均浓度为 4～8 μg/m³，呈单峰形日变化规律，最高值出现在 8—9 时，最低值出现在 13—15 时，与 O_3 的日变化规律呈此消彼长的趋势（图 2-1-6）。

SO_2 和 CO 的日内 1 h 平均浓度均稳定在低浓度范围，其中 SO_2 的日内 1 h 平均浓度均为 4 μg/m³，CO 的日内 1 h 平均浓度均为 0.5 mg/m³，未发生变化。

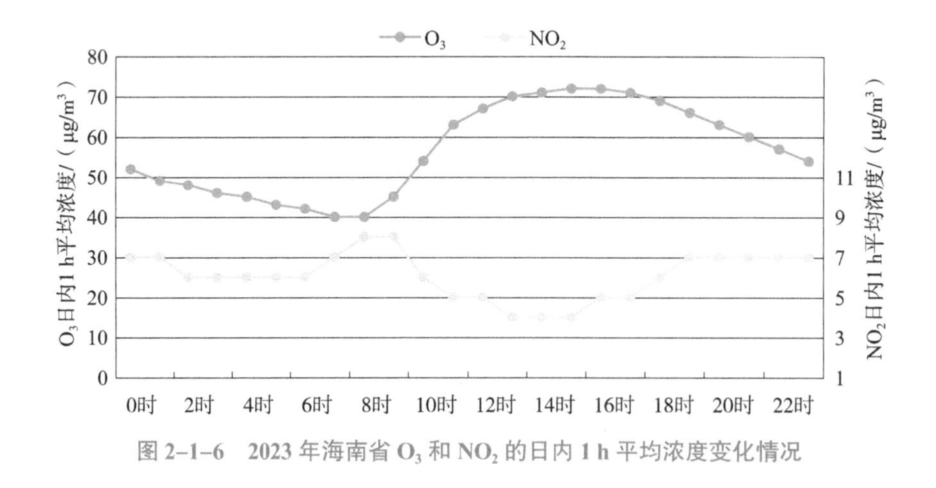

图 2-1-6 2023年海南省 O_3 和 NO_2 的日内 1 h 平均浓度变化情况

（二）月变化

2023年，全省 $PM_{2.5}$ 和 PM_{10} 月均浓度分别为 6～19 μg/m³、15～32 μg/m³，变化趋势基本一致。6—9月的月均浓度明显低于其余月份。其中，1—4月 $PM_{2.5}$ 月均浓度达到二级标准，其余月份均达到一级标准；所有月份 PM_{10} 月均浓度均达到一级标准。

全省各月 O_3 日最大 8 h 平均值第 90 百分位数平均浓度为 68～128 μg/m³，其中1—3月、5月、10—12月 O_3 的日最大 8 h 平均值第 90 百分位数平均浓度达到二级标准，其余月份均达到一级标准，且6—9月日最大 8 h 平均值第 90 百分位数平均浓度明显低于其余月份（图 2-1-7）。

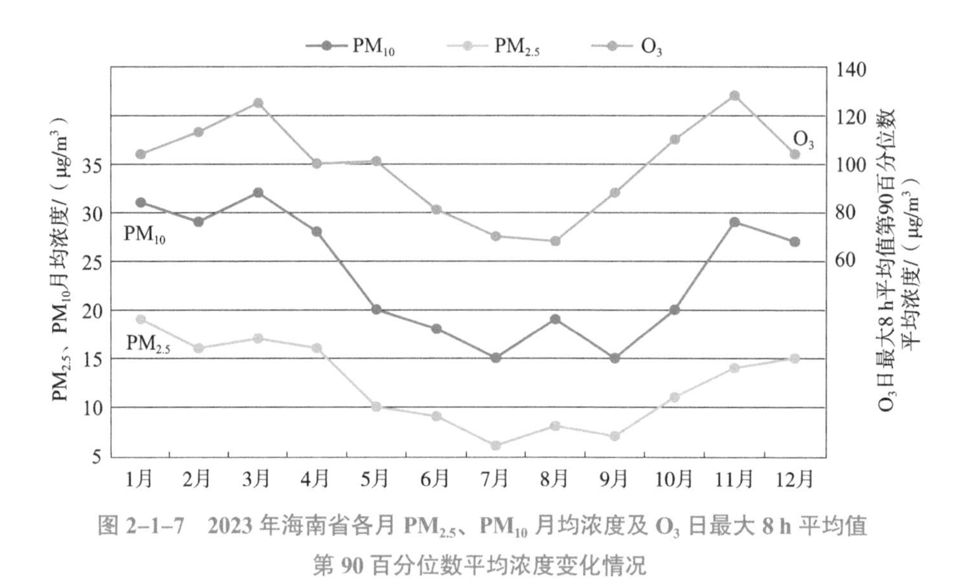

图 2-1-7 2023年海南省各月 $PM_{2.5}$、PM_{10} 月均浓度及 O_3 日最大 8 h 平均值第 90 百分位数平均浓度变化情况

全省 SO_2、NO_2 月均浓度和 CO 日均值第 95 百分位数平均浓度均在低浓度范围内

波动。SO_2 月均浓度为 3～5 μg/m³；NO_2 月均浓度为 4～9 μg/m³，波动较为明显，1 月和 12 月较高；各月 CO 日均值第 95 百分位数平均浓度为 0.5～0.8 mg/m³（图 2-1-8）。

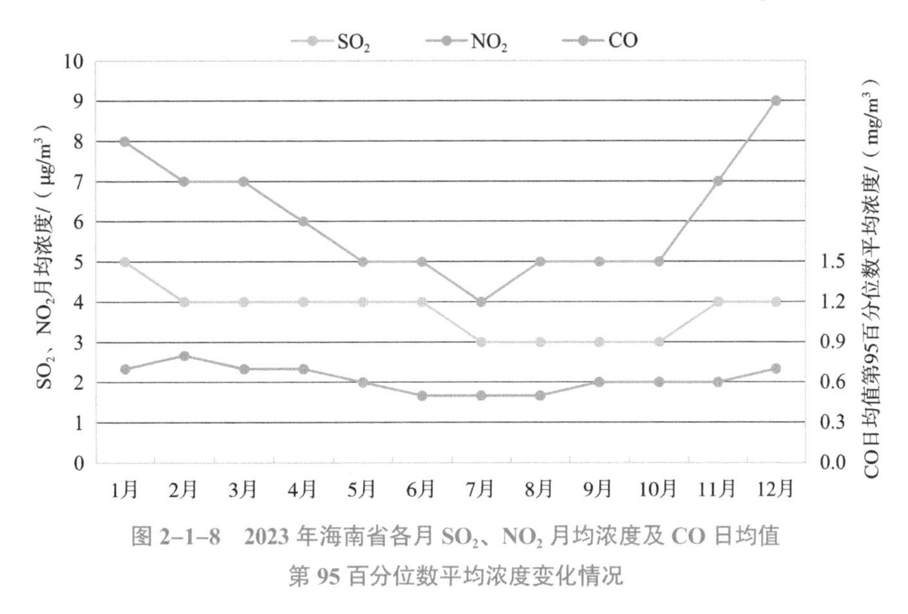

图 2-1-8　2023 年海南省各月 SO_2、NO_2 月均浓度及 CO 日均值第 95 百分位数平均浓度变化情况

（三）季风转变变化

海南省为热带海洋性季风气候，秋冬季受蒙古高压及地转偏向力的影响，9 月至次年 4 月盛行风向一般以东北风为主；夏季则受印度低压影响，5—8 月以偏南风为主（图 2-1-9）。

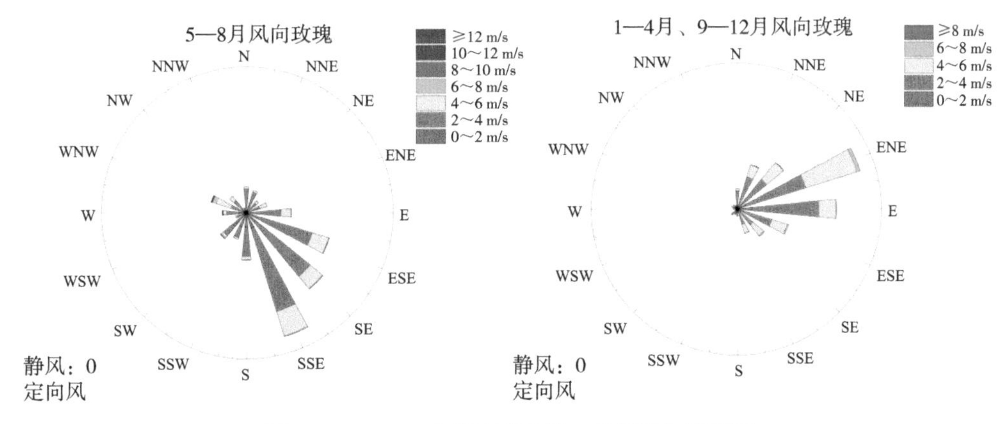

图 2-1-9　2023 年海南省夏季、冬季风向玫瑰图

2023 年，全省环境空气质量受季风气候影响明显，盛行风向以东北风为主时（1—4 月、9—12 月），全省环境空气优良天数比例为 99.2%，O_3 日最大 8 h 平均值第 90 百分位数平均浓度为 113 μg/m³，$PM_{2.5}$、PM_{10} 平均浓度分别为 14 μg/m³、26 μg/m³；

盛行风向以偏南风为主时（5—8 月），全省环境空气优良天数比例为 100%，O_3 日最大 8 h 平均值第 90 百分位数平均浓度为 89 μg/m³，$PM_{2.5}$、PM_{10} 平均浓度分别为 8 μg/m³、18 μg/m³，优良天数比例上升 0.8 个百分点，主要污染物 O_3、$PM_{2.5}$、PM_{10} 浓度分别下降 21.2%、42.9% 和 30.8%（图 2-1-10）。

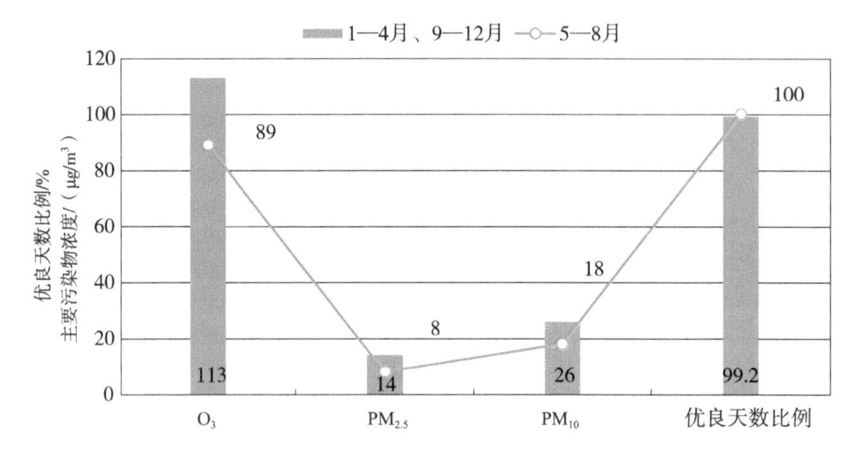

图 2-1-10　2023 年季风转变条件下海南省环境空气优良天数比例和主要污染物浓度对比

二、各市县环境空气质量时空变化规律分析

（一）日变化

2023 年 5—9 月，海南省各市县环境空气质量基本为优；2—3 月、10—12 月，海口、三亚、儋州、琼海、文昌、万宁、东方、定安、屯昌、临高、白沙、陵水、保亭 13 个市县均出现了超标天，主要集中在 3 月与 11 月（图 2-1-11）。

（二）月变化

2023 年，全省各市县 $PM_{2.5}$ 月均浓度为 4～29 μg/m³，1 月和 12 月各市县月均浓度差异较大，5—7 月各市县月均浓度差异较小（图 2-1-12）。

全省各市县 PM_{10} 月均浓度为 12～42 μg/m³，1 月和 12 月各市县月均浓度差异较大，6—8 月各市县月均浓度差异较小（图 2-1-13）。

全省各市县 O_3 日最大 8 h 平均值第 90 百分位数平均浓度为 48～171 μg/m³，11 月和 12 月各市县 O_3 日最大 8 h 平均值第 90 百分位数差异较大，6—8 月各市县 O_3 日最大 8 h 平均值第 90 百分位数差异较小（图 2-1-14）。

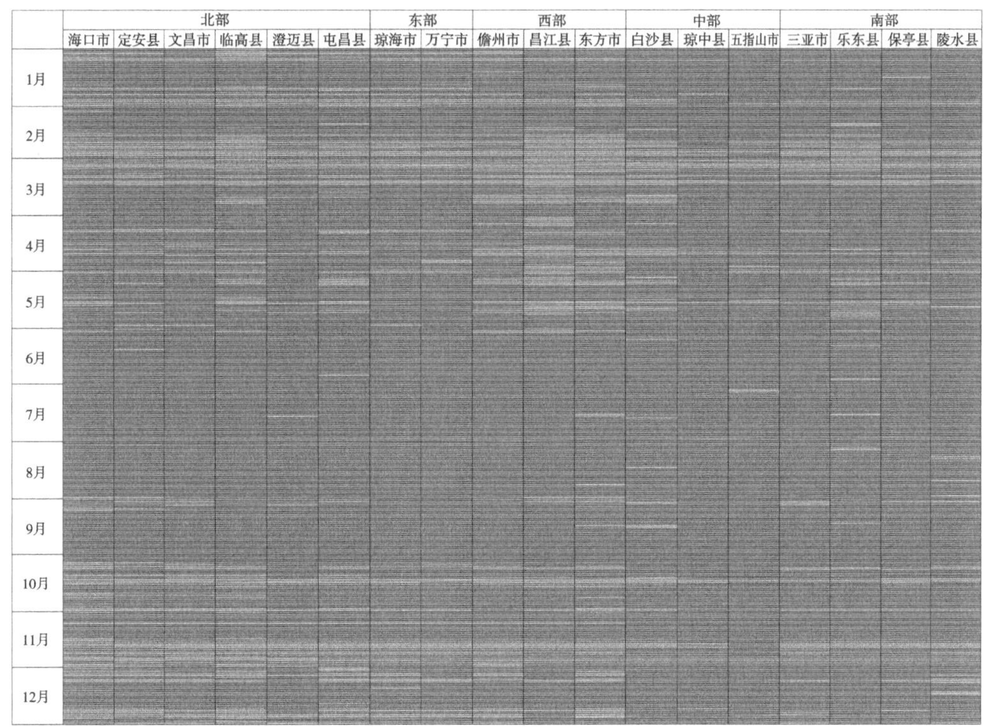

注：绿色为优级天，黄色为良级天，橙色为轻度污染天，灰色为无效天。

图 2-1-11　2023 年海南省各市县环境空气质量日历图

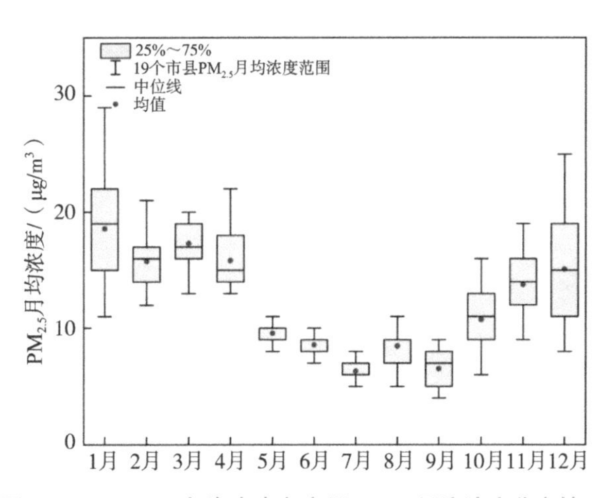

图 2-1-12　2023 年海南省各市县 $PM_{2.5}$ 月均浓度分布情况

全省各市县 SO_2 月均浓度为 1～8 μg/m^3，NO_2 月均浓度为 2～16 μg/m^3，各月 CO 日均值第 95 百分位数浓度为 0.2～1.0 mg/m^3，各市县差异不大。

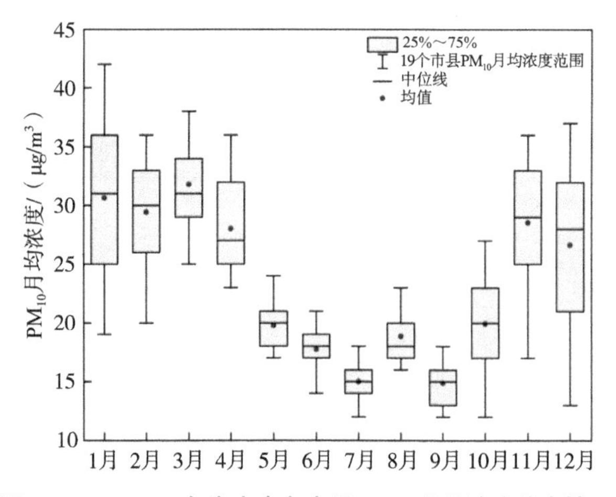

图 2-1-13 2023 年海南省各市县 PM_{10} 月均浓度分布情况

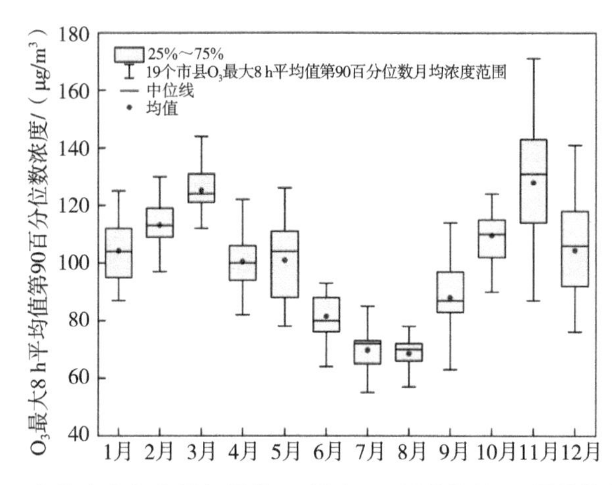

图 2-1-14 2023 年海南省各市县各月份 O_3 最大 8 h 平均值第 90 百分位数浓度分布情况

（三）空间变化

2023 年，全省环境空气 6 项主要污染物浓度均呈北部、西部较高，东部次之，中部、南部较低的空间分布规律。

全省 18 个市县（不含三沙市）的 $PM_{2.5}$ 年均浓度为 9～16 μg/m³。北部地区和东部地区 $PM_{2.5}$ 年均浓度较高，均达到 14 μg/m³，西部地区 $PM_{2.5}$ 年均浓度也达到 13 μg/m³。其中北部地区的海口市和临高县为高值区；中部地区 $PM_{2.5}$ 年均浓度最低，为 10 μg/m³（图 2-1-15）。

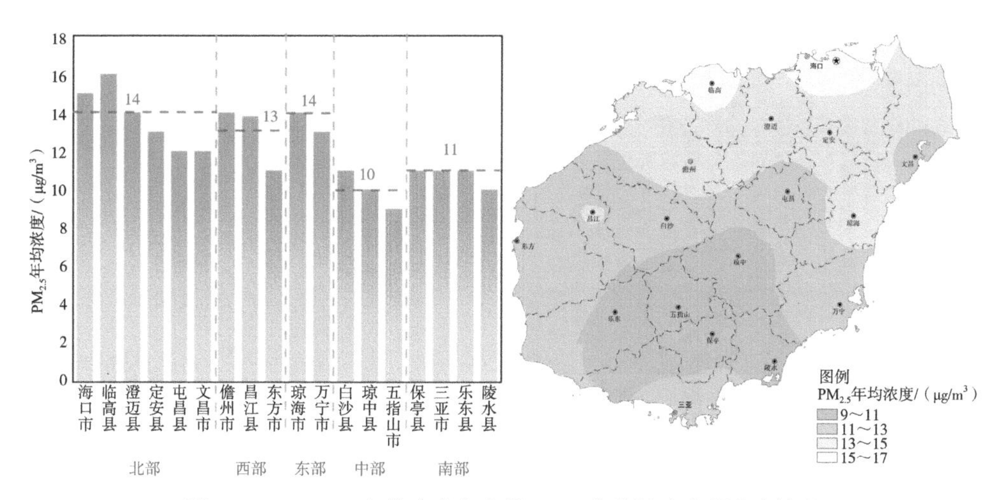

图 2-1-15　2023 年海南省各市县 PM$_{2.5}$ 年均浓度空间分布情况

全省 18 个市县（不含三沙市）的 PM$_{10}$ 年均浓度为 17～29 μg/m^3。北部地区、西部地区浓度较高，PM$_{10}$ 年均浓度均为 25 μg/m^3，东部地区 PM$_{10}$ 年均浓度也达到 24 μg/m^3，其中北部地区的海口市、临高县和定安县，西部地区的儋州市及东部地区的琼海市为高值区；中部地区和南部地区 PM$_{10}$ 年均浓度较低，分别为 20 μg/m^3、21 μg/m^3（图 2-1-16）。

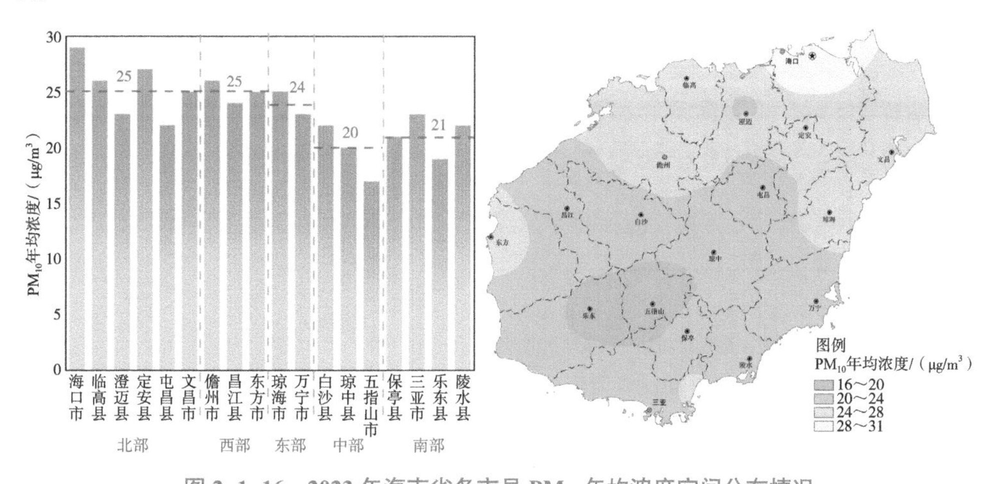

图 2-1-16　2023 年海南省各市县 PM$_{10}$ 年均浓度空间分布情况

全省 18 个市县（不含三沙市）的 O_3 日最大 8 h 平均值第 90 百分位数浓度为 91～127 μg/m^3。西部地区 O_3 日最大 8 h 平均值第 90 百分位数平均浓度较高，达到 117 μg/m^3；北部地区 O_3 日最大 8 h 平均值第 90 百分位数平均浓度次之，为 115 μg/m^3，高值区主要集中在北部地区的海口市、临高县及西部地区的东方市、昌江县；中部地区和南部地区的 O_3 日最大 8 h 平均值第 90 百分位数平均浓度较低，分别为 97 μg/m^3、103 μg/m^3（图 2-1-17）。

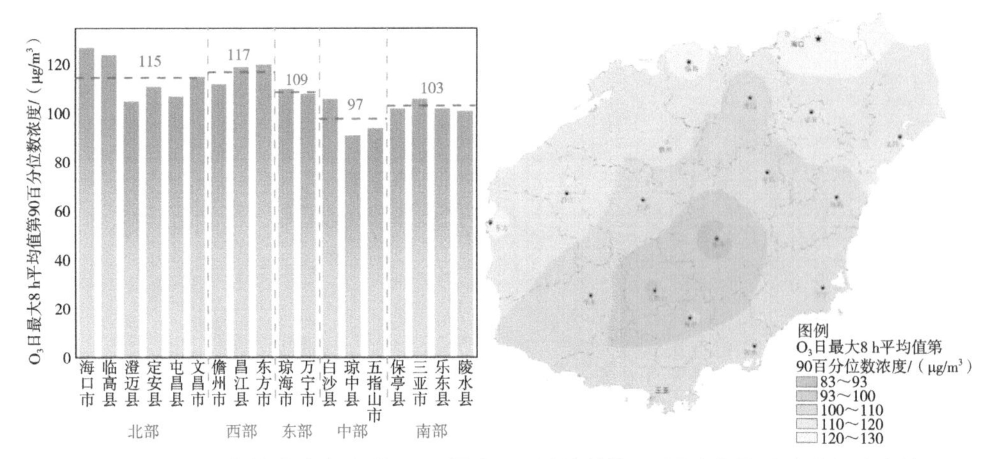

图 2-1-17　2023 年海南省各市县 O_3 日最大 8 h 平均值第 90 百分位数浓度空间分布情况

全省 18 个市县（不含三沙市）的 NO_2 年均浓度为 3～11 μg/m³。北部地区 NO_2 年均浓度较高，为 7 μg/m³；其次是西部地区、东部地区和南部地区，均为 6 μg/m³；中部地区 NO_2 年均浓度最低，为 4 μg/m³（图 2-1-18）。

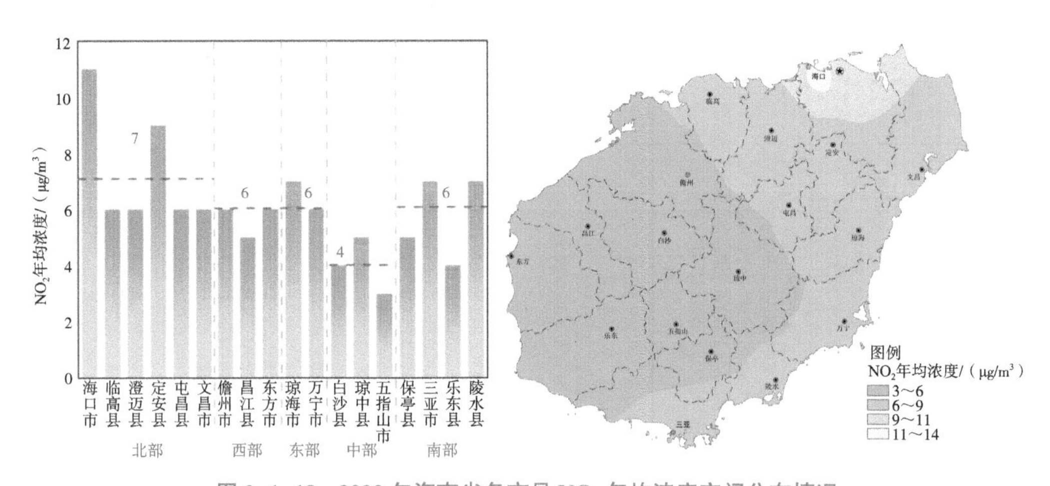

图 2-1-18　2023 年海南省各市县 NO_2 年均浓度空间分布情况

全省 18 个市县（不含三沙市）的 SO_2 年均浓度为 2～6 μg/m³。各地区年均浓度均为 4 μg/m³，其中北部地区海口市年均浓度最高，南部地区三亚市年均浓度最低（图 2-1-19）。

全省 18 个市县（不含三沙市）的 CO 日均值第 95 百分位数浓度为 0.5～0.8 mg/m³，各区域均处于低浓度水平（图 2-1-20）。

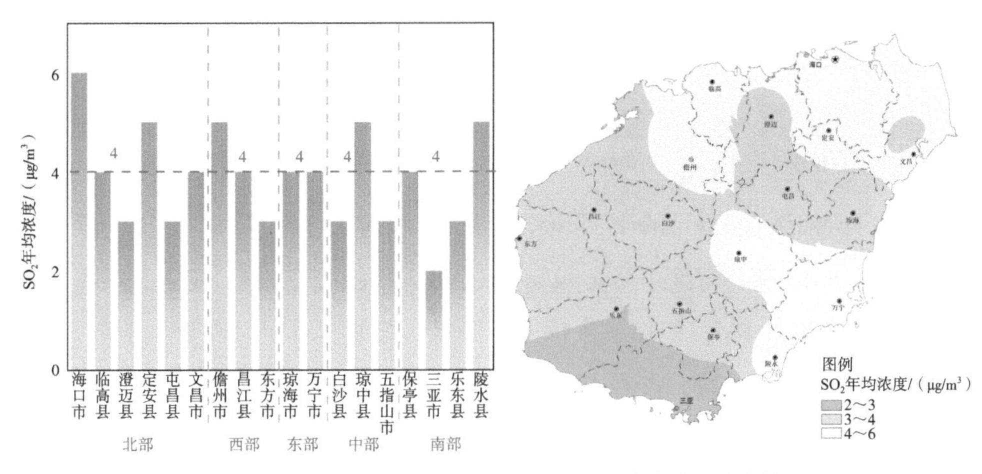

图 2-1-19　2023 年海南省各市县 SO_2 年均浓度空间分布情况

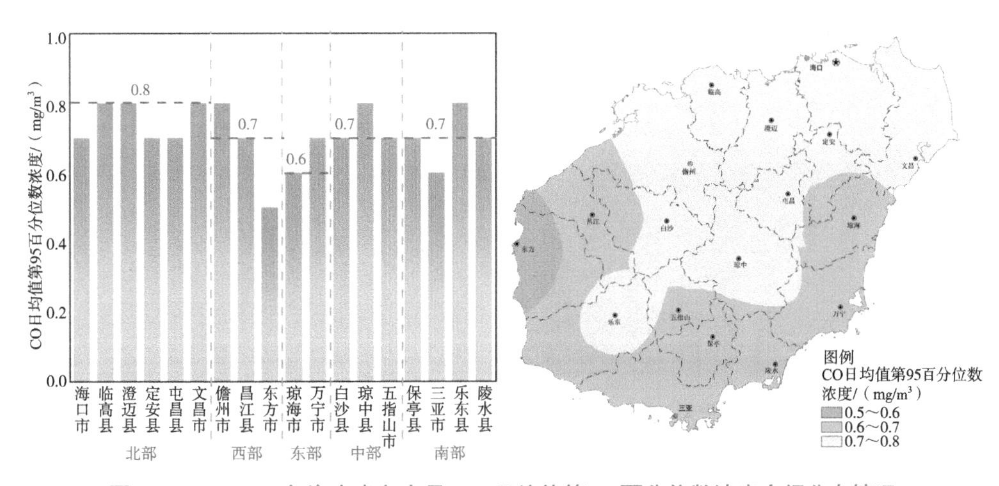

图 2-1-20　2023 年海南省各市县 CO 日均值第 95 百分位数浓度空间分布情况

第三节　环境空气质量年度对比分析

一、优良天数比例年度对比分析

与 2022 年相比，2023 年海南省环境空气优良天数比例上升 0.8 个百分点。全省 18 个市县中（不含三沙市），三亚市和万宁市优良天数比例下降 0.3 个百分点；五指山市优良天数比例持平；其余 15 个市县优良天数比例均有不同程度上升，上升幅度为 0.2～2.2 个百分点（图 2-1-21）。

二、主要污染物浓度年度对比分析

（一）$PM_{2.5}$

与 2022 年相比，2023 年全省环境空气 $PM_{2.5}$ 年均浓度持平。东方、屯昌、陵水、琼中 4 个市县 $PM_{2.5}$ 年均浓度下降 1 μg/m³；三亚、五指山、文昌、定安、临高、白沙、昌江、保亭 8 个市县 $PM_{2.5}$ 年均浓度持平；儋州、琼海、万宁、澄迈、乐东 5 个市县 $PM_{2.5}$ 年均浓度上升 1 μg/m³，海口 $PM_{2.5}$ 年均浓度上升 2 μg/m³（图 2-1-22）。

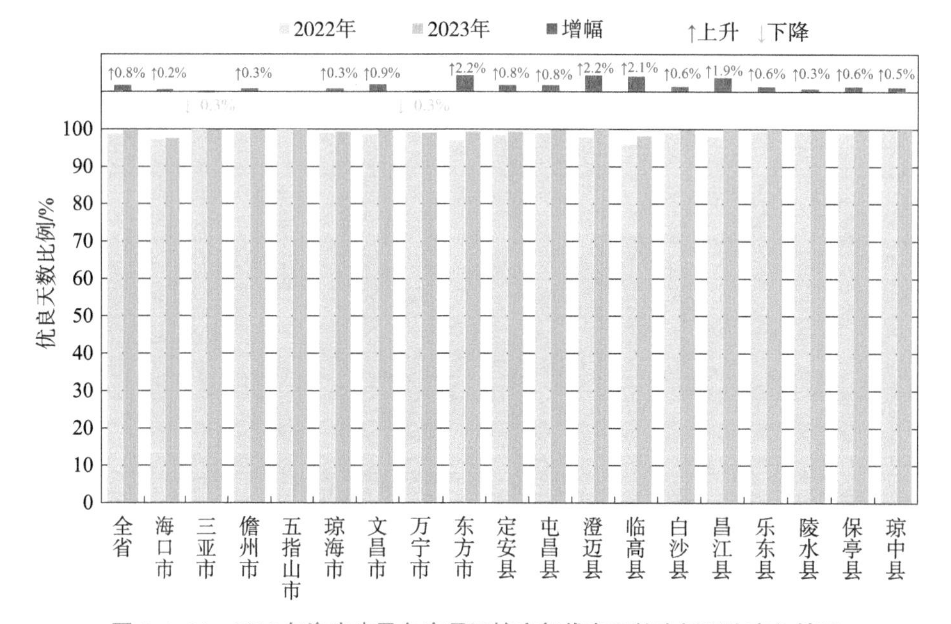

图 2-1-21 2023 年海南省及各市县环境空气优良天数比例同比变化情况

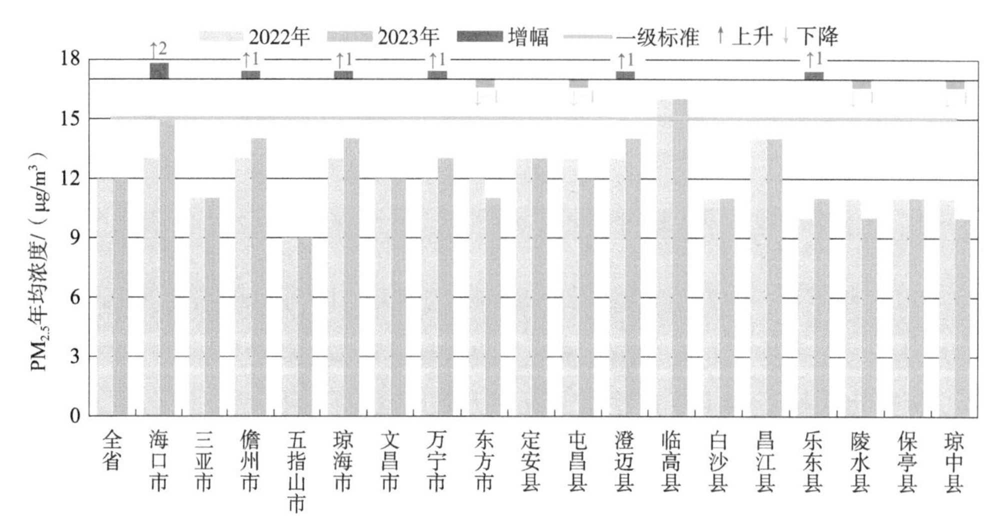

图 2-1-22 2023 年海南省及各市县 $PM_{2.5}$ 年均浓度同比变化情况

（二）PM_{10}

与 2022 年相比，2023 年全省环境空气 PM_{10} 年均浓度持平。五指山、昌江、琼中 3 个市县 PM_{10} 年均浓度下降 1 μg/m³；琼海、文昌、屯昌、澄迈、临高、乐东、陵水 7 个市县 PM_{10} 年均浓度持平；儋州、万宁、定安、白沙 4 个市县 PM_{10} 年均浓度上升 1 μg/m³，三亚、东方、保亭 3 个市县 PM_{10} 年均浓度上升 2 μg/m³，海口 PM_{10} 年均浓度上升 3 μg/m³（图 2-1-23）。

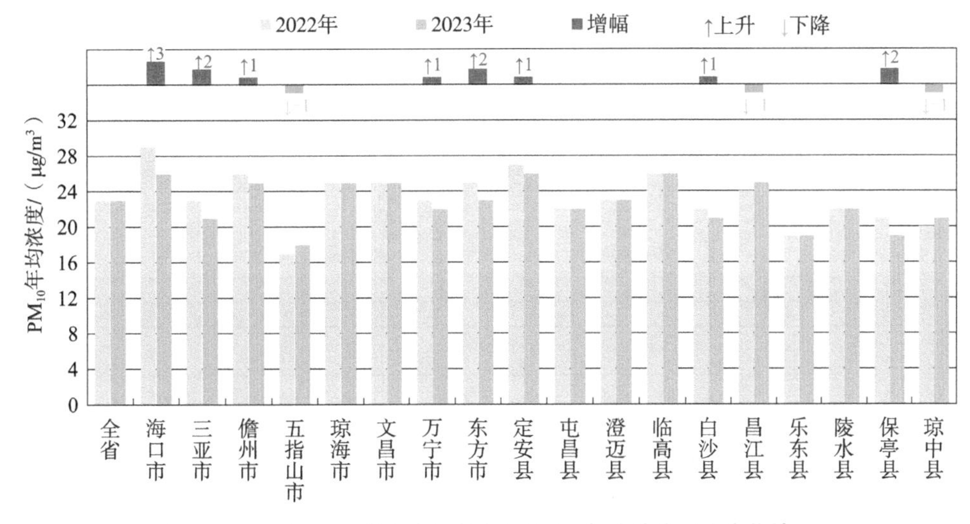

图 2-1-23　2023 年海南省及各市县 PM_{10} 年均浓度同比变化情况

（三）O_3

与 2022 年相比，2023 年全省环境空气 O_3 日最大 8 h 平均值第 90 百分位数平均浓度下降 4 μg/m³。儋州和文昌 O_3 日最大 8 h 平均值第 90 百分位数浓度上升 3 μg/m³，海口 O_3 日最大 8 h 平均值第 90 百分位数浓度上升 2 μg/m³，昌江 O_3 日最大 8 h 平均值第 90 百分位数浓度上升 1 μg/m³；白沙 O_3 日最大 8 h 平均值第 90 百分位数浓度持平；其余 13 个市县 O_3 日最大 8 h 平均值第 90 百分位数浓度均有不同程度地下降，下降幅度为 1～15 μg/m³（图 2-1-24）。

（四）NO_2

与 2022 年相比，2023 年全省环境空气 NO_2 年均浓度持平。儋州 NO_2 年均浓度下降 4 μg/m³；其余 17 个市县 NO_2 年均浓度均在 ±2 μg/m³ 范围内波动（图 2-1-25）。

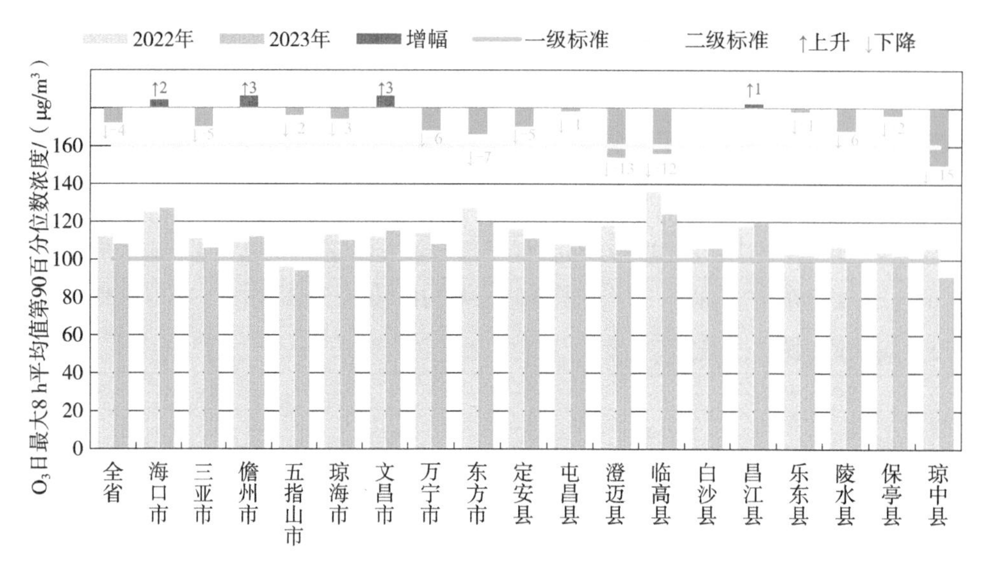

图 2-1-24　2023 年海南省及各市县 O_3 日最大 8 h 平均值第 90 百分位数浓度同比变化情况

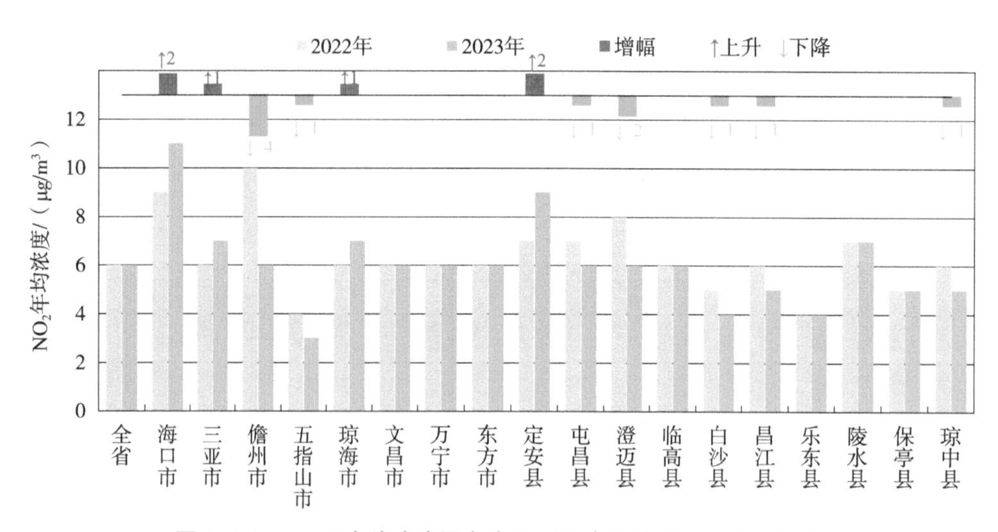

图 2-1-25　2023 年海南省及各市县 NO_2 年均浓度同比变化情况

（五）SO_2

与 2022 年相比，2023 年全省环境空气 SO_2 年均浓度持平。全省 18 个市县（不包括三沙市）SO_2 年均浓度值均在 ±2 μg/m³ 范围内波动（图 2-1-26）。

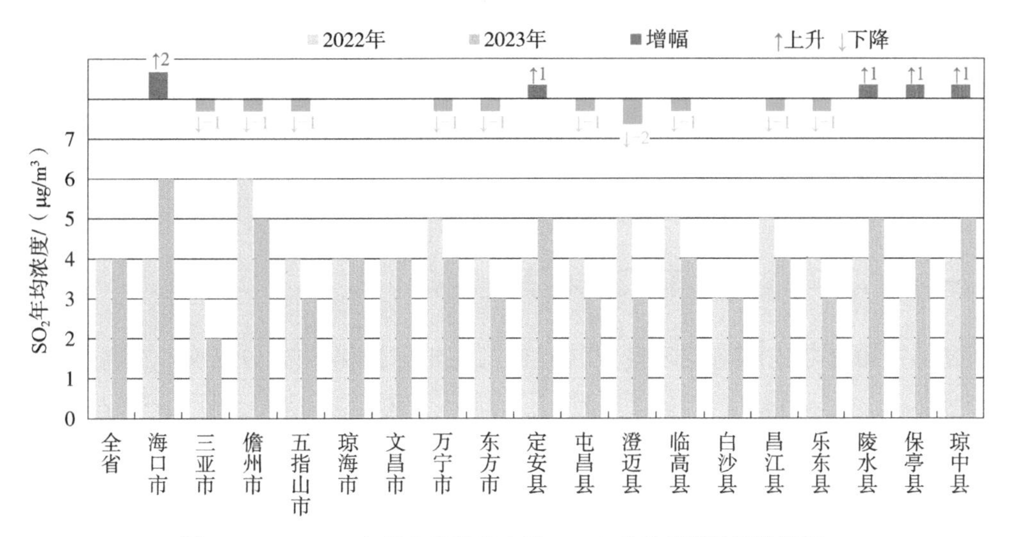

图 2-1-26　2023 年海南省及各市县 SO_2 年均浓度同比变化情况

（六）CO

与 2022 年相比，2023 年全省环境空气 CO 日均值第 95 百分位数平均浓度持平。东方市 CO 日均值第 95 百分位数浓度下降 0.2 mg/m^3，其余市县 CO 日均值第 95 百分位数浓度均在 ±0.1 mg/m^3 范围内波动（图 2-1-27）。

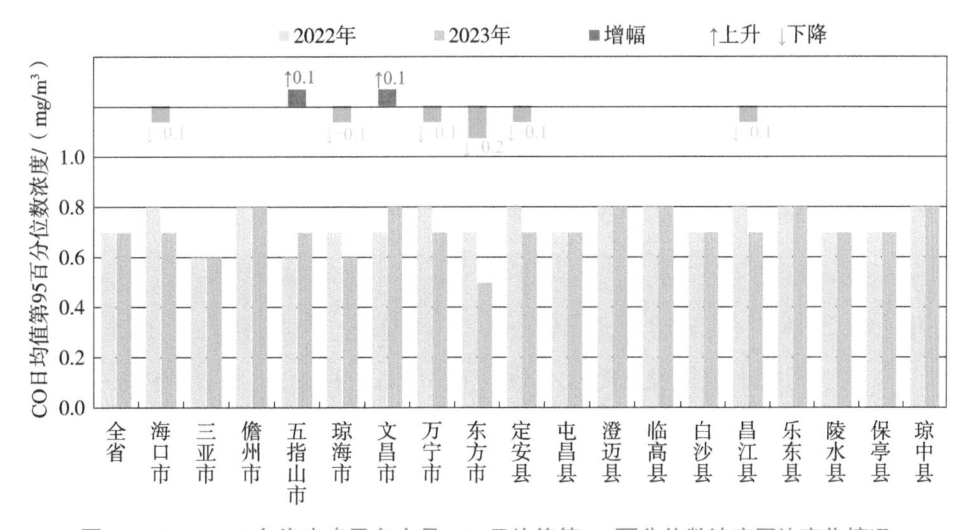

图 2-1-27　2023 年海南省及各市县 CO 日均值第 95 百分位数浓度同比变化情况

第四节　环境空气质量年际（2016—2023年）变化趋势分析

一、优良天数比例年际变化趋势分析

2016—2023年，海南省环境空气优良天数比例为97.5%～99.8%，在高水平范围内波动变化，其中优级天数比例为82.0%～86.4%，呈波动上升趋势。秩相关系数法分析结果表明，全省环境空气优良天数比例无显著变化趋势。

与2016年相比，2023年全省环境空气优良天数比例下降0.3个百分点（图2-1-28）。

图2-1-28　2016—2023年海南省环境空气优良天数比例变化情况

2016—2023年，全省18个市县（不含三沙市）环境空气优良天数比例为93.7%～100%。五指山市优良天数比例保持在100%；其余17个市县优良天数比例均在高水平范围内波动。秩相关系数法分析结果表明，所有市县优良天数比例均无显著变化趋势。

与2016年相比，2023年三亚、五指山、定安、澄迈、昌江、乐东、琼中7个市县优良天数比例持平；儋州、文昌、屯昌3个市县优良天数比例上升0.1～0.3个百分点，其中儋州市和屯昌县上升幅度最大；其余8个市县优良天数比例下降0.3～2.2个百分点，其中海口市下降幅度最大。

二、主要污染物浓度年际变化趋势分析

（一）$PM_{2.5}$

2016—2023 年，海南省环境空气 $PM_{2.5}$ 年均浓度为 12～17 μg/m³，呈下降趋势，均明显低于二级标准限值，其中 2020—2023 年 $PM_{2.5}$ 年均浓度达到一级标准，2022 年、2023 年 $PM_{2.5}$ 浓度为近 8 年最低值。秩相关系数法分析结果表明，全省环境空气 $PM_{2.5}$ 年均浓度下降趋势显著。

与 2016 年相比，2023 年全省环境空气 $PM_{2.5}$ 年均浓度下降 5 μg/m³，下降了 29.4%（图 2-1-29）。

图 2-1-29　2016—2023 年海南省 $PM_{2.5}$ 年均浓度变化情况

2016—2023 年，全省 18 个市县（不含三沙市）$PM_{2.5}$ 年均浓度为 9～23 μg/m³，整体呈下降趋势。全省 18 个市县（不含三沙市）$PM_{2.5}$ 年均浓度均明显低于二级标准限值，部分市县达到一级标准。秩相关系数法分析结果表明，屯昌县 $PM_{2.5}$ 年均浓度无显著变化趋势，其余 17 个市县 $PM_{2.5}$ 年均浓度下降趋势显著。

与 2016 年相比，2023 年全省 18 个市县（不含三沙市）$PM_{2.5}$ 年均浓度均有所下降，下降幅度为 8.3%～37.5%，其中陵水县 $PM_{2.5}$ 年均浓度下降幅度最大。

（二）PM_{10}

2016—2023 年，全省环境空气 PM_{10} 年均浓度为 23～29 μg/m³，呈波动下降趋势，均低于一级标准限值，2022 年、2023 年 PM_{10} 年均浓度为近 8 年最低。秩相关系数法分析结果表明，全省环境空气 PM_{10} 年均浓度下降趋势显著。

与2016年相比，2023年全省环境空气PM_{10}年均浓度下降6 μg/m³，下降了20.7%（图2-1-30）。

图2-1-30 2016—2023年海南省PM_{10}年均浓度变化情况

2016—2023年，全省18个市县（不含三沙市）PM_{10}年均浓度为17～40 μg/m³，整体呈下降趋势。全省18个市县（不含三沙市）PM_{10}年均浓度均达到一级标准。秩相关系数法分析结果表明，儋州、文昌、临高3个市县无显著变化趋势，其余15个市县PM_{10}年均浓度下降趋势显著。

与2016年相比，2023年全省18个市县（不含三沙市）PM_{10}年均浓度均有所下降，下降幅度为7.1%～28.6%，其中琼海市PM_{10}年均浓度下降幅度最大。

（三）O_3

2016—2023年，全省环境空气O_3日最大8 h平均值第90百分位数平均浓度为96～118 μg/m³，呈波动上升趋势，均明显低于二级标准限值，其中2016—2018年达到一级标准。秩相关系数法分析结果表明，全省环境空气O_3日最大8 h平均值第90百分位数平均浓度上升趋势显著。

与2016年相比，2023年全省环境空气O_3日最大8 h平均值第90百分位数平均浓度上升12 μg/m³，上升幅度为12.5%（图2-1-31）。

2016—2023年，全省18个市县（不含三沙市）O_3日最大8 h平均值第90百分位数浓度为73～144 μg/m³，整体呈波动上升趋势。海南省18个市县（不含三沙市）O_3日最大8 h平均值第90百分位数浓度均明显低于二级标准限值，部分市县达到一级标准。秩相关系数法分析结果表明，海口、五指山、临高、白沙、昌江5个市县O_3日最大8 h平均值第90百分位数浓度上升趋势显著，其余市县无显著变化趋势。

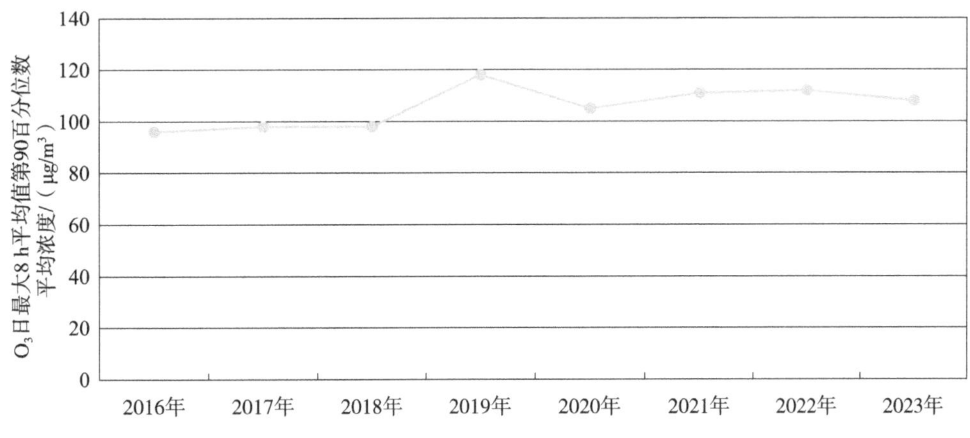

图 2-1-31　2016—2023 年海南省 O_3 日最大 8 h 平均值第 90 百分位数平均浓度变化情况

与 2016 年相比，2023 年东方市和屯昌县 O_3 日最大 8 h 平均值第 90 百分位数浓度有所下降，下降幅度分别为 5.5% 和 2.7%；其余 16 个市县 O_3 日最大 8 h 平均值第 90 百分位数浓度均有所上升，上升幅度为 1.9%～37.8%，其中保亭县 O_3 日最大 8 h 平均值第 90 百分位数浓度上升幅度最大。

（四）NO_2

2016—2023 年，全省环境空气 NO_2 年均浓度为 6～8 μg/m^3，呈下降趋势，均达到一级标准，2022 年、2023 年 NO_2 年均浓度为近 8 年最低。秩相关系数法分析结果表明，全省环境空气 NO_2 年均浓度下降趋势显著。

与 2016 年相比，2023 年全省环境空气 NO_2 年均浓度下降 2 μg/m^3，下降了 25.0%（图 2-1-32）。

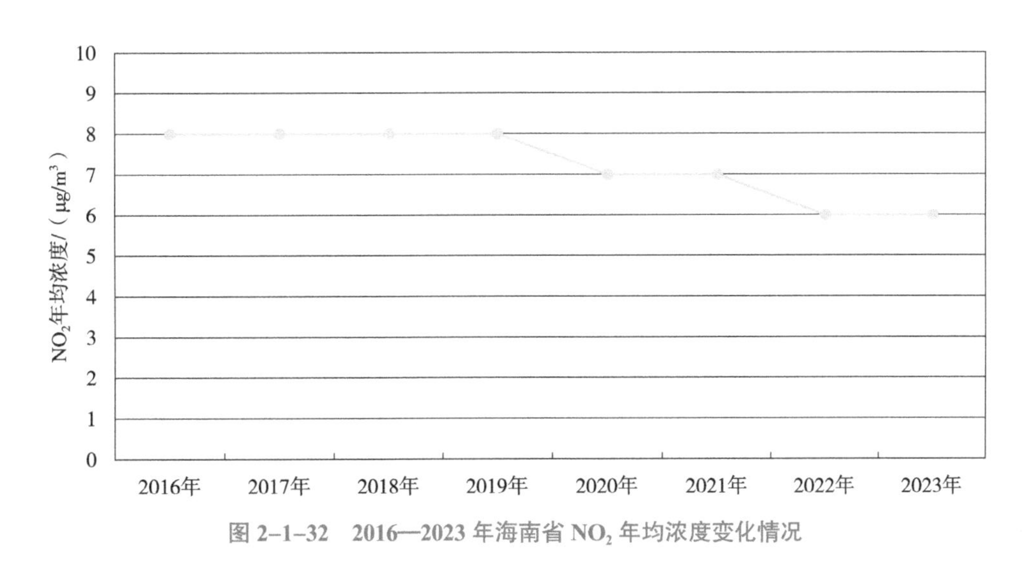

图 2-1-32　2016—2023 年海南省 NO_2 年均浓度变化情况

2016—2023 年，全省 18 个市县（不含三沙市）NO_2 年均浓度为 2～18 μg/m³，整体呈低浓度下降趋势。全省 18 个市县（不含三沙市）NO_2 年均浓度均达到一级标准。秩相关系数法分析结果表明，海口、三亚、琼海、文昌、东方、屯昌、临高、昌江、琼中 9 个市县 NO_2 年均浓度下降趋势显著，其余市县 NO_2 年均浓度无显著变化趋势。

与 2016 年相比，2023 年定安县和陵水县 NO_2 年均浓度持平；万宁市 NO_2 年均浓度有所上升，上升幅度为 20.0%；其余 15 个市县 NO_2 年均浓度均有所下降，下降幅度为 20.0%～54.5%，其中琼中县 NO_2 年均浓度下降幅度最大。

（五）SO_2

2016—2023 年，全省环境空气 SO_2 年均浓度为 4～5 μg/m³，呈低浓度波动变化趋势，均达到一级标准。秩相关系数法分析结果表明，全省环境空气 SO_2 年均浓度无显著变化趋势。

与 2016 年相比，2023 年全省环境空气 SO_2 年均浓度持平（图 2-1-33）。

图 2-1-33　2016—2023 年海南省 SO_2 年均浓度变化情况

2016—2023 年，全省 18 个市县（不含三沙市）SO_2 年均浓度为 2～10 μg/m³，整体呈低浓度波动趋势。全省 18 个市县（不含三沙市）SO_2 年均浓度均达到一级标准。秩相关系数法分析结果表明，保亭县 SO_2 年均浓度上升趋势显著，万宁、东方、澄迈 3 个市县 SO_2 年均浓度下降趋势显著，其余市县 SO_2 年均浓度无显著变化趋势。

与 2016 年相比，2023 年琼海、临高、白沙、乐东 4 个市县 SO_2 年均浓度持平；海口、五指山、文昌、定安、陵水、保亭、琼中 7 个市县 SO_2 年均浓度均有所上升，上升幅度为 20.0%～100%，其中保亭县上升幅度最大；其余 7 个市县 SO_2 年均浓度均有所下降，下降幅度为 16.7%～62.5%，其中东方市和澄迈县 SO_2 年均浓度下降幅度最大。

（六）CO

2016—2023 年，全省环境空气 CO 日均值第 95 百分位数平均浓度为 0.7～1.0 mg/m^3，呈下降趋势，均达到一级标准。2021 年、2022 年、2023 年 CO 日均值第 95 百分位数平均浓度为近 8 年最低。秩相关系数法分析结果表明，全省环境空气 CO 日均值第 95 百分位数平均浓度下降趋势显著。

与 2016 年相比，2023 年全省 CO 日均值第 95 百分位数平均浓度下降 0.3 mg/m^3，下降了 30.0%（图 2-1-34）。

图 2-1-34　2016—2023 年海南省 CO 日均值第 95 百分位数平均浓度变化情况

2016—2023 年，全省 18 个市县（不含三沙市）CO 日均值第 95 百分位数浓度为 0.5～1.4 mg/m^3，整体呈低浓度下降趋势。全省 18 个市县（不含三沙市）CO 日均值第 95 百分位数浓度均达到一级标准。秩相关系数法分析结果表明，海口、儋州、五指山、屯昌、临高、昌江 6 个市县 CO 日均值第 95 百分位数浓度无显著变化趋势，其余 12 个市县 CO 日均值第 95 百分位数浓度下降趋势显著。

与 2016 年相比，2023 年儋州市和屯昌县 CO 日均值第 95 百分位数平均浓度持平；其余 16 个市县 CO 日均值第 95 百分位数浓度均有所下降，下降幅度为 12.5%～50.0%，其中琼海市 CO 日均值第 95 百分位数浓度下降幅度最大。

三、综合指数年际变化趋势分析

2016—2023 年，海南省空气质量综合指数为 1.739～2.078，整体呈波动下降趋势，秩相关系数法分析结果表明，全省空气质量综合指数下降趋势显著。

与 2016 年相比，2023 年全省空气质量综合指数下降 0.278（图 2-1-35）。

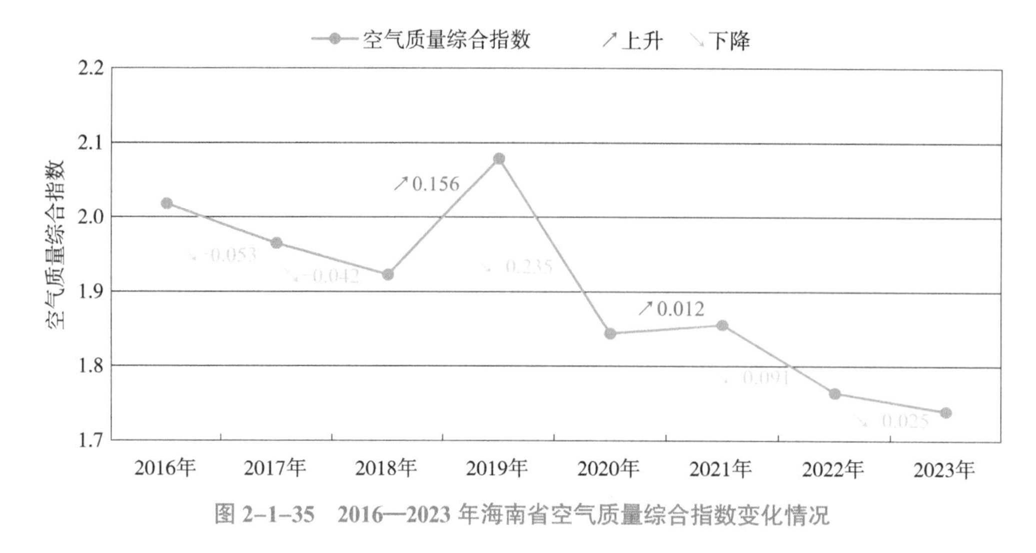

图 2-1-35　2016—2023 年海南省空气质量综合指数变化情况

2016—2023 年，全省 18 个市县（不含三沙市）空气质量综合指数为 1.388～2.476，整体呈波动下降趋势。秩相关系数法分析结果表明，五指山、定安、临高、白沙、昌江、保亭 6 个市县空气质量综合指数变化趋势不显著，其余 12 个市县空气质量综合指数下降趋势显著。

与 2016 年相比，2023 年全省 18 个市县（不含三沙市）空气质量综合指数均有所下降，下降幅度为 1.4%～23.5%，其中东方市空气质量综合指数下降幅度最大。

四、污染特征年际变化趋势分析

（一）超标污染物

2016—2023 年，海南省环境空气每年出现 15～159 d 超标天，超标污染物为 O_3 和 $PM_{2.5}$，其中超标污染物为 O_3 的天数比例为 66.7%～100%，呈波动上升趋势；超标污染物为 $PM_{2.5}$ 的天数比例为 0～33.3%，呈波动下降趋势。

与 2016 年相比，2023 年全省环境空气超标天数增加 22 d；超标污染物为 O_3 的天数比例上升至 100%，超标污染物为 $PM_{2.5}$ 的天数比例降至 0（图 2-1-36）。

2016—2023 年，全省 18 个市县（不含三沙市）每年出现 0～23 d 超标天，超标污染物为 O_3 和 $PM_{2.5}$，其中五指山市未出现超标天；三亚、定安、屯昌、澄迈、白沙、琼中 6 个市县超标污染物均为 O_3，超标天数为 1～18 d；其余 11 个市县均出现 O_3 和 $PM_{2.5}$ 超标情况，O_3 超标天数为 1～23 d，$PM_{2.5}$ 超标天数为 1～3 d。

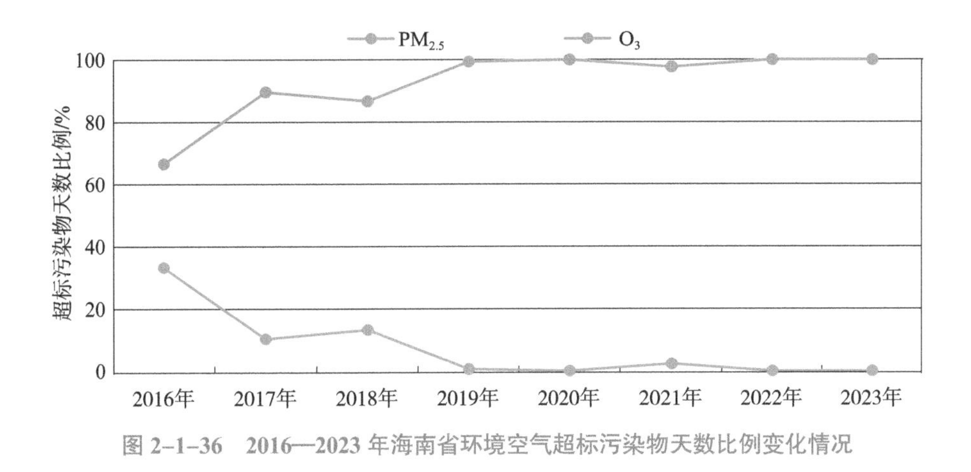

图 2-1-36　2016—2023 年海南省环境空气超标污染物天数比例变化情况

与 2016 年相比，2023 年三亚、儋州、五指山、定安、澄迈、昌江、乐东、琼中 8 个市县超标污染物为 O_3 的天数持平，屯昌县超标污染物为 O_3 的天数下降 1 d，其余 9 个市县超标污染物为 O_3 的天数上升 1～9 d。全省 18 个市县（不含三沙市）超标污染物为 $PM_{2.5}$ 的天数均持平或有所下降。

（二）首要污染物

2016—2023 年，全省环境空气每年出现 874～1 125 d 良级天，首要污染物为 O_3、$PM_{2.5}$ 或 PM_{10}，其中，首要污染物为 O_3 的天数比例为 53.5%～96.1%，呈波动上升趋势；首要污染物为 $PM_{2.5}$ 的天数比例为 2.7%～29.4%，呈波动下降趋势；首要污染物为 PM_{10} 的天数比例为 1.2%～19.4%，呈波动下降趋势；部分时段出现 2 种及 2 种以上的首要污染物。

与 2016 年相比，2023 年全省环境空气良级天数增加了 229 d；首要污染物为 O_3 的天数比例上升 35.9 个百分点，首要污染物为 $PM_{2.5}$ 的天数比例下降 24.3 个百分点，首要污染物为 PM_{10} 的天数比例下降 13.4 个百分点（图 2-1-37）。、

2016—2023 年，全省 18 个市县（不含三沙市）每年出现 8～136 d 良级天，首要污染物为 O_3、$PM_{2.5}$ 或 PM_{10}，其中首要污染物为 O_3 的天数为 2～117 d，首要污染物为 $PM_{2.5}$ 的天数为 1～59 d，首要污染物为 PM_{10} 的天数为 1～56 d。

与 2016 年相比，2023 年东方市首要污染物为 O_3 的天数有所下降，其余 17 个市县首要污染物为 O_3 的天数均有所上升；三亚市和乐东县首要污染物为 $PM_{2.5}$ 的天数有所上升，其余 16 个市县首要污染物为 $PM_{2.5}$ 的天数均持平或有所下降；儋州、东方、临高、昌江、乐东 5 个市县首要污染物为 PM_{10} 的天数有所上升，其余 13 个市县首要污染物为 PM_{10} 的天数均持平或有所下降。

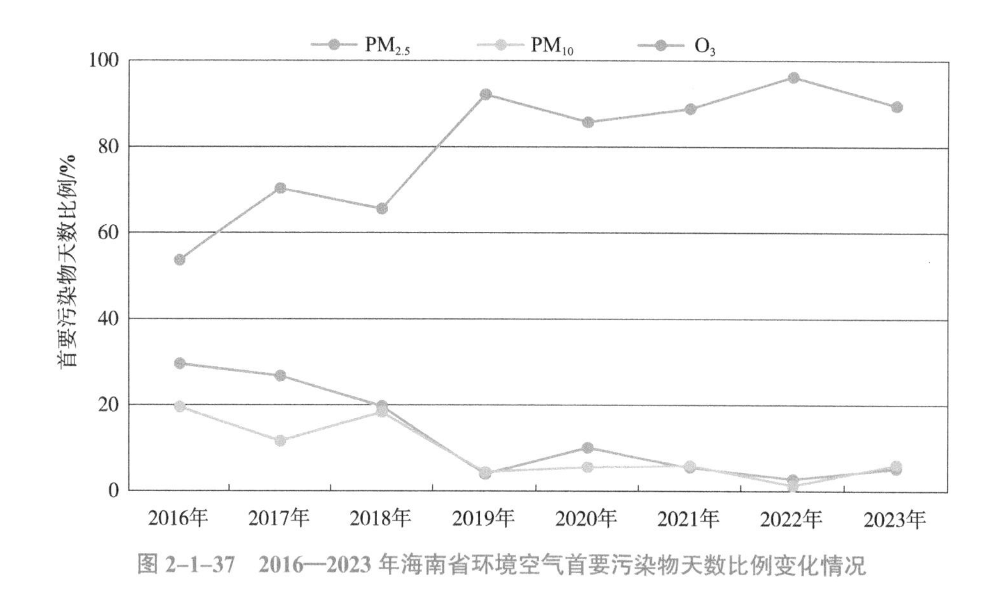

图 2-1-37　2016—2023 年海南省环境空气首要污染物天数比例变化情况

第五节　变化原因分析

一、独特的地理位置优势为良好的环境空气质量打下基础

海南省陆域主体海南岛，地处信风带和季风区，四面环海，属热带季风气候，雨量充沛，年降水量为 1 000～2 600 mm，有明显的多雨季和少雨季；常风较大，尤其是西南部和东北部海域，年平均风速超过 8 m/s，加之空气对流、乱流运动较强等特点，有利于污染物质的稀释扩散。得天独厚的热带岛屿季风气候，加之相对较小的排污总量，使全省环境空气质量长期优良，优良天数比例维持在高水平，SO_2、NO_2、CO 3 项指标已明显优于世界卫生组织准则值，$PM_{2.5}$ 和 PM_{10} 年均浓度也达到了大部分国家标准要求。

二、O_3 是制约海南省环境空气质量优良天数比例上升的关键因素，季节变化较为明显

2023 年，海南省环境空气的超标污染物均为 O_3，其是制约全省环境空气质量优良天数比例上升的关键因素。秋冬季节，海南省气温较国内其他省份相对较高，降水减少，日照强，逆温现象增多，扩散条件总体不利，因而容易生成 O_3，且主导风向由夏季的偏南风转为东北风，易受下沉气流及弱冷空气带来的区域污染传输的共同影响。

三、一系列大气污染精准防控措施取得良好成效，环境空气质量整体处于有监测以来的历史最好水平

2023 年，海南省持续开展大气污染防治高质量发展工作，继续执行大气污染防治全链条响应制度，进一步完善大气防治“监测与问题发现—预警预报—评价研判—工作响应”全链条响应工作机制，有效提升各市县大气污染防治的工作效率和精细化治理水平，在气象条件相对中等偏差的情况下，通过精准防控有效改善环境空气质量。一是优良天数比例为 99.5%，达到有监测数据以来的最高值；二是 $PM_{2.5}$、PM_{10}、SO_2、NO_2、CO 5 项污染物浓度与 2022 年持平，均为有监测数据以来最低值；三是综合指数为 1.739，环境空气质量整体处于有监测数据以来的历史最好水平。

第六节　小　结

一、海南省环境空气质量总体优良，5 项污染物达到一级标准，O_3 接近一级标准

2023 年，全省环境空气优良天数比例为 99.5%。SO_2、NO_2、PM_{10}、$PM_{2.5}$ 年均浓度和 CO 日均值第 95 百分位数平均浓度均达到一级标准；O_3 日最大 8 h 平均值第 90 百分位数平均浓度符合二级标准，接近一级标准。全省 18 个市县（不含三沙市）环境空气质量均明显优于二级标准，其中五指山市和琼中县达到一级标准。

二、海南省环境空气质量多年处于高水平，有 5 项污染物保持有监测以来最好水平

2016—2023 年，全省环境空气优良天数比例保持在 98% 左右。与 2022 年相比，2023 年全省环境空气质量明显改善。

从优级天数比例来看，2023 年全省环境空气优良天数比例为 99.5%，其中优级天数比例为 83.6%，同比上升 0.8 个百分点，连续 8 年达到 80% 及以上。其中五指山市和琼中县优级天数比例达到 90% 及以上。

从主要污染物浓度来看，6 项主要污染物中，SO_2、NO_2、$PM_{2.5}$、PM_{10} 年均浓度和 CO 日均值第 95 百分位数平均浓度 5 项指标均保持有监测数据以来最好水平，O_3 日最

大 8 h 平均值第 90 百分位数平均浓度同比下降。

从空间分布来看，环境空气质量呈现明显的南北分界特征，中部和南部区域好于北部区域，其中五指山市连续两年 $PM_{2.5}$ 年均浓度达到个位数的目标。

三、秋冬季节 O_3 浓度较高，为影响海南省环境空气质量的主要污染物

2016—2023 年，全省超标天中首要污染物为 O_3 的天数比例呈波动上升趋势。与 2016 年相比，2023 年超标污染物为 O_3 的天数比例上升了 33.3 个百分点，主要集中在秋冬季节（10—12 月）。

四、海南省环境空气颗粒物和 O_3 具有显著的时间变化特征，SO_2、NO_2 和 CO 在低浓度范围波动

从日变化来看，$PM_{2.5}$ 和 PM_{10} 的日内 1 h 平均浓度变化范围分别为 12～14 μg/m^3 和 22～26 μg/m^3，均呈现双峰形分布，变化趋势基本一致；O_3 日内 1 h 平均浓度变化范围为 40～72 μg/m^3，呈显著的单峰形变化特征，早上最低，下午最高；NO_2 日内 1 h 平均浓度变化也呈单峰形变化特征，早上最高，下午最低，与 O_3 呈此消彼长的趋势；SO_2 和 CO 日内 1 h 平均浓度变化均在低浓度范围内波动。从月变化来看，6—9 月的 $PM_{2.5}$、PM_{10} 月均浓度及 O_3 日最大 8 h 平均值第 90 百分位数平均浓度明显低于其余月份，SO_2、NO_2 月均浓度和 CO 日均值第 95 百分位数平均浓度均在低浓度范围内波动。

五、海南省环境空气质量主要污染物浓度基本呈现西部、北部高于南部、中部的区域性差异

海南岛西部、北部地区主要污染物 $PM_{2.5}$、PM_{10} 年均浓度和 O_3 日最大 8 h 平均值第 90 百分位数平均浓度相对较高，东部地区次之，中部、南部地区总体保持较低水平；海南岛北部地区 SO_2 和 NO_2 年均浓度相对较高，其余地区保持较低水平；CO 日均值第 95 百分位数平均浓度处于较低浓度水平，空间差异不大。

专栏1 环境空气质量预警预报准确，大力服务管理与公众

2023 年，海南省环境空气质量预警预报工作持续稳步开展，技术人员严格按照空气质量预报工作流程，首先通过空气质量预报系统获取预报结果、天气形势、全国及全省实时空气质量数据等资料，再结合经验进行人工订正得出最终预报结果。

根据“监测与问题发现—预警预报—评价研判—工作响应”全链条响应工作制度，海南省生态环境监测中心配合海南省生态环境厅开展全省空气质量预警预报工作，充分发挥环境监测预警预报在大气污染防治工作中的支撑作用，提升各市县大气污染防治的工作效率和精细化治理水平。同时根据国家及海南省生态环境厅的要求，每日编制全省未来 7 d 空气质量预报信息与污染级别表上报至中国环境监测总站及华南区域预报中心，并将每日的预报结果通过省厅官网、手机 App、广告机等渠道向公众发布，保障公众的出行健康。

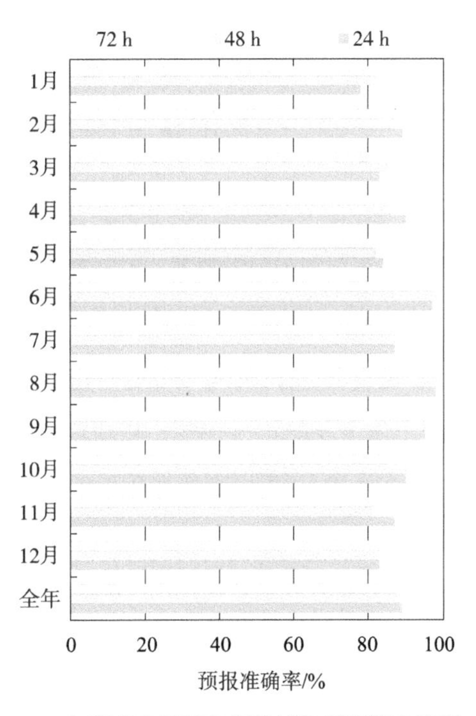

2023 年海南省环境空气区域级别预报准确率

2023 年评估结果显示，全省区域未来 24 h、48 h、72 h 级别预报年度准确率均在 85% 及以上；全省区域未来 24 h、48 h、72 h 级别预报每月准确率均在 75% 及以上；全省区域未来 24 h 级别预报每月准确率为 78.0%～98.0%，48 h 级别预报每月准确率为 81.0%～98.0%，72 h 级别预报每月准确率为 81.0%～99.0%。

专栏2 重点区域空气质量优良，主要森林旅游区空气负离子浓度高

2023年，海南省重点旅游度假区、工业园区环境空气质量总体优良，均符合二级标准。其中呀诺达、兴隆热带花园、文笔峰3个重点旅游度假区环境空气质量达到一级标准；8个主要森林旅游区空气负离子浓度优于世界卫生组织（WHO）规定标准，对人体健康有利。

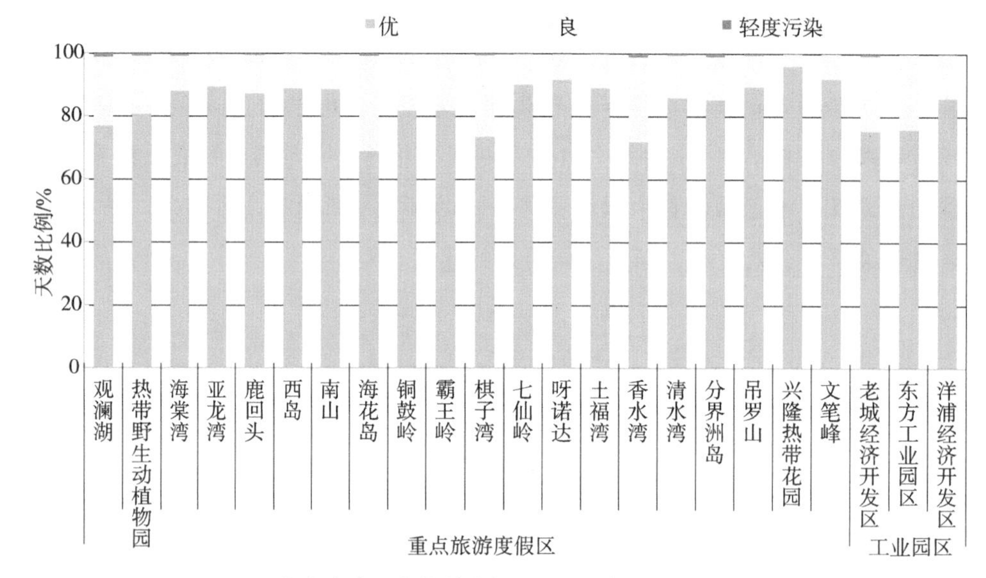

2023年海南省重点旅游度假区环境空气各级天数比例

20个重点旅游度假区优良天数比例为98.8%～100%，其中优级天数比例为68.8%～96.0%，良级天数比例为4.0%～30.3%；轻度污染天数比例为0～1.2%，无中度及以上污染天。主要污染物$PM_{2.5}$年均浓度为9～19 μg/m^3，海花岛、棋子湾2个重点旅游度假区$PM_{2.5}$年均浓度符合二级标准，其余均达到一级标准；O_3日最大8 h平均值第90百分位数浓度为76～122 μg/m^3，呀诺达、兴隆热带花园、文笔峰3个重点旅游度假区O_3日最大8 h平均值第90百分位数浓度均达到一级标准，其余均符合二级标准；PM_{10}年均浓度为13～33 μg/m^3，SO_2年均浓度为3～10 μg/m^3，NO_2年均浓度为2～7 μg/m^3，CO日均值第95百分位数浓度为0.5～1.2 mg/m^3，均达到一级标准。

3个工业园区优良天数比例为99.2%～99.7%，其中优级天数比例为75.3%～85.8%，良级天数比例为14.0%～23.8%；轻度污染天数比例为0.3%～0.8%。主要

污染物 $PM_{2.5}$ 年均浓度为 15～16 μg/m³，洋浦经济开发区达到一级标准，老城经济开发区、东方工业园区符合二级标准；O_3 日最大 8 h 平均值第 90 百分位数浓度为 102～114 μg/m³，均符合二级标准；PM_{10} 年均浓度为 23～33 μg/m³，SO_2 年均浓度为 4～5 μg/m³，NO_2 年均浓度为 10～11 μg/m³，CO 日均值第 95 百分位数浓度为 0.7～0.9 mg³，均达到一级标准。

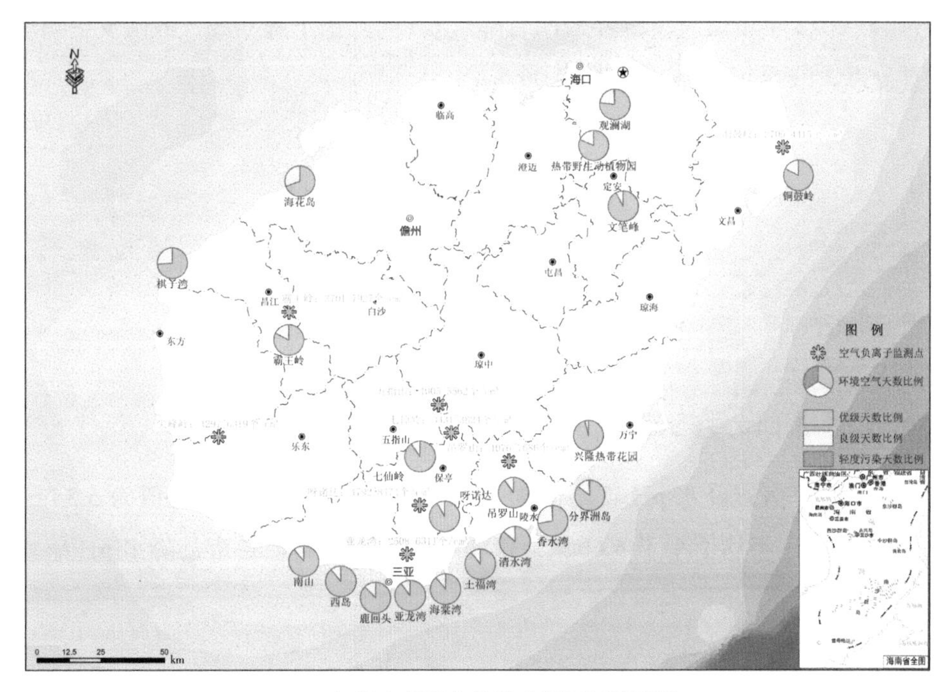

2023 年海南省重点旅游度假区环境质量

霸王岭国家森林公园、尖峰岭国家森林公园、五指山国家级自然保护区、七仙岭温泉国家森林公园、铜鼓岭国家级自然保护区、亚龙湾热带天堂公园、吊罗山国家森林公园、呀诺达雨林文化旅游区 8 个主要森林旅游区空气负离子平均浓度分别为 6 389 个 /cm³、5 669 个 /cm³、5 059 个 /cm³、3 647 个 /cm³、3 749 个 /cm³、5 155 个 /cm³、6 089 个 /cm³、7 207 个 /cm³，均优于世界卫生组织规定的清新空气负氧离子浓度（1 000～1 500 个 /cm³）标准，对人体健康有利。

第二章　降　水

2023 年，海南省降水 pH 年均值为 5.72，酸雨发生频率为 10.1%，酸雨 pH 年均值为 5.01。与 2022 年相比，2023 年海南省降水 pH 年均值下降 0.22，酸雨发生频率上升 3.9 个百分点，酸雨 pH 年均值下降 0.06。

第一节　降水质量现状

一、降水

（一）降水 pH 年均值

2023 年，海南省降水 pH 年均值为 5.72，各市县降水 pH 年均值为 5.34～6.82，仅海口市降水 pH 年均值小于 5.60，为较弱酸性酸雨，其余各市县降水 pH 年均值均大于 5.60。

（二）pH 分布

2023 年，全省共采集降水样品 1 825 个，各测点单次降水 pH 为 3.93～8.91。单次降水 pH 为 5.60～7.00 的样品数最多，占样品总数量的 74.3%；pH≥7.00 的样品数量占比为 15.6%；pH 为 5.00～5.60 的样品数量占比为 6.0%；pH 为 4.50～5.00 的样品数量占比为 2.6%；pH＜4.50 的样品数量占比为 1.5%。

（三）降水化学组分分析

1. 降水当量浓度

全省降水离子当量浓度年均值总和为 127.1 μeq/L，各离子组分当量浓度由高到低依次分别为氯离子（34.4 μeq/L）＞钠离子（29.1 μeq/L）＞铵离子（18.4 μeq/L）＞硝酸根离子（12.8 μeq/L）＞硫酸根离子（12.7 μeq/L）＞钙离子（8.7 μeq/L）＞镁离子（7.7 μeq/L）＞钾离子（2.0 μeq/L）＞氟离子（1.3 μeq/L）。

各离子中，硫酸根 / 硝酸根当量浓度比值为 0.99，（硫酸根 + 硝酸根）/ 阴离子当量浓度比值为 0.42，氯离子 / 阴离子当量浓度比值为 0.56，降水主要表现为硫硝混合型，同时呈现海洋性酸性降水特征。

2. 降水化学组分占比

全省降水中的主要阳离子为钠离子、铵离子、钙离子、镁离子，分别占离子总当量的 22.9%、14.5%、6.8%、6.0%；主要阴离子为氯离子、硝酸根、硫酸根，分别占离子总当量的 27.1%、10.1%、10.0%。钠离子、氯离子、硝酸根离子和硫酸根离子当量浓度占离子当量浓度的 70.0%，为降水中的主要离子。

二、酸雨

2023 年，海南省酸雨发生频率为 10.1%，酸雨 pH 年均值为 5.01。酸雨高发时段集中在 1 月、3 月、10—12 月。

海口、屯昌、乐东、陵水 4 个市县监测到酸雨，且酸雨 pH 年均值为 4.36～5.53。其中，海口市酸雨发生频率为 36.4%，陵水县酸雨发生频率为 12.2%，屯昌县和乐东县酸雨发生频率分别为 3.5%、2.0%；其余市县未监测到酸雨。

第二节　降水质量时空变化规律分析

一、降水时间变化规律分析

（一）各月降水 pH 与酸雨发生频率

2023 年，海南省各月降水 pH 与酸雨发生频率呈负相关，且有明显的时间变化规律。4—9 月降水 pH 均大于 5.80，为全年 pH 高值时段，酸雨发生频率为 2.4%～12.0%；1 月和 12 月降水 pH 均小于 5.10，为全年降水 pH 低值时段；2—3 月、10—11 月降水 pH 为 5.12～5.67，为全年 pH 次低值时段，酸雨发生频率为 12.8%～25.5%（图 2-2-1）。

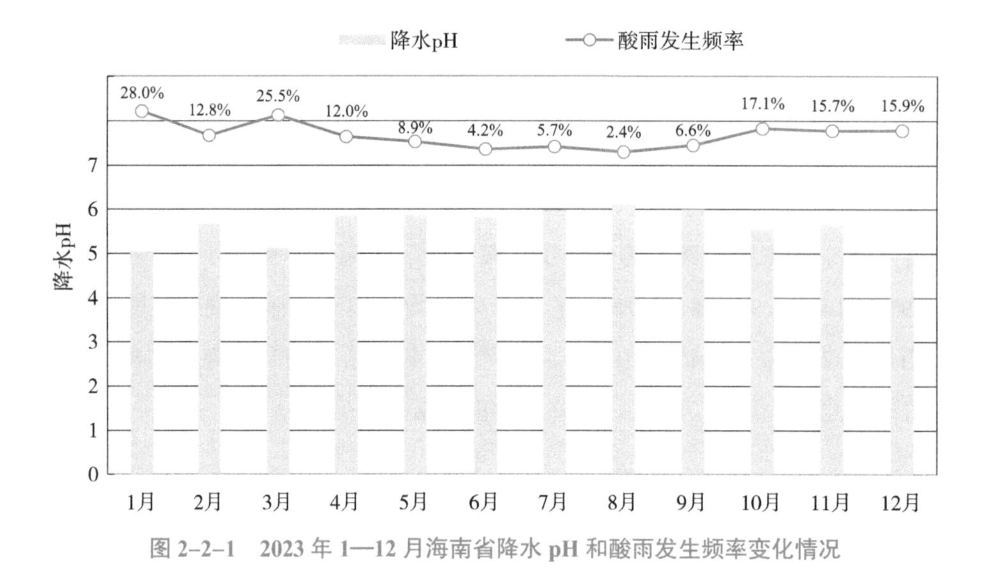

图 2-2-1　2023 年 1—12 月海南省降水 pH 和酸雨发生频率变化情况

（二）各月降水化学组分

2023 年，全省各月离子当量浓度为 79.7～1 117.5 μeq/L，最小值出现在 6 月，最大值出现在 12 月。5—10 月为低值时段，1—2 月、12 月为高值时段，3—4 月、11 月为次高值时段。

降水 pH、酸雨发生频率、降水化学组分各月变化与全省环境空气污染物浓度变化规律基本一致（图 2-2-2）。

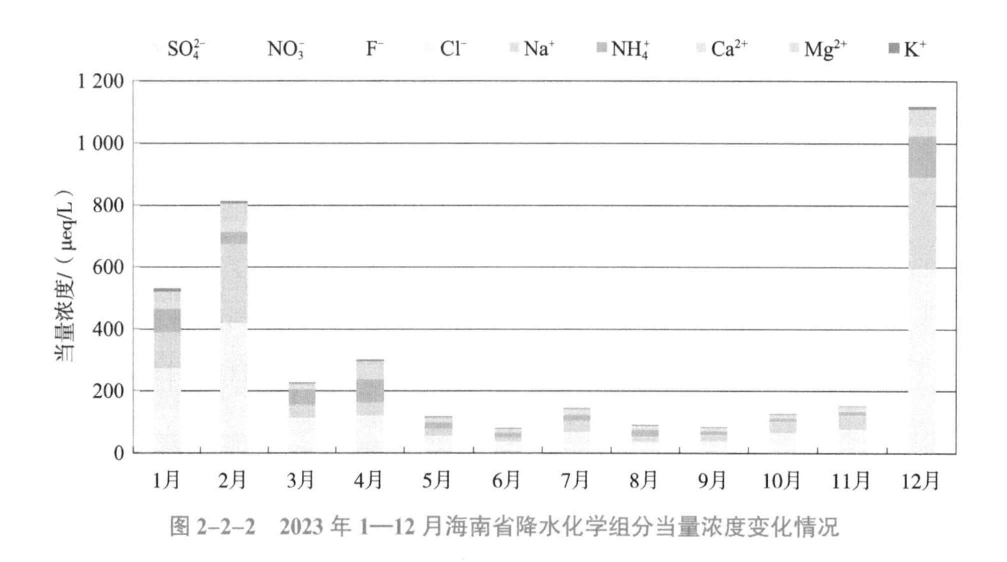

图 2-2-2　2023 年 1—12 月海南省降水化学组分当量浓度变化情况

二、降水空间变化规律分析

2023 年，海口市降水 pH 年均值为 5.34，低于 5.60，为酸雨城市；其余市县降水 pH 年均值均≥5.60（图 2-2-3）。

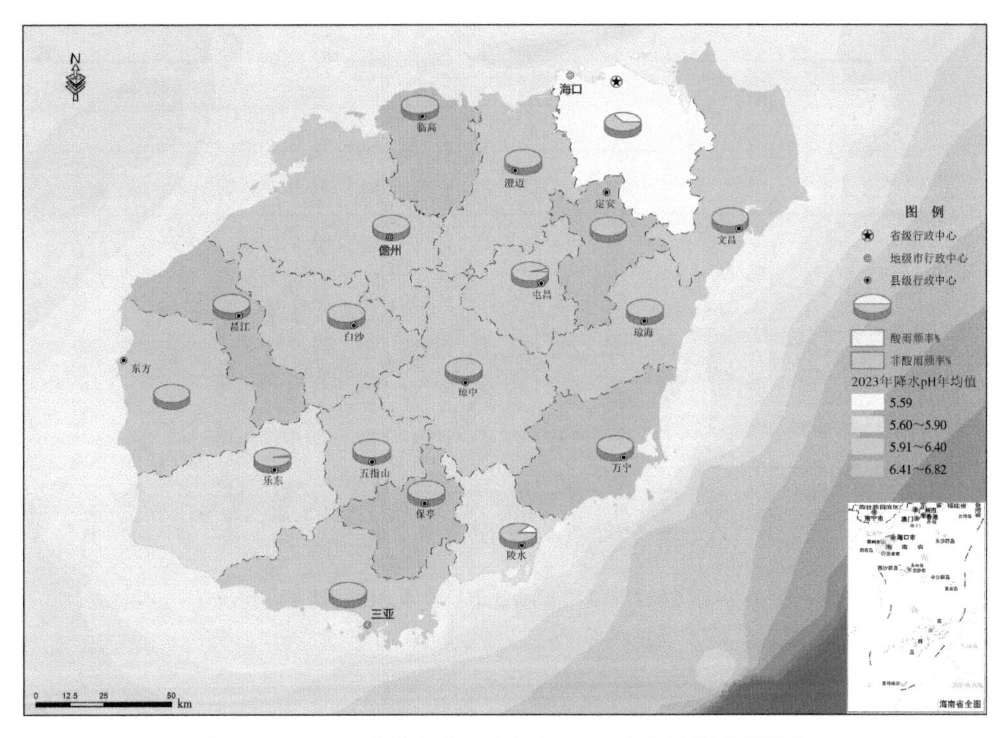

图 2-2-3　2023 年海南省各市县降水 pH 年均值及酸雨频率

全省降水样品中酸雨主要集中出现在海口、陵水、屯昌 3 个市县，酸雨频率分别为 36.4%、12.2%、3.5%。

第三节　降水质量年度对比分析

一、降水年度对比分析

（一）降水 pH 年均值

与 2022 年相比，2023 年海南省 18 个市县（不含三沙市）降水 pH 年均值下降 0.22，文昌、琼海、五指山、儋州、陵水、乐东、琼中、海口、澄迈、昌江、定安、保亭、白沙 13 个市县降水 pH 年均值均有所下降，下降幅度为 0.01～0.81；其余市县均有所上升，上升幅度为 0.03～0.62。其中，海口市连续 2 年均为酸雨城市（图 2-2-4）。

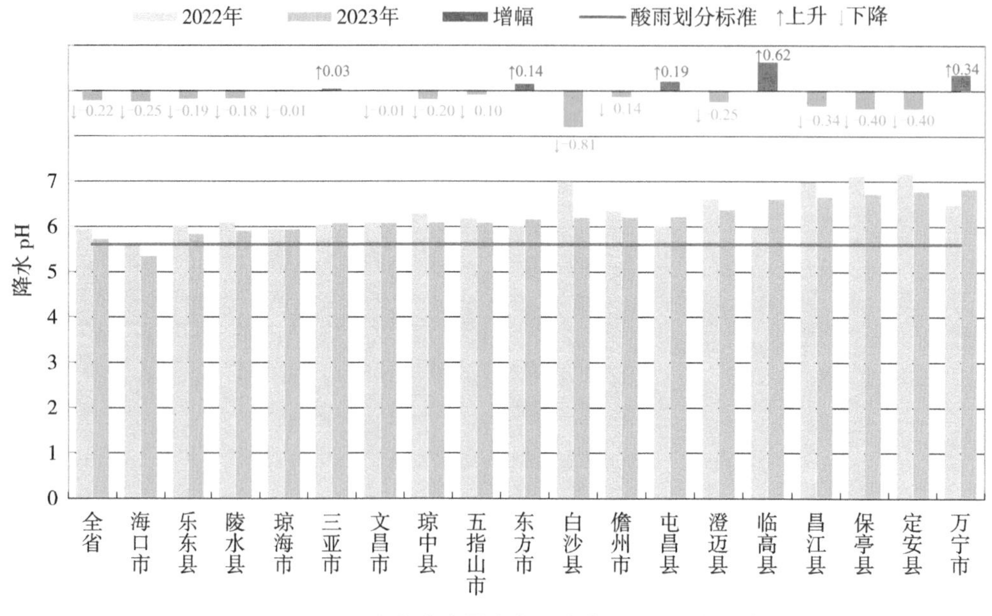

图 2-2-4　2023 年海南省及各市县降水 pH 同比变化情况

（二）pH 分布

与 2022 年相比，2023 年海南省降水 pH 为 5.60～7.00 的样品比例下降 2.4 个百分点；pH≥7.00 的样品比例下降 1.5 个百分点；pH 为 5.00～5.60 的样品比例上升 1.6 个百分点；pH 为 4.50～5.00 的样品比例上升 1.4 个百分点；pH<4.50 的样品比例上升 0.9 个百分点（图 2-2-5）。

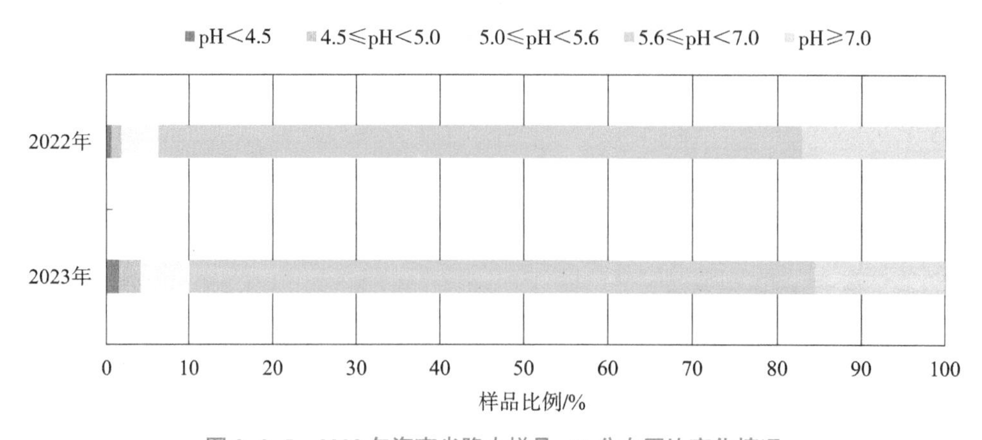

图 2-2-5　2023 年海南省降水样品 pH 分布同比变化情况

（三）降水化学组分分析

1. 降水当量浓度

与 2022 年相比，2023 年全省降水离子当量浓度年均值总和下降了 17.0 μeq/L；钠离子、氯离子、镁离子、硫酸根离子、钙离子、氟离子当量浓度均有所下降，下降幅度为 0.3～8.7 μeq/L；铵离子、硝酸根离子当量浓度均上升 2.2 μeq/L；钾离子当量浓度无明显变化（图 2-2-6）。

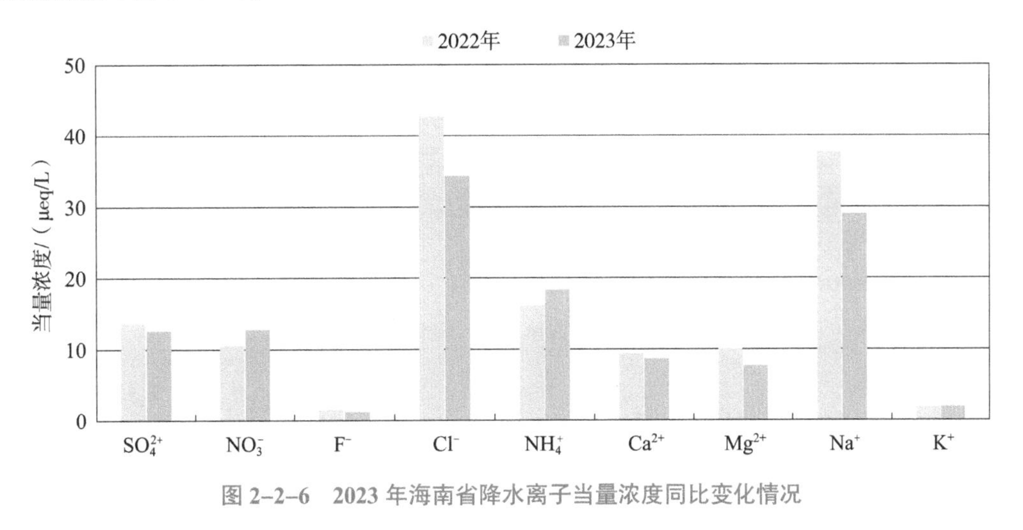

图 2-2-6　2023 年海南省降水离子当量浓度同比变化情况

与 2022 年相比，2023 年东方市降水离子当量浓度年均值上升 3.2 μeq/L，海口、三亚、儋州、五指山、琼海 5 个市分别下降 11.0 μeq/L、14.2 μeq/L、144.5 μeq/L、1.8 μeq/L、5.8 μeq/L（图 2-6-7）。

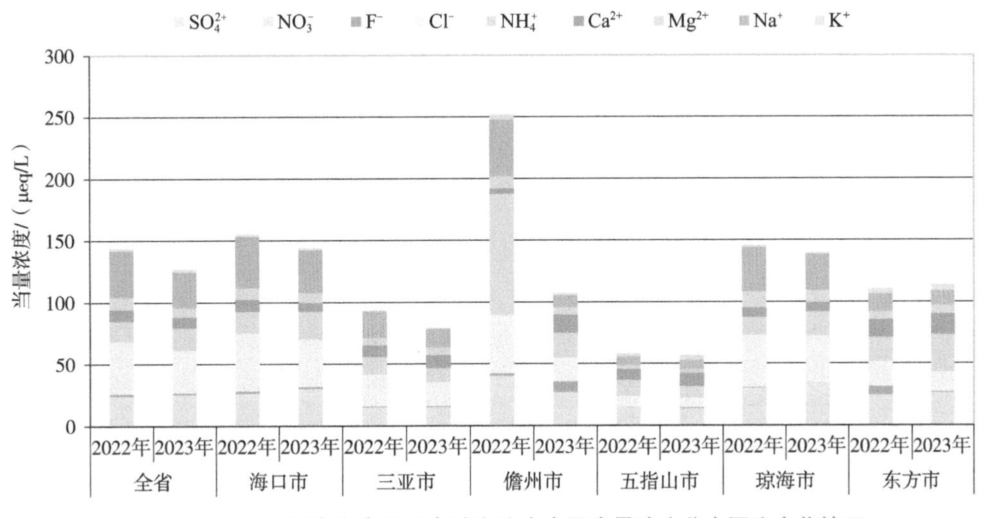

图 2-2-7　2023 年海南省及重点城市降水离子当量浓度分布同比变化情况

2. 降水化学组分占比

与2022年相比，2023年全省降水铵离子、硝酸根离子、硫酸根离子、钾离子、钙离子比例分别上升3.3个、2.7个、0.4个、0.3个、0.2个百分点，钠离子、氯离子、镁离子、氟离子比例分别下降3.3个、2.6个、0.9个、0.1个百分点（图2-2-8）。

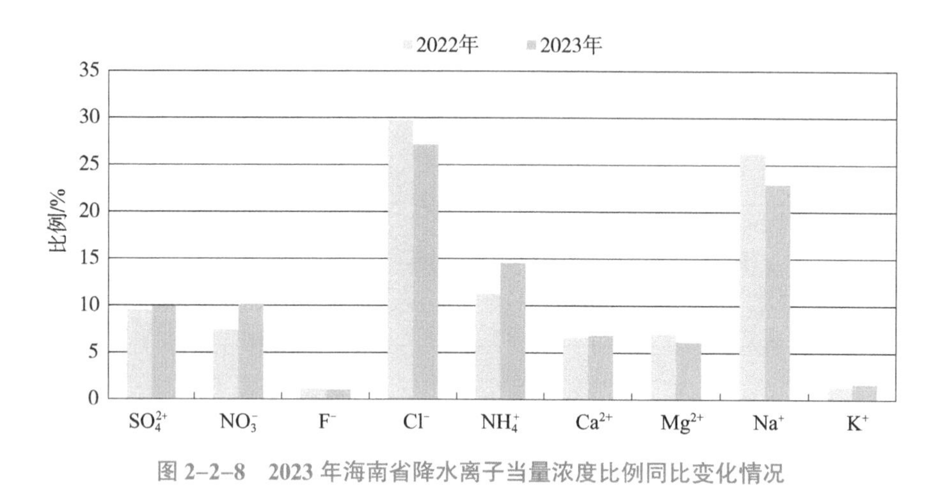

图2-2-8 2023年海南省降水离子当量浓度比例同比变化情况

二、酸雨年度对比分析

与2022年相比，2023年海南省酸雨发生频率上升3.9个百分点，酸雨pH年均值下降0.06。屯昌、儋州、东方3个市县酸雨发生频率均下降，下降幅度为2.4～6.5个百分点；海口、陵水、乐东3个市县酸雨发生频率均上升，上升幅度为2.0～12.1个百分点。

第四节 降水质量年际（2016—2023年）变化趋势分析

一、降水年际变化趋势分析

（一）降水pH年均值

2016—2023年，海南省降水pH年均值为5.72～5.94，整体保持稳定，均为非酸雨。秩相关系数法分析结果表明，全省降水pH年均值无显著变化趋势（图2-2-9）。

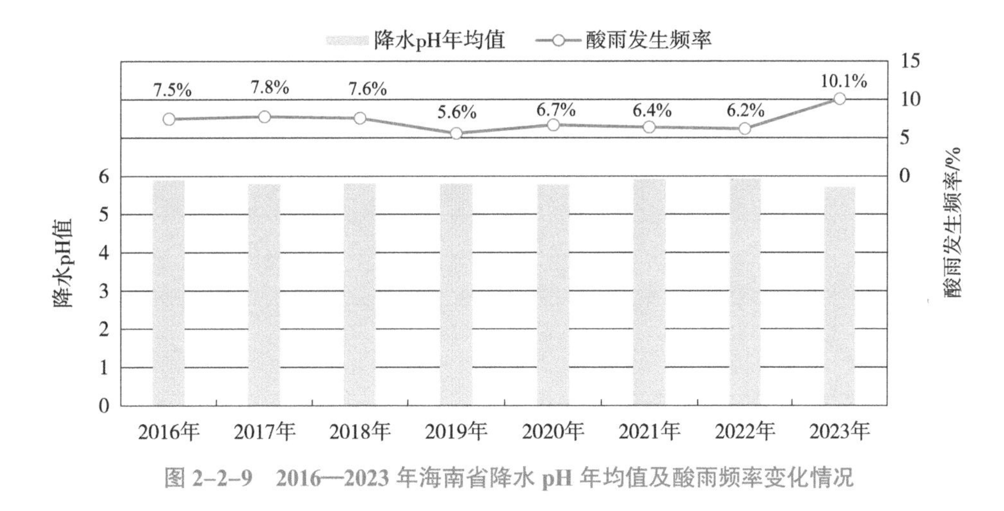

图 2-2-9　2016—2023 年海南省降水 pH 年均值及酸雨频率变化情况

海南省各市县降水 pH 年均值呈不同的波动变化。其中海口市 2016—2023 年连续 8 年为酸雨城市，三亚市 2016 年为酸雨城市，东方市 2018 年为酸雨城市，琼中县 2021 年为酸雨城市。秩相关系数法分析结果表明，琼海、文昌、乐东、陵水、琼中 5 个市县降水 pH 年均值下降趋势显著，海口市、三亚市和万宁市降水 pH 年均值上升趋势显著，其余市县降水 pH 年均值无显著变化（图 2-2-10）。

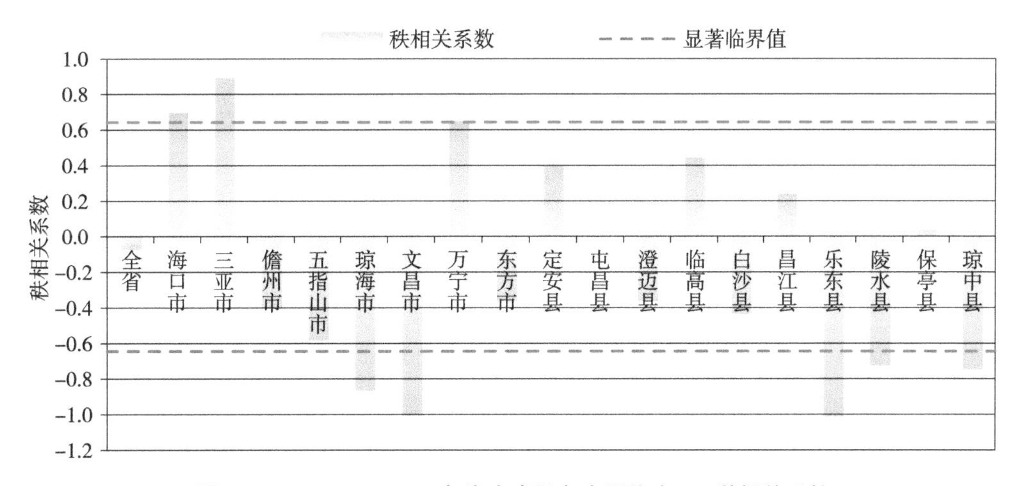

图 2-2-10　2016—2023 年海南省及各市县降水 pH 秩相关系数

（二）pH 分布

2016—2023 年，海南省降水不同 pH 样品比例在 2018 年前后变化较大，2018 年之后酸性 pH 样品比例大幅下降。降水中 pH≥7.00 的样品比例为 6.2%～17.1%，pH 为 5.60～7.00 的样品比例为 37.2%～88.2%，酸雨（pH<5.60）样品比例为 5.6%～47.6%。酸雨中弱酸性（pH 为 5.00～5.60）样品比例为 2.5%～39.9%，酸性（pH 为 4.50～5.00）

样品比例为1.2%～6.4%，重酸性（pH＜4.50）样品比例为0.4%～3.3%（图2-2-11）。

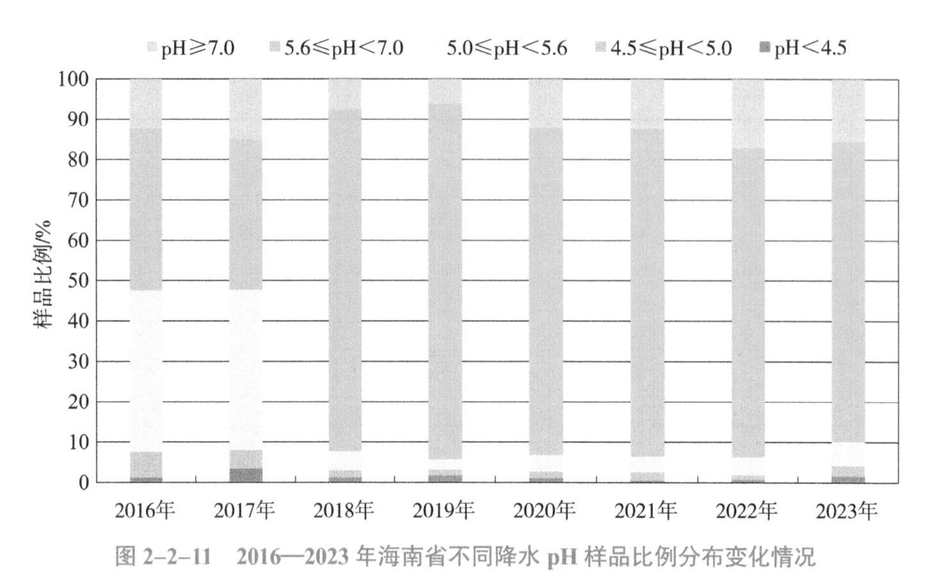

图2-2-11 2016—2023年海南省不同降水pH样品比例分布变化情况

二、酸雨年际变化趋势分析

2016—2023年，海南省酸雨发生频率为5.6%～10.1%；出现酸雨市县的酸雨发生频率为0.8%～50.9%；各年出现酸雨城市数量为2～10个，呈先上升后下降的变化趋势。秩相关系数法分析结果表明，全省酸雨发生频率无显著变化趋势，秩相关系数为-0.119。

从酸雨发生的市县数量统计来看，海南省连续8年均存在监测到酸雨发生的市县。其中，2018年监测到酸雨发生的市县有10个，为8年中最高；其次为2021年，监测到酸雨发生的市县有8个；2019年、2020年、2022年、2023年监测到酸雨发生的市县数量分别为7个、6个、5个、4个；2016年和2017年监测到酸雨发生的市县数量均为2个，为8年中数量最少年份。

从市县监测到酸雨的年份统计来看，监测到酸雨的市县共14个，其中海口市连续8年均监测到酸雨，屯昌县和陵水县均有5年监测到酸雨，三亚、东方、定安3个市县均有4年监测到酸雨，昌江县有3年监测到酸雨，儋州、五指山、万宁、乐东4个市县均有2年监测到酸雨，澄迈、临高、琼中3个县均有1年监测到酸雨。

从市县酸雨发生频率的统计来看，市县年酸雨发生频率为0.8%～10.0%的年份占酸雨发生总年份的63.6%，年酸雨发生频率为10.0%～20.0%的年份占比为15.9%，年酸雨发生频率大于20.5%的年份占比为22.7%。

第五节　变化原因分析

一、本地源和致酸物质远距离传输共同影响形成酸雨

海南省酸性降水表现为硝硫混合型酸性降水，同时受海洋性氯离子源的影响，降水呈现海洋性酸性降水特征。酸性降水中致酸离子硫酸根、硝酸根前体物二氧化硫、氮氧化物主要来自人为活动，全省环境空气质量长期保持优良状态，本地工业分布较少，二氧化硫、氮氧化物除受局地源排放影响外，还受致酸物质及其变化产物远距离迁移影响。

二、气象是影响全省酸雨形成的另一因素

海南岛春季大气层结构相对稳定，极易在低空形成逆温层；冬季受大陆高压的冷气团南下影响，昼夜温差大易形成逆温层。逆温层的存在不利于致酸物质扩散，使污染物出现堆积，造成降水酸度增加，是春、冬两季酸雨频发的主要原因。

第六节　小　结

一、海南省酸雨频率略有上升

2023 年，海南省降水 pH 年均值为 5.72，同比下降 0.22；降水酸雨发生频率为 10.1%，同比上升 3.9 个百分点；酸雨 pH 年均值为 5.01，同比下降 0.06。海口、屯昌、乐东、陵水 4 个市县监测到酸雨。2016—2023 年，全省降水 pH 年均值、酸雨频率均无显著变化趋势。

二、海南省降水主要为硫硝混合型，同时呈海洋性酸性降水特征

全省降水离子组分中钠离子、氯离子、硝酸根离子和硫酸根离子当量浓度占离子当量浓度的 70.0%，为降水化学成分的主要离子，可见全省降水主要表现为硫硝混合型，同时呈现海洋性酸性降水特征。

三、降水质量变化与环境空气质量变化规律一致，春、冬季节降水酸度明显大于夏、秋季节

全省各月降水 pH 与酸雨发生频率呈负相关，且有明显的时间变化规律；各月离子当量浓度范围值 5—10 月为全年低值时段，1—2 月、12 月为高值时段，3—4 月、11 月为次高值时段。全省酸性降水季节性变化明显，冬季降水酸度明显大于夏季，酸性降水集中出现在冬季。降水 pH 值、酸雨发生频率和降水化学组分各月变化与海南省环境空气污染物浓度变化规律基本一致。

第三章　地表水

2023 年，海南省地表水水质总体为优，水质优良比例为 95.9%，无劣Ⅴ类水质断面。超Ⅲ类水质断面（点位）主要污染指标为高锰酸盐指数、化学需氧量、总磷，水质整体呈现出平水期优于枯水期优于丰水期的变化规律。与 2022 年相比，2023 年全省地表水环境质量总体优中向好，主要河流、湖库水质状况均为优。

第一节　地表水环境质量现状

一、总体情况

2023 年，海南省地表水水质总体为优。监测的 193 个断面（点位）中，水质优良（Ⅰ～Ⅲ类）断面（点位）占比为 95.9%，Ⅳ类水质断面（点位）占比为 3.6%，Ⅴ类水质断面（点位）占比为 0.5%，无劣Ⅴ类水质断面（点位）。超Ⅲ类水质断面（点位）主要污染指标为高锰酸盐指数、化学需氧量、总磷，超Ⅲ类水质断面（点位）占比分别为 3.1%、3.1%、2.6%，平均浓度分别为 3.1 mg/L、11.1 mg/L、0.069 mg/L（图 2-3-1、图 2-3-2）。

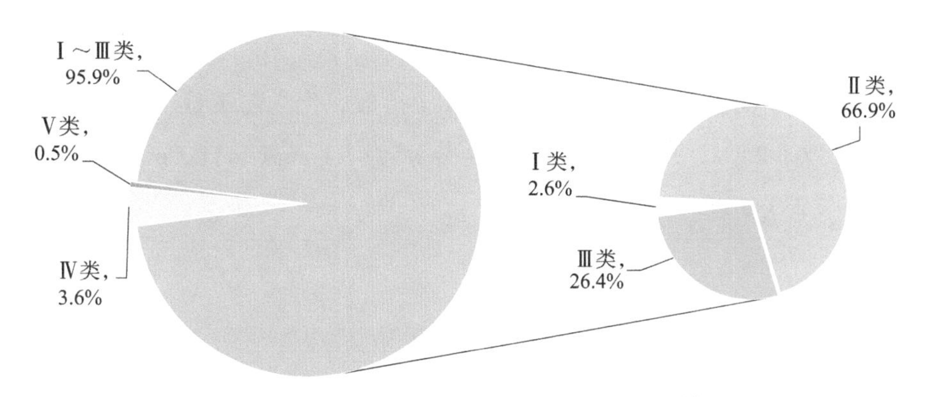

图 2-3-1　2023 年海南省地表水水质类别占比情况

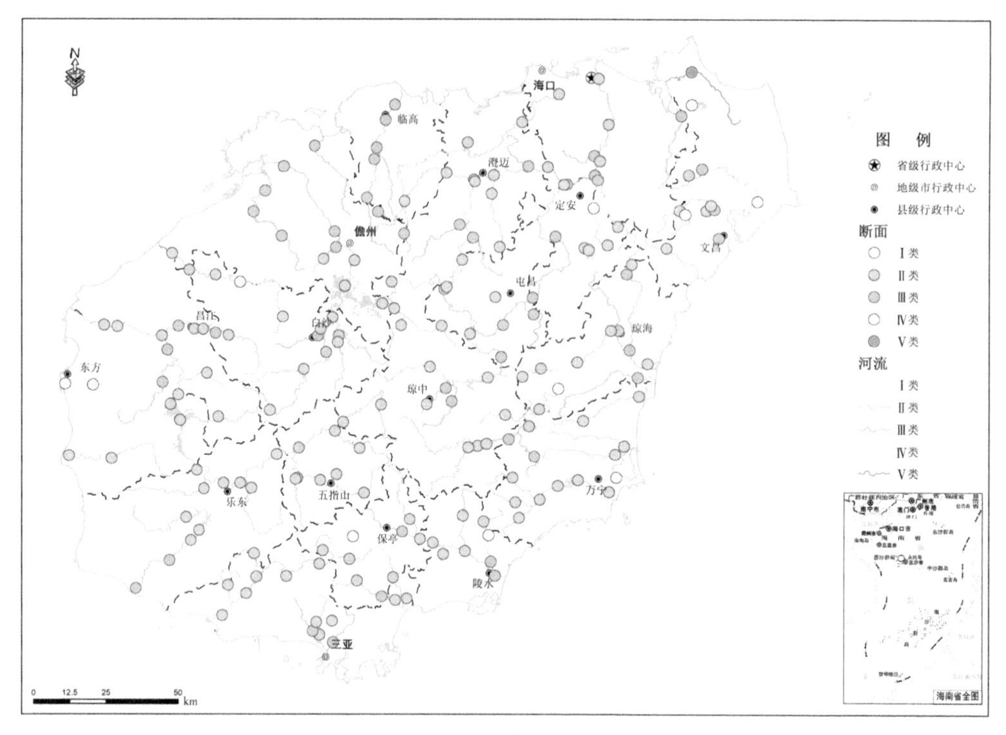

图 2-3-2　2023 年海南省地表水水质状况

二、河流水质状况

2023 年，海南省主要河流水质总体为优。开展监测的 76 条河流 142 个断面中，水质优良断面（Ⅰ～Ⅲ类）有 137 个，占比为 96.5%；Ⅳ类水质断面有 4 个，占比为 2.8%；Ⅴ类水质断面有 1 个，占比为 0.7%；无劣Ⅴ类水质断面。南渡江、昌化江、万泉河流域和西北部、南部、南海各岛诸河水质为优，东北部诸河水质为良好。

超Ⅲ类水质断面主要污染指标为高锰酸盐指数、化学需氧量、总磷，断面超标率分别为 2.8%、2.8%、2.1%，平均浓度分别为 3.1 mg/L、11.2 mg/L、0.086 mg/L（图 2-3-3～图 2-3-5）。

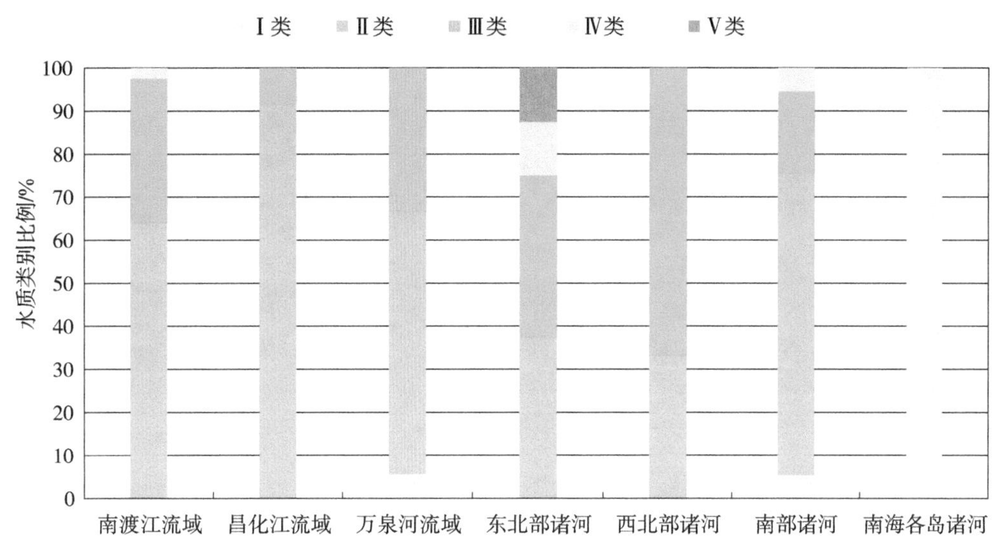

图 2-3-3　2023 年三大流域及海南岛东北部、西北部、南部、南海各岛诸河水质类别比例情况

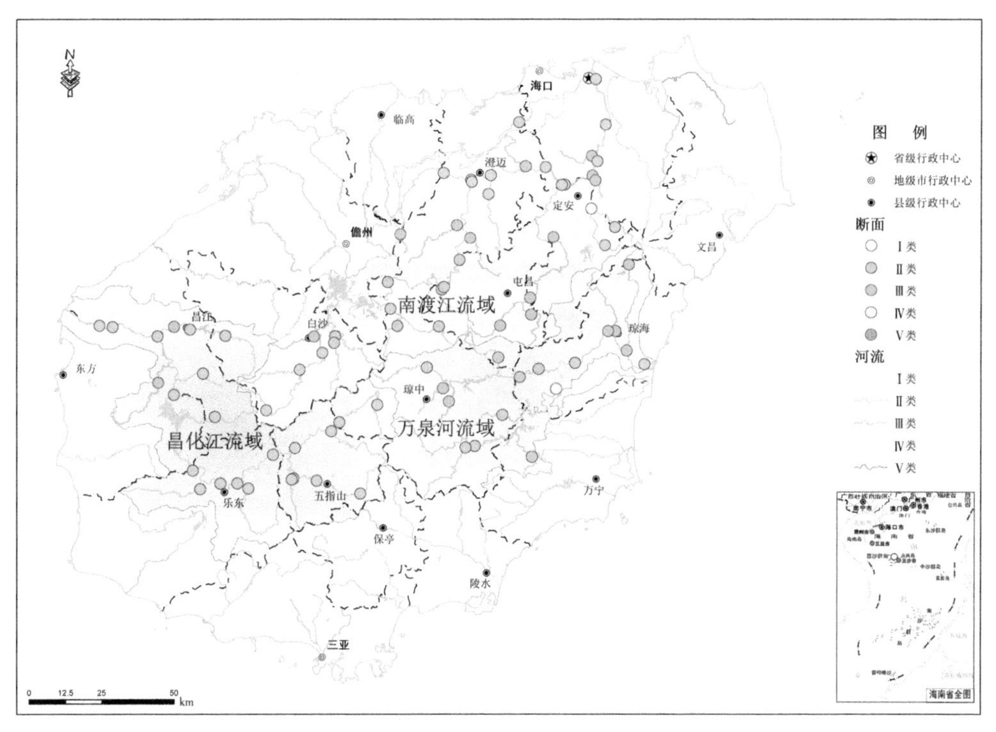

图 2-3-4　2023 年三大流域水质状况

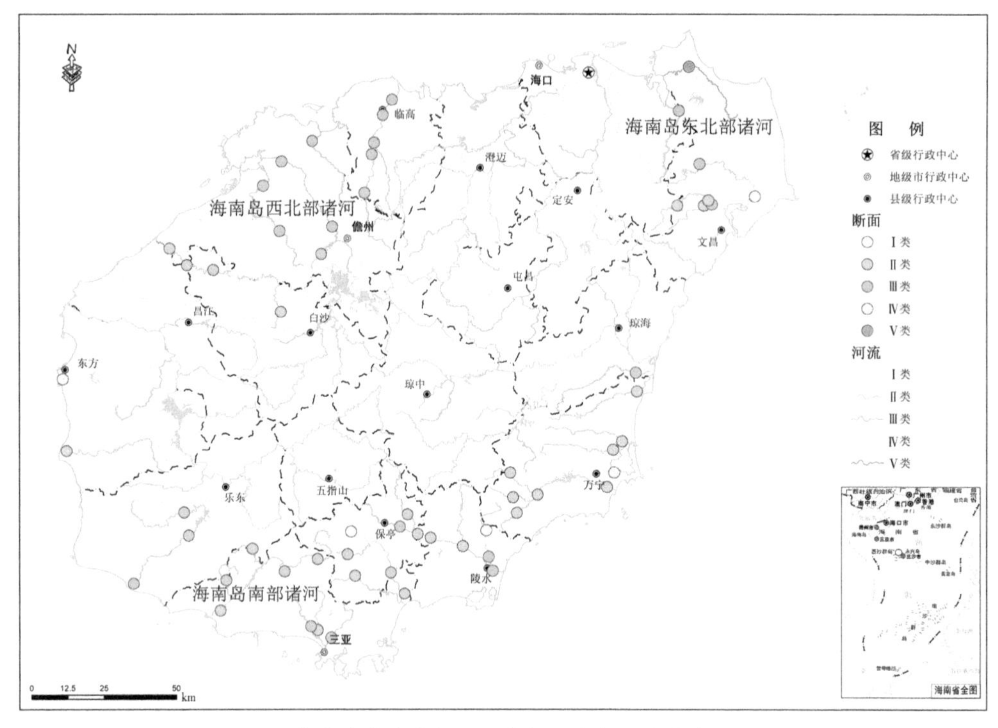

图 2-3-5　2023 年海南岛东北部、西北部、南部及南海各岛诸河水质状况

三、湖库水质状况

2023 年，海南省主要湖库水质总体为优。十大湖库及主要中小型湖库中，水质优良湖库有 38 个，占比为 92.7%；Ⅳ类水质湖库有 3 个，占比为 7.3%；无Ⅴ类、劣Ⅴ类水质湖库（图 2-3-6）。

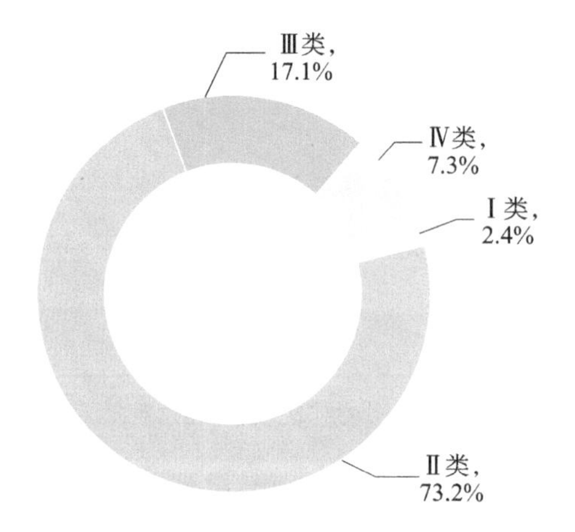

图 2-3-6　2023 年海南省主要湖库水质类别比例

超Ⅲ类水质点位主要污染指标为高锰酸盐指数、化学需氧量、总磷，点位超标率

均为 3.9%，平均浓度分别为 2.9 mg/L、10.9 mg/L、0.022 mg/L。

总氮单独评价时，高坡岭水库、石门水库、湖山水库水质为Ⅳ类，其余湖库水质均为Ⅱ～Ⅲ类。

41 个主要湖库中，高坡岭水库、湖山水库和珠碧江水库水质为轻度污染、呈轻度富营养状态；春江水库、美容水库和深田水库水质良好，但呈轻度富营养状态；其余湖库水质优良且呈中营养状态（图 2-3-7、图 2-3-8）。

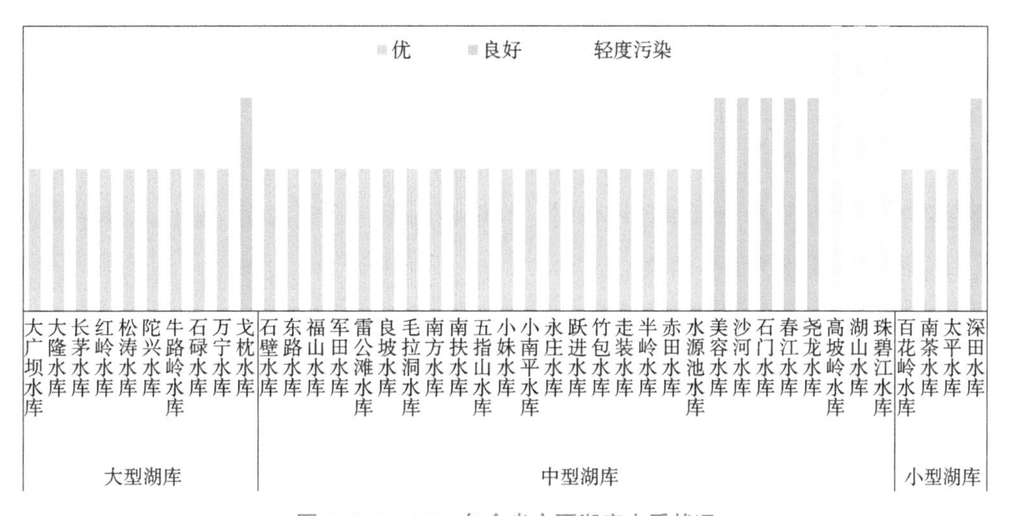

图 2-3-7　2023 年全省主要湖库水质状况

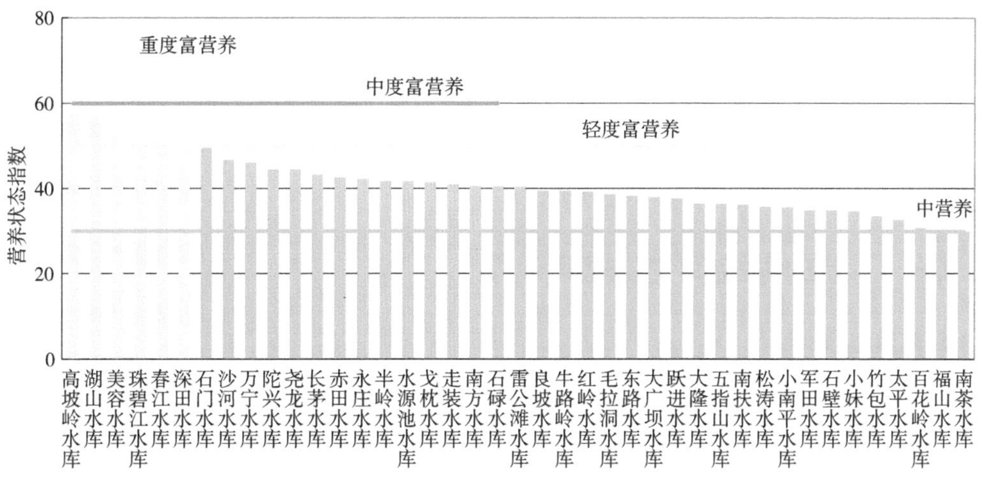

图 2-3-8　2023 年海南省主要湖库营养状态指数

（一）大型湖库

2023 年，监测的 10 个大型湖库水质均为优良，且均呈中营养状态。其中大广坝水库、大隆水库、红岭水库、牛路岭水库、石碌水库、松涛水库、陀兴水库、万宁水库、长茅水库 9 个湖库水质为优，戈枕水库水质为良好。总氮单独评价时，水质为Ⅱ～Ⅲ类。

（二）中小型湖库

2023 年，监测的 31 个中小型湖库中，22 个湖库水质为优，均呈中营养状态；6 个湖库水质良好，其中春江水库、美容水库和深田水库呈轻度富营养状态，其余均呈中营养状态；高坡岭水库水质为轻度污染、轻度富营养，主要污染指标为总磷、高锰酸盐指数、化学需氧量；湖山水库水质为轻度污染、轻度富营养，主要污染指标为高锰酸盐指数、化学需氧量、五日生化需氧量；珠碧江水库水质为轻度污染、轻度富营养，主要污染指标为总磷。总氮单独评价时，高坡岭水库、石门水库、湖山水库水质为Ⅳ类，其余湖库水质均为Ⅱ～Ⅲ类。

第二节　地表水环境质量时空变化规律分析

一、地表水水质空间变化规律分析

2023 年，南渡江、昌化江、万泉河流域和西北部、南部、南海各岛诸河水质为优，东北部诸河水质良好，其中昌化江、万泉河流域和西北部、南海各岛诸河水质优良比例为 100%，南渡江流域水质优良比例为 97.4%，南部诸河水质优良比例为 94.6%，东北部诸河水质优良比例为 75.0%。

（一）河流水质空间变化规律

1. 南渡江流域

2023 年，南渡江流域总体水质为优。监测的 39 个断面中，Ⅱ类水质断面 25 个，占比为 64.1%；Ⅲ类水质断面 13 个，占比为 33.3%；Ⅳ类水质断面 1 个，占比为 2.6%；无Ⅰ类、Ⅴ类、劣Ⅴ类水质断面。其中，巡崖河龙湖镇断面水质为Ⅳ类。

南渡江干流及南利河、松涛东干渠、南美河、永丰水、南湾河、南春河、腰子河、大塘河、海仔河 9 条支流水质为优，汶安河、西昌溪、南面沟、南叉河、南坤河、绿现河、新吴溪、南淀河、巡崖河 9 条支流水质为良好。

南渡江干流水质沿程变化特征：南渡江干流综合污染指数为0.20～0.42，其中干流上游白沙县内高峰村和南溪河取水口断面的综合污染指数最低，分别为0.25、0.20；下游海口市内断面的综合污染指数最高，其中群益村断面的综合污染指数最高，为0.42。干流综合污染指数从上游至下游总体呈上升趋势，说明干流沿程水质状况总体呈现逐渐变差的趋势（图2-3-9）。

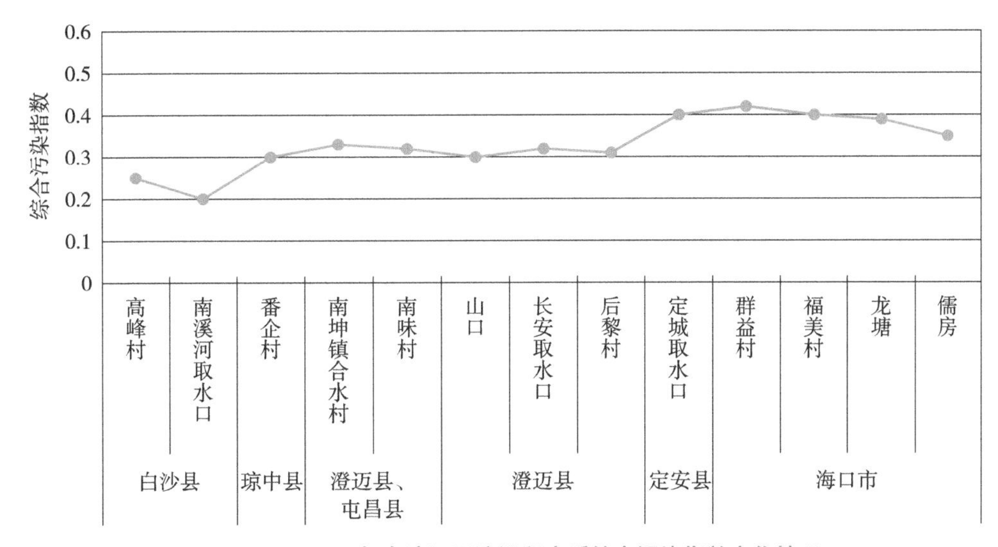

图2-3-9　2023年南渡江干流沿程水质综合污染指数变化情况

南渡江主要支流水质分布特征：18条河流综合污染指数为0.22～0.49，综合污染指数较高的支流主要集中在中游和下游，分别为0.23、0.22，水质状况为优；下游支流巡崖河综合污染指数最高，为0.49，水质状况良好（图2-3-10）。

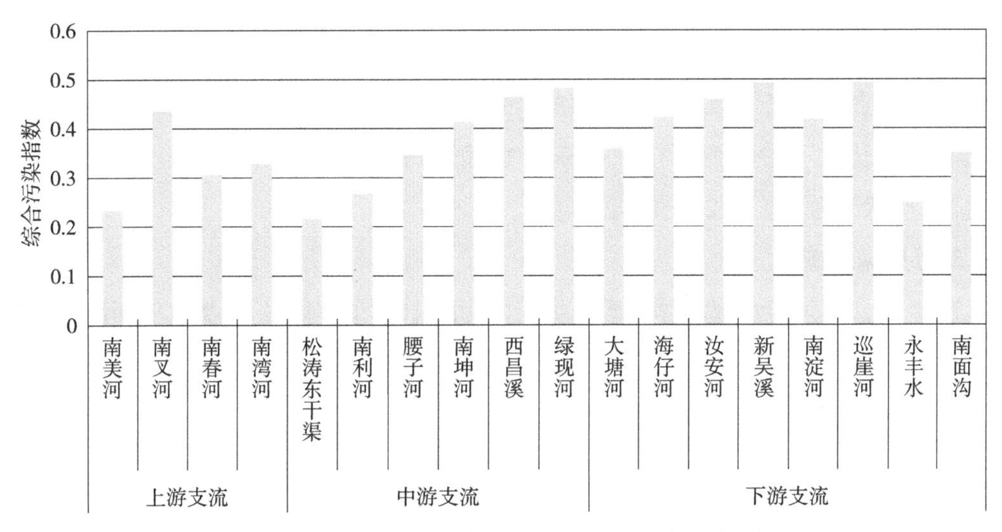

图2-3-10　2023年南渡江主要支流水质综合污染指数

2. 昌化江流域

2023 年，昌化江流域总体水质为优。监测的 24 个断面中，Ⅱ类水质断面有 22 个，占比为 91.7%；Ⅲ类水质断面有 2 个，占比为 8.3%；无Ⅰ类、Ⅳ类、Ⅴ类、劣Ⅴ类水质断面。

昌化江干流及水满河、通什水、毛庆水、乐中河、南巴河、南绕河、七差河、石碌河 8 条支流水质为优，东方水水质为良好。

昌化江干流水质沿程变化特征：昌化江干流综合污染指数为 0.24～0.39，其中干流上游琼中县内罗解村水源断面和什统村断面的综合污染指数最低，均为 0.24；中游山荣断面的综合污染指数最高，为 0.39。干流综合污染指数从上游至下游总体保持平稳，变化幅度不大，说明干流沿程水质状况总体保持稳定（图 2-3-11）。

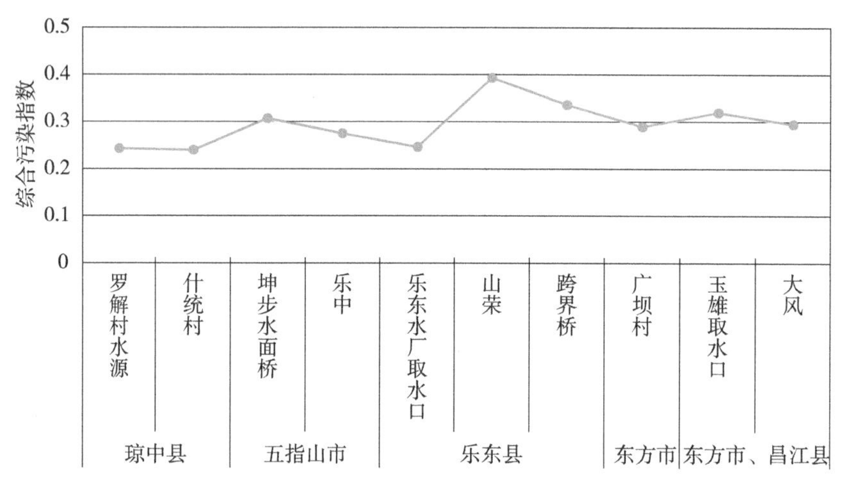

图 2-3-11　2023 年昌化江干流沿程水质综合污染指数变化情况

昌化江主要支流水质分布特征：9 条河流综合污染指数为 0.18～0.45，从上游至下游各支流水质整体变化幅度不大。其中下游支流七差河综合污染指数最低，为 0.18，水质状况为优；下游支流乐中河和东方水综合污染指数相对较高，分别为 0.40 和 0.45，水质状况为优（图 2-3-12）。

3. 万泉河流域

2023 年，万泉河流域总体水质为优。监测的 18 个断面中，Ⅰ类水质断面有 1 个，占比为 5.6%；Ⅱ类水质断面有 11 个，占比为 61.1%；Ⅲ类水质断面有 6 个，占比为 33.3%；无Ⅳ类、Ⅴ类、劣Ⅴ类断面。

万泉河干流及中平河、定安河、咬饭河 3 条支流水质为优，白岭河、三更罗水、青梯水、什候河、加浪河、塔洋河 6 条支流水质良好。

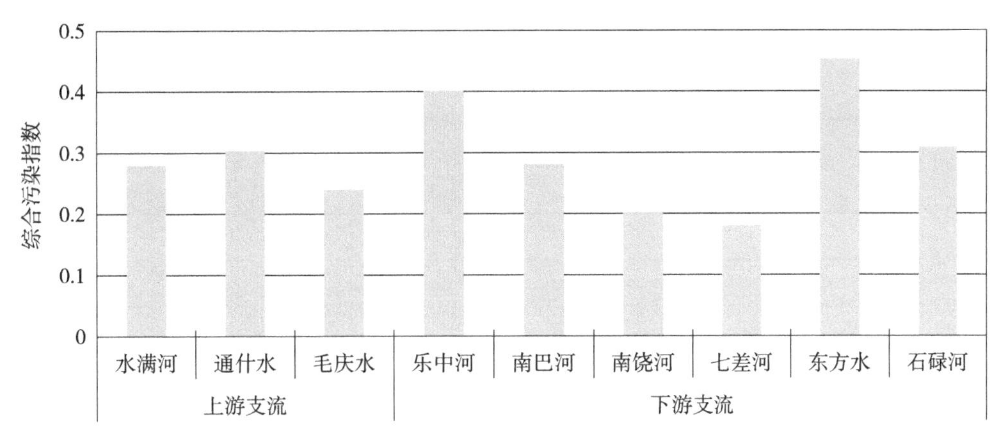

图 2-3-12　2023 年昌化江主要支流水质综合污染指数

万泉河干流水质沿程变化特征：万泉河干流综合污染指数为 0.22～0.33，其中干流上游会山镇断面的综合污染指数最低，为 0.22；下游汀洲断面的综合污染指数最高，为 0.33。干流综合污染指数从上游至下游总体呈"两头高、中间低"的变化趋势，说明万泉河干流中间段水质较好（图 2-3-13）。

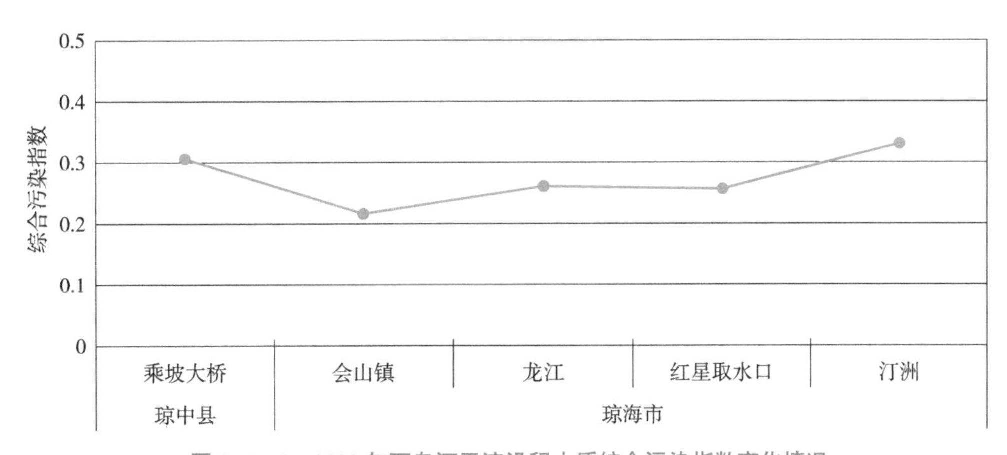

图 2-3-13　2023 年万泉河干流沿程水质综合污染指数变化情况

万泉河主要支流水质分布特征：9 条河流综合污染指数为 0.24～0.52，支流综合污染指数从上游至下游整体呈阶梯式上升趋势（图 2-3-14）。其中上游支流咬饭河和中平河综合污染指数最低，均为 0.24，水质状况为优；上游支流三更罗水断面综合污染指数最高，为 0.52，水质状况良好。

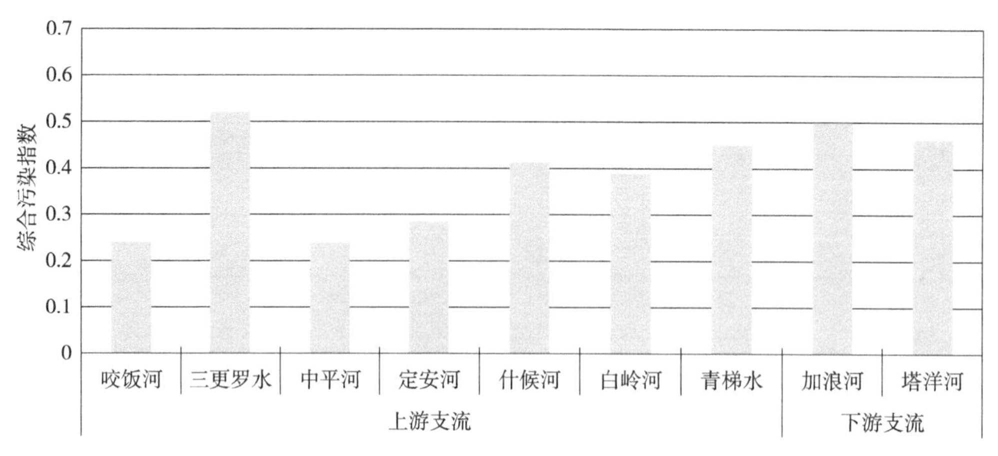

图 2-3-14 2023年万泉河主要支流水质综合污染指数

4. 东北部诸河

2023年，海南岛东北部诸河总体水质良好。监测的8个断面中，Ⅱ类水质断面有3个，占比为37.5%；Ⅲ类水质断面有3个，占比为37.5%；Ⅳ类和Ⅴ类水质断面各有1个，各占比12.5%；无劣Ⅴ类水质断面。其中，文教河坡柳水闸断面水质为Ⅳ类，珠溪河河口断面水质为Ⅴ类。

监测的5条河流中，文昌江和北山溪水质为优；演州河水质良好；文教河水质为轻度污染，主要污染指标为高锰酸盐指数、化学需氧量；珠溪河水质为中度污染，主要污染指标为高锰酸盐指数、总磷、化学需氧量。

东北部河流特征：东北部5条监测河流综合污染指数为0.32～1.36。其中文昌江综合污染指数最低，为0.32，水质状况为优；珠溪河综合污染指数最高，为1.36，水质状况为中度污染（图 2-3-15）。

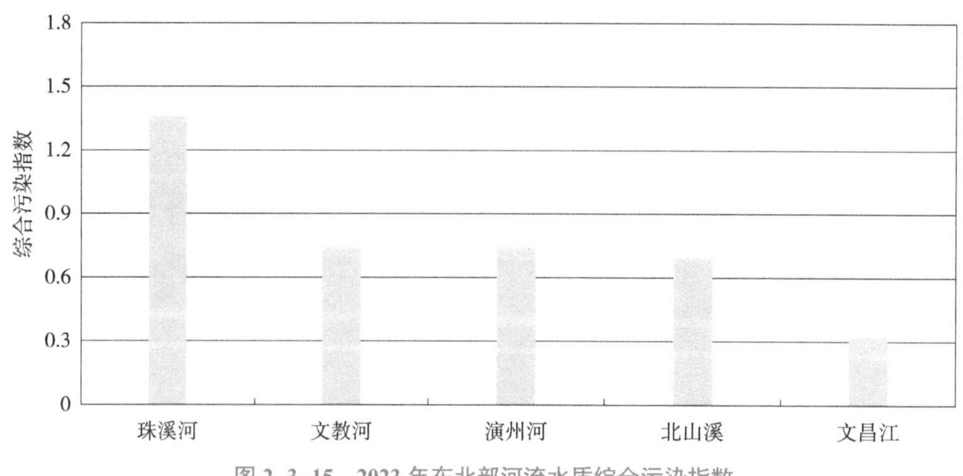

图 2-3-15 2023年东北部河流水质综合污染指数

5. 西北部诸河

2023 年，海南岛西北部诸河总体水质为优。监测的 15 个断面中，Ⅱ类水质断面有 5 个，占比为 33.3%；Ⅲ类水质断面有 10 个，占比为 66.7%；无Ⅰ类、Ⅳ类、Ⅴ类、劣Ⅴ类水质断面。

监测的 7 条河流中，牙拉河和珠碧江水质为优；加来河、光村水、春江、北门江、文澜河 5 条河流水质为良好。

西北部河流特征：西北部 7 条监测河流综合污染指数为 0.36～0.60。其中珠碧江综合污染指数最低，为 0.36，水质状况为优；北门江综合污染指数最高，为 0.60，水质状况为良好（图 2-3-16）。

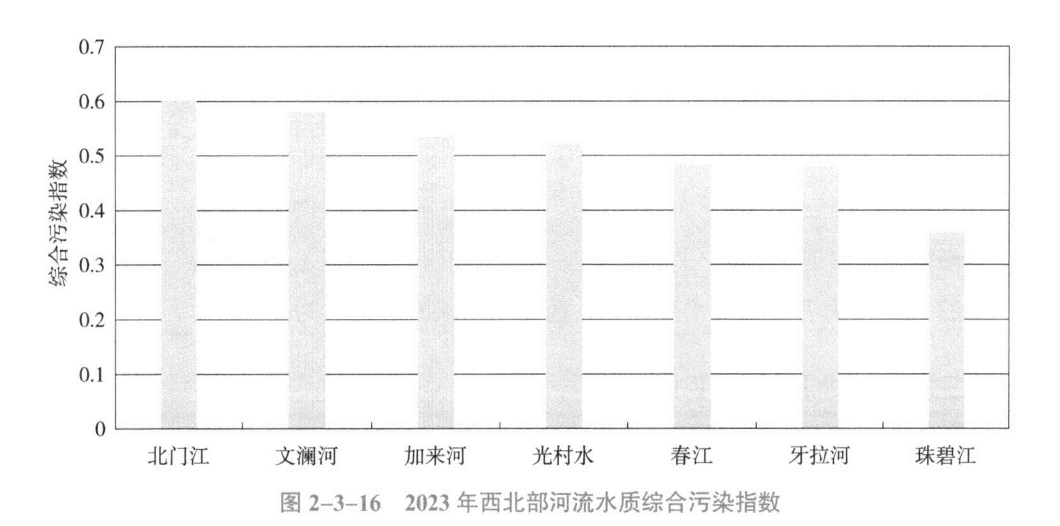

图 2-3-16 2023 年西北部河流水质综合污染指数

6. 南部诸河

2023 年，海南岛南部诸河总体水质为优。监测的 37 个断面中，Ⅰ类水质断面有 2 个，占比为 5.4%；Ⅱ类水质断面有 28 个，占比为 75.7%；Ⅲ类水质断面有 5 个，占比为 13.5%；Ⅳ类水质断面有 2 个，占比为 5.4%；无Ⅴ类、劣Ⅴ类水质断面。其中，东山河后山村和罗带河罗带铁路桥断面水质为Ⅳ类。

监测的 24 条河流中，雅边方河、龙潭河、南桥水、脚下河、龙滚河、龙首河、龙尾河、长兴河、太阳河、陵水河、都总河、金聪河、藤桥河、藤桥西河、三亚河、宁远河、望楼河、感恩河 18 条河流水质为优；九曲江、半岭水、保亭水、汤他水 4 条河流水质为良好；东山河水质为轻度污染，溶解氧含量偏低；罗带河水质为轻度污染，主要污染指标为化学需氧量、高锰酸盐指数、总磷。

南部河流特征：南部 24 条监测河流综合污染指数为 0.26～0.86。其中脚下河综合污染指数最低，为0.26，水质状况为优；罗带河综合污染指数最高，为0.86，水质状况为轻度污染（图2-3-17）。

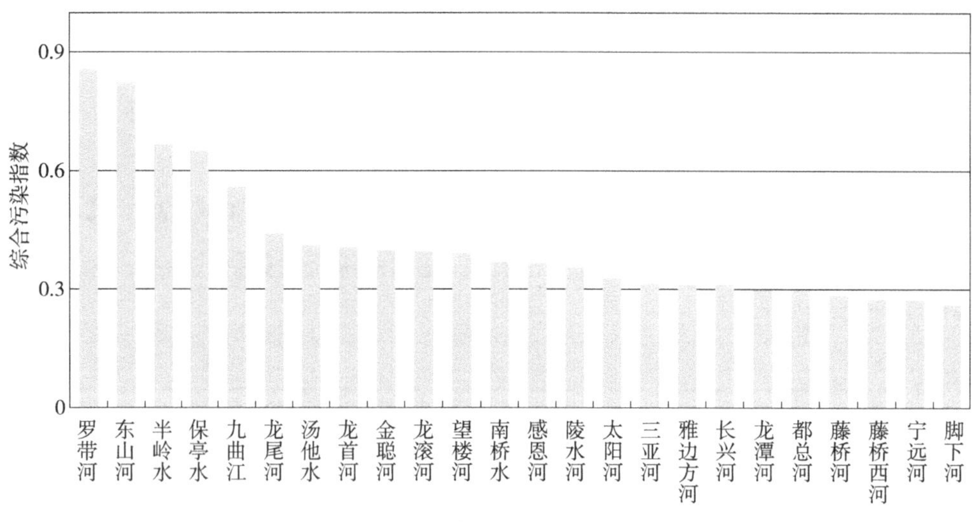

图2-3-17　2023年南部河流水质综合污染指数

7. 南海各岛诸河

2023年，南海各岛诸河水质为优，监测的永兴断面水质为Ⅰ类。

（二）湖库水质空间变化规律

2023年，监测的41个主要湖库中，轻度污染的湖库有3个，位于海南岛西南部区域（东方市高坡岭水库、儋州市和白沙县共界的珠碧江水库）和东北部区域（文昌市湖山水库）；其余水库水质均为优良。

二、地表水水质时间变化规律分析

2023年，海南省地表水监测的193个断面（点位）中，枯水期、丰水期、平水期的优良水质比例分别为94.8%、88.6%、95.9%；劣Ⅴ类水质比例分别为0、0.5%、0，总体水质呈现出平水期优于枯水期优于丰水期的变化规律。地表水水质虽整体向好，但丰水期水质污染问题突出，汛期水质恶化规律明显（图2-3-18）。

（一）河流各水期水质变化规律

全省河流水质状况整体优良，污染物指标呈水期变化规律较为明显。其中，枯水期首要污染物为氨氮，枯水期为每年的1—4月，该时段来海南过冬的人口激增，地

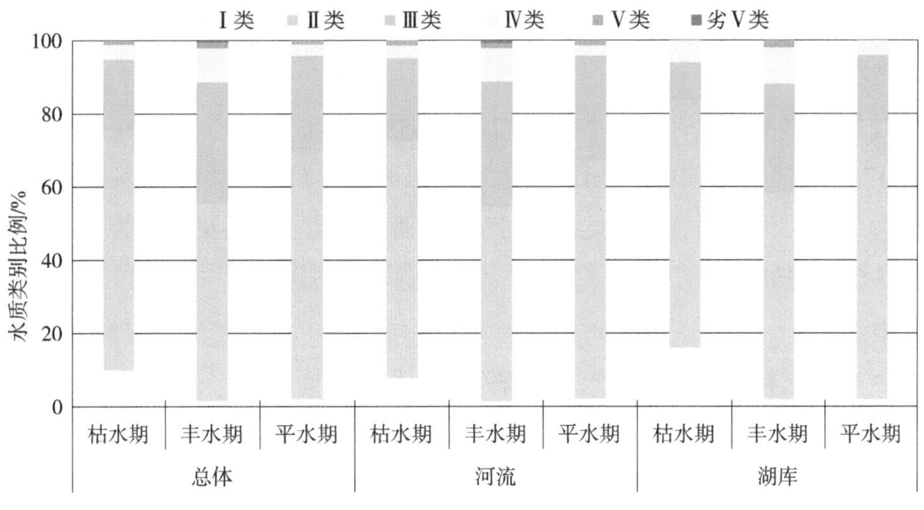

图 2-3-18　2023 年各水期海南省地表水水质类别比例

表水环境质量受生活污水影响较为明显；丰水期首要污染物为总磷，该时段降雨较多，部分河流周边分布较多的面源污染，存在旱季“藏污纳垢”、雨季“零存整取”问题。

1. 枯水期

2023 年枯水期，全省河流水质状况总体为优，共监测 142 个断面。Ⅰ类水质断面占比为 7.7%，Ⅱ类水质断面占比为 65.5%，Ⅲ类水质断面占比为 21.9%，Ⅳ类水质断面占比为 3.5%，Ⅴ类水质断面占比为 1.4%，无劣Ⅴ类水质断面。超Ⅲ类水质断面主要污染指标为氨氮、总磷、高锰酸盐指数。

2. 丰水期

2023 年丰水期，全省河流水质状况总体良好，共监测 142 个断面。Ⅰ类水质断面占比为 1.4%，Ⅱ类水质断面占比为 53.5%，Ⅲ类水质断面占比为 33.8%，Ⅳ类水质断面占比为 9.2%，Ⅴ类水质断面占比为 1.4%，劣Ⅴ类水质断面占比为 0.7%。超Ⅲ类水质断面主要污染指标为总磷、高锰酸盐指数、化学需氧量。

3. 平水期

2023 年平水期，全省河流水质状况总体为优，共监测 142 个断面。Ⅰ类水质断面占比为 2.1%，Ⅱ类水质断面占比为 65.5%，Ⅲ类水质断面占比为 28.2%，Ⅳ类水质断面占比为 2.8%，Ⅴ类水质断面占比为 1.4%，无劣Ⅴ类水质断面。超Ⅲ类水质断面主要污染指标为高锰酸盐指数、总磷、化学需氧量。

（二）湖库各水期水质变化规律

全省湖库水质状况整体为优良，污染物指标较为稳定，但仍表现出丰水期湖库水质较差的规律。

1. 枯水期

2023年枯水期，全省湖库水质状况总体为优，共监测40个湖库。Ⅰ类水质湖库占比为17.5%，Ⅱ类水质湖库占比为67.5%，Ⅲ类水质湖库占比为7.5%，Ⅳ类水质湖库占比为7.5%，无Ⅴ类、劣Ⅴ类水质湖库。超Ⅲ类点位主要污染指标为总磷、高锰酸盐指数、化学需氧量。

2. 丰水期

2023年丰水期，全省湖库水质状况总体良好，共监测41个湖库。Ⅰ类水质湖库占比为2.4%，Ⅱ类水质湖库占比为51.3%，Ⅲ类水质湖库占比为34.1%，Ⅳ类水质湖库占比为9.8%，Ⅴ类水质湖库占比为2.4%、无劣Ⅴ类水质湖库。超Ⅲ类点位主要污染指标为总磷、化学需氧量、高锰酸盐指数。

3. 平水期

2023年平水期，全省湖库水质状况总体为优，共监测41个湖库。Ⅰ类水质湖库占比为2.4%，Ⅱ类水质湖库占比为78.1%，Ⅲ类水质湖库占比为14.6%，Ⅳ类水质湖库占比为4.9%，无Ⅴ类、劣Ⅴ类水质湖库。超Ⅲ类点位主要污染指标为高锰酸盐指数、化学需氧量、总磷。

三、主要污染物浓度时空变化规律分析

2023年，海南省河流主要污染指标为高锰酸盐指数、化学需氧量、总磷，断面超标率分别为3.1%、3.1%、2.6%。

1. 高锰酸盐指数

全省主要污染指标高锰酸盐指数呈现出东北部诸河浓度最高（4.8 mg/L），西北部诸河次之（3.8 mg/L），南海各岛诸河浓度最低（0.3 mg/L）的分布特征（图2-3-19）。2023年各月高锰酸盐指数呈先上升后下降的趋势，1—7月浓度逐渐升高，7—9月为全年最高，10月起浓度逐渐下降（图2-3-20）。

2. 化学需氧量

全省河流主要污染指标化学需氧量呈现出东北部诸河浓度最高（16.0 mg/L），西北部诸河次之（13.2 mg/L），南海各岛诸河浓度最低（6.0 mg/L）的分布特征（图2-3-21）。2023年各月化学需氧量浓度呈先上升后下降的趋势，1—6月浓度逐渐升高，7—9月为全年最高，10月起浓度下降明显（图2-3-22）。

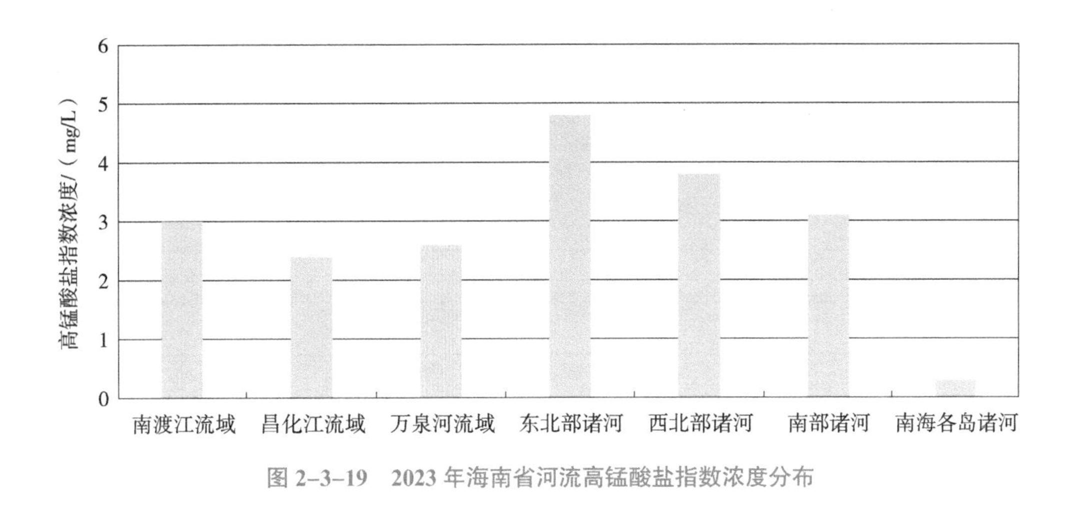

图 2-3-19　2023 年海南省河流高锰酸盐指数浓度分布

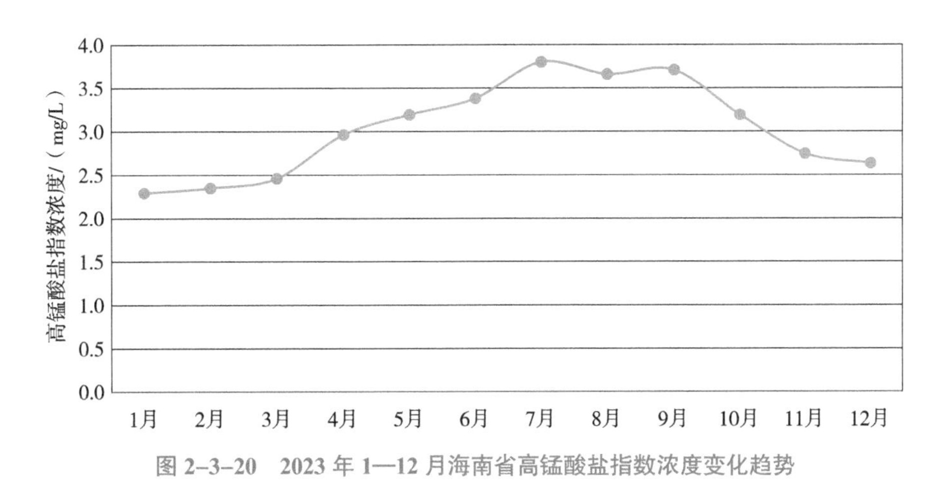

图 2-3-20　2023 年 1—12 月海南省高锰酸盐指数浓度变化趋势

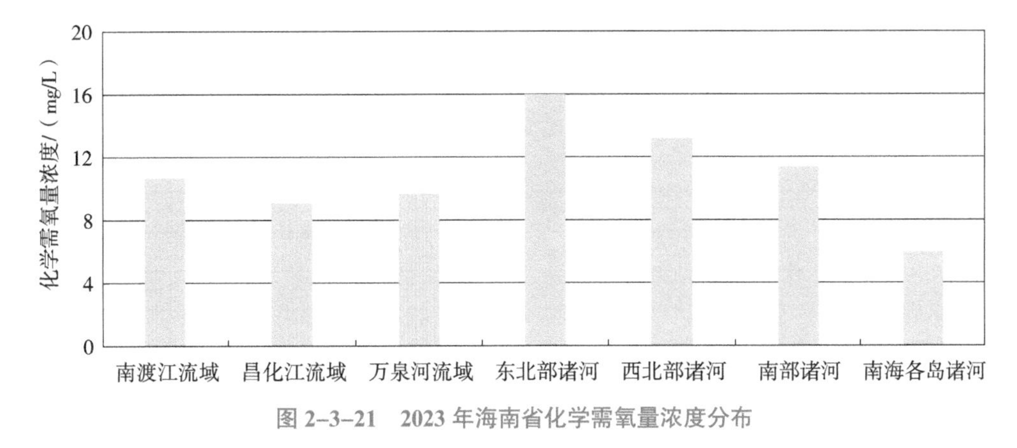

图 2-3-21　2023 年海南省化学需氧量浓度分布

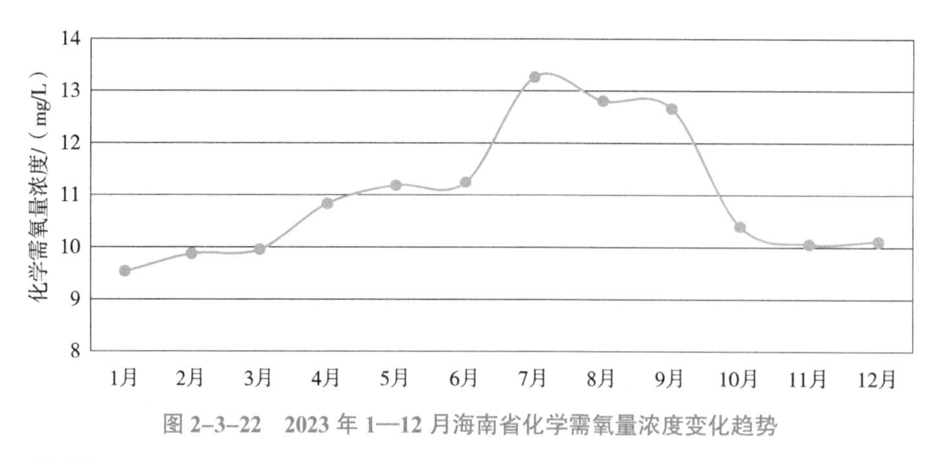

图 2-3-22　2023 年 1—12 月海南省化学需氧量浓度变化趋势

3. 总磷

全省河流主要污染指标总磷呈现出西北部诸河浓度最高（0.102 mg/L），南海各岛诸河浓度最低（0.012 mg/L），南渡江流域和东北部诸河浓度较高的分布特征（图 2-3-23）。2023 年各月总磷浓度呈现先上升后下降趋势，1—3 月浓度最低，4—10 月总磷浓度为 0.070～0.080 mg/L，差异不大，10 月起总磷浓度逐渐下降（图 2-3-24）。

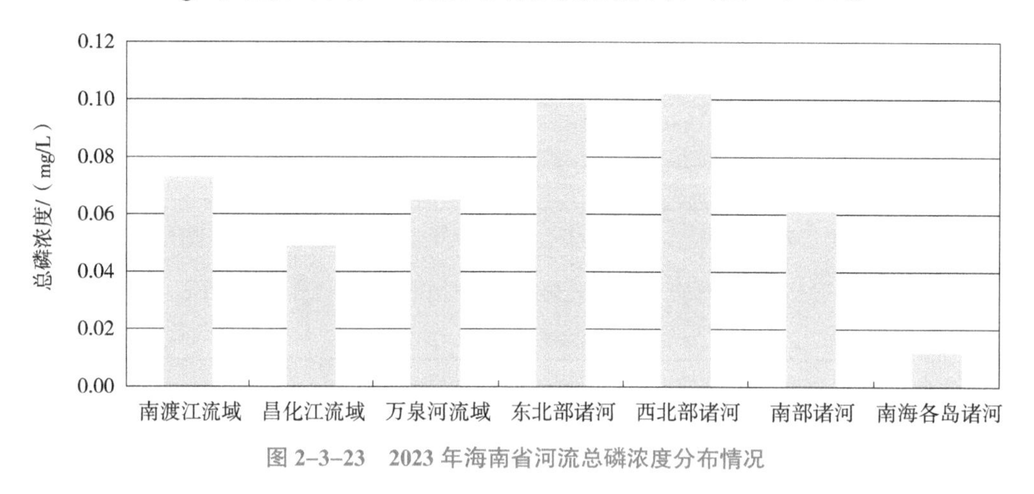

图 2-3-23　2023 年海南省河流总磷浓度分布情况

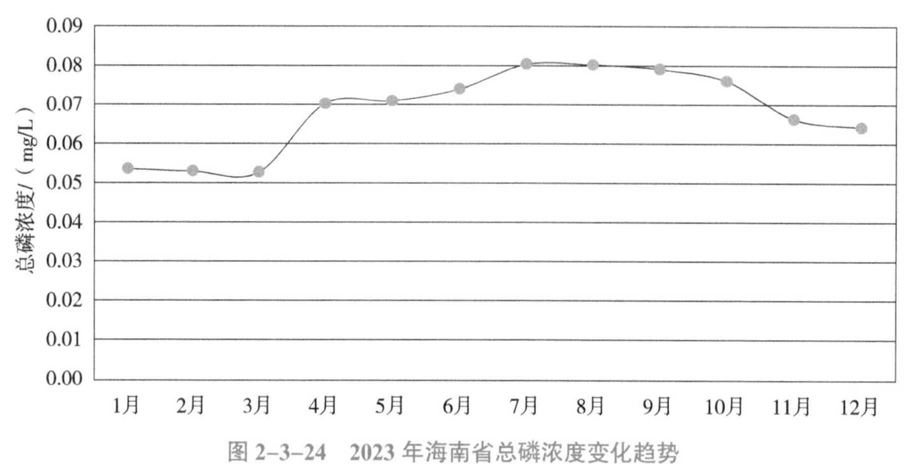

图 2-3-24　2023 年海南省总磷浓度变化趋势

四、各市县地表水环境质量状况及排名

（一）水质状况

2023 年，海南省 19 个市县中，海口、三亚、三沙、临高、陵水、琼海、琼中、乐东、澄迈、屯昌、五指山、保亭、昌江 13 个市县水质为优，水质优良比例均为 100%；万宁、白沙、儋州、定安 4 个市县水质为优，水质优良比例为 90.9%～93.3%；东方市水质为良好，水质优良比例为 81.8%；文昌市水质为轻度污染，水质优良比例为 72.7%。从各市县水质优良比例分布来看，海南岛东北部及西北部部分市县水质优良比例相对偏低。

全省共 8 个断面（点位）水质未达到优良。其中，文昌市珠溪河河口断面为中度污染；文昌市文教河坡柳水闸和湖山水库出口、东方市罗带河罗带铁路桥和高坡岭水库出口、定安县巡崖河龙湖镇、儋州市与白沙县共界的珠碧江水库出口、万宁市东山河后山村 7 个断面（点位）为轻度污染。

（二）地表水环境质量排名

2023 年，全省 19 个市县城市水质指数为 2.503 5～4.502 7，地表水环境质量相对较好的是三沙市、五指山市、琼中县、保亭县和昌江县，相对较差的是文昌市、东方市、儋州市、临高县和定安县（表 2-3-1）。

表 2-3-1　2023 年全省各市县地表水环境质量排名

排名	市县名称	城市水质指数	排名	市县名称	城市水质指数
1	三沙市	2.503 9	11	海口市	3.674 7
2	五指山市	3.138 8	12	三亚市	3.707 4
3	琼中县	3.173 6	13	乐东县	3.777 6
4	保亭县	3.334 9	14	屯昌县	3.869 3
5	昌江县	3.400 6	15	定安县	3.882 9
6	万宁市	3.476 5	16	临高县	4.042 8
7	白沙县	3.480 8	17	儋州市	4.163 9
8	陵水县	3.518 4	18	东方市	4.267 8
9	澄迈县	3.536 2	19	文昌市	4.596 6
10	琼海市	3.558 8	—	—	—

注：城市水质指数越小表明城市地表水环境质量状况越好，排名越靠前。

第三节　地表水环境质量年度对比分析

一、总体水质年度对比分析

与 2022 年相比，2023 年海南省地表水水质总体优中向好，水质优良比例上升 1.0 个百分点，劣Ⅴ类水质比例下降 0.5 个百分点。主要污染指标总磷断面（点位）超标率下降 1.0 个百分点，化学需氧量和高锰酸盐指数断面（点位）超标率均上升 0.5 个百分点。

二、河流水质年度对比分析

与 2022 年相比，2023 年海南省河流水质状况无明显变化，水质优良比例上升 0.7 个百分点，Ⅳ类水质比例、Ⅴ类水质比例持平，劣Ⅴ类水质比例下降 0.7 个百分点。超Ⅲ类水质断面主要污染指标总磷断面超标率下降 1.4 个百分点，高锰酸盐指数、化学需氧量断面超标率均上升 0.7 个百分点（图 2-3-25）。

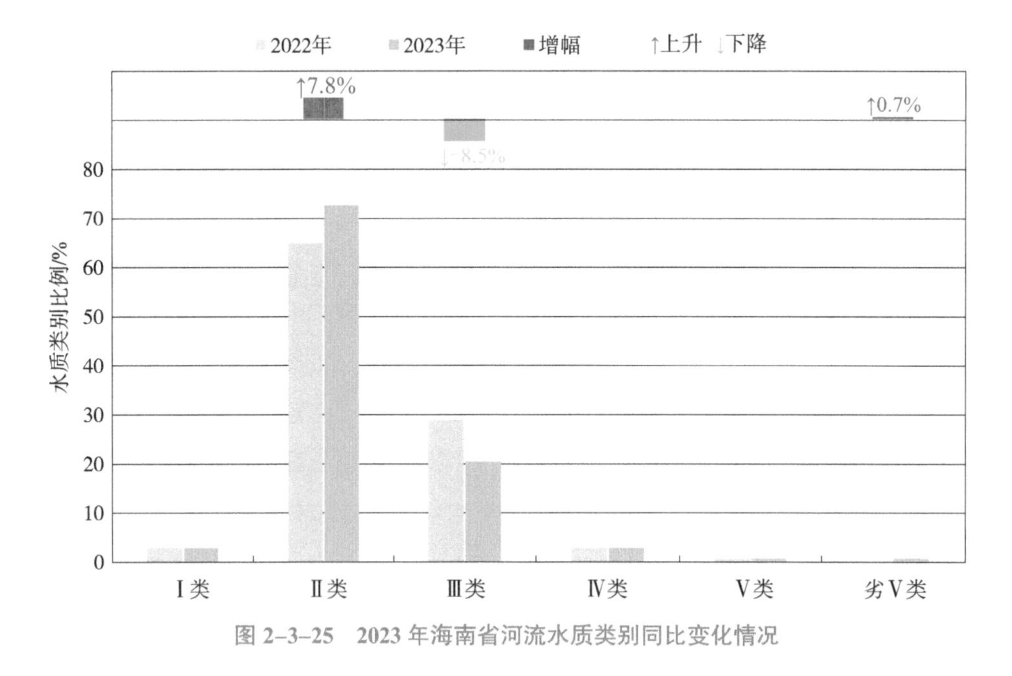

图 2-3-25　2023 年海南省河流水质类别同比变化情况

与 2022 年相比，2023 年南渡江、昌化江、万泉河流域和西北部、南部、南海各岛诸河水质均保持稳定，东北部水质有所好转。其中，万泉河流域水质优良比例由 94.4% 提升至 100%，塔洋河水质由中度污染好转为良好；东北部水质优良比例虽保持

75.0%，但珠溪河水质由重度污染好转为中度污染；其余河流保持优良。

三、湖库水质年度对比分析

与 2022 年相比，2023 年海南省十大湖库及主要中小型湖库水质状况无明显变化，水质优良湖库比例、Ⅳ类水质湖库比例均持平，无Ⅴ类水质、劣Ⅴ类水质湖库。主要污染指标总磷、高锰酸盐指数、化学需氧量超Ⅲ类点位超标率均持平。

与 2022 年相比，2023 年监测的 10 个大型湖库水质、营养状态均无明显变化。监测的 31 个中小型湖库水质均无明显变化；石门水库营养状态由轻度富营养变为中营养，春江水库和美容水库营养状态由中营养变为轻度富营养，其余各中小型湖库营养状态无明显变化（图 2-3-26）。

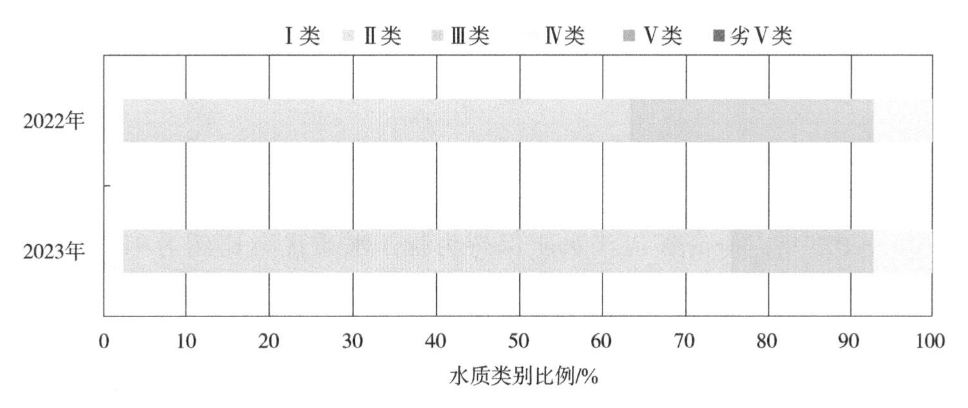

图 2-3-26　2023 年海南省湖库水质类别同比变化情况

第四节　地表水环境质量年际（2016—2023 年）变化趋势分析

一、总体水质年际变化趋势分析

2016—2023 年②，海南省地表水水质状况均为优，总体保持平稳。水质优良比例为 90.1%～95.9%，劣Ⅴ类水质比例为 0～1.6%。自 2020 年起，全省地表水优良比例逐年上升，2023 年首次实现消劣（图 2-3-27）。

② 2016—2019 年，海南省地表水监测断面（点位）共 142 个，2020 年点位优化后调整至 193 个。

图 2-3-27　2016—2023 年海南省地表水水质类别比例

二、河流水质年际变化趋势分析

（一）河流水质状况年际变化

2016—2023 年，海南省河流水质保持为优，水质优良比例为 91.5%～96.5%，2020—2023 年优良比例逐年上升。劣Ⅴ类水质比例为 0～2.1%，其中 2016 年劣Ⅴ类水质断面有 2 个，占比为 1.8%；2017—2019 年劣Ⅴ类水质断面下降至 1 个，占比为 0.9%；2020 年劣Ⅴ类水质断面保持 1 个，占比为 0.7%；2021 年劣Ⅴ类水质断面上升至 3 个，占比为 2.1%；2022 年劣Ⅴ类水质断面再次下降至 1 个，占比为 0.7%；2023 年首次实现消劣（图 2-3-28）。

图 2-3-28　2016—2023 年海南省河流水质类别比例

（二）河流综合污染指数年际变化

根据2023年全省河流水质污染特征，选用河流水质主要定类指标总磷、化学需氧量、氨氮、高锰酸盐指数、五日生化需氧量和溶解氧对全省主要河流进行综合污染指数变化趋势分析。

2016—2023年，全省河流综合污染指数为0.36～0.49，2016年最高，2017—2019年在0.46上下波动，2022年下降至0.36，2023年有所反弹。南部诸河综合污染指数最低，万泉河流域、东北部诸河、西北部诸河综合污染指数均高于全省河流水平。

秩相关系数法分析结果表明，2016—2023年各流域综合污染指数及全省河流均无显著变化趋势。

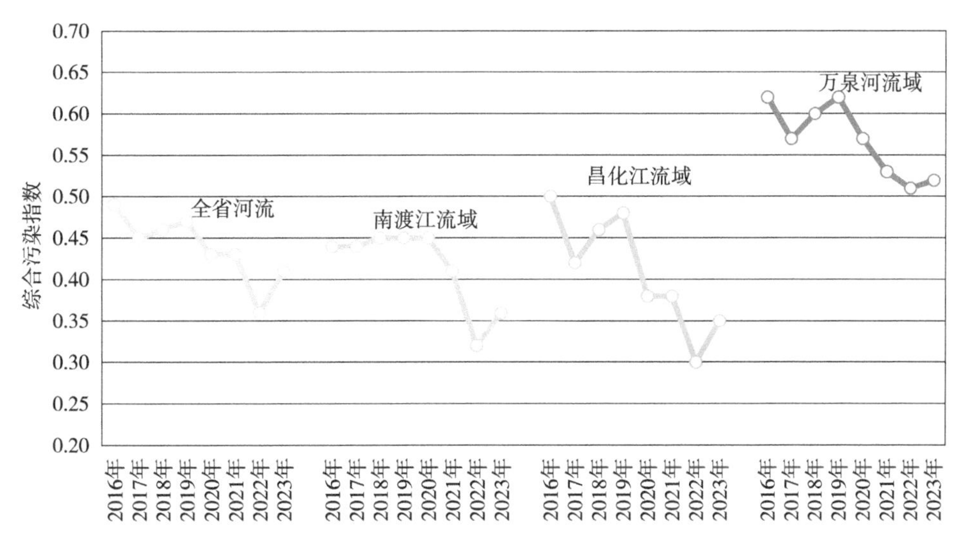

图2-3-29　2016—2023年海南省河流及三大流域综合污染指数变化情况

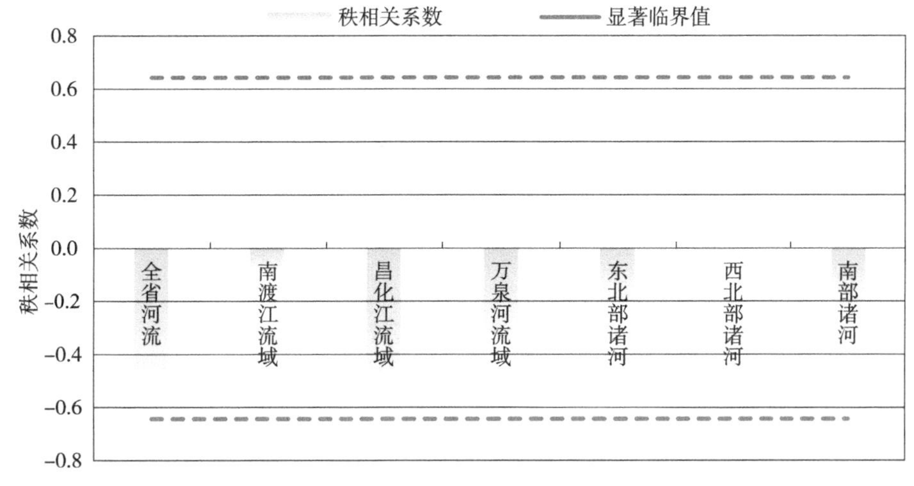

图2-3-30　2016—2023年海南省河流及各流域综合污染指数秩相关系数

三、湖库水质年际变化趋势分析

（一）湖库水质状况年际变化

2016—2023年，海南省湖库优良个数比例为82.6%～92.7%，全省湖库的水质相对稳定，从优良比例来看，优良比例7年中总体保持平稳，波动幅度为1.4个百分点，且连续4年优良比例为92.7%，Ⅴ类湖库仅在2021年出现过一次（图2-3-31）。

图2-3-31 2016—2023年海南省湖库水质类别比例

（二）湖库综合污染指数年际变化

根据2023年全省湖库水质污染特征，选用湖库水质主要定类指标高锰酸盐指数、化学需氧量、总磷、总氮和溶解氧对全省主要湖库进行综合污染指数变化趋势分析。

2016—2023年，全省湖库综合污染指数为0.34～0.42，先降后升再下降，秩相关系数法分析结果表明无显著变化趋势。

秩相关分析结果表明，2016—2023年，高坡岭水库、陀兴水库、珠碧江水库综合污染指数上升趋势显著，大隆水库、南扶水库综合污染指数下降趋势显著，其余18个湖库综合污染指数无显著变化趋势。

第五节　水功能区达标情况

2023年，海南省65个水功能区中，60个水功能区达到相应水质目标，达标率为 92.3%。24 个国家重要水功能区中，21 个水功能区达到相应水质目标，达标率为 87.5%，达到重要水功能区水质达标率 75% 的国家目标。

全省 17 个市县（不含三沙市和屯昌县）中，儋州市和白沙县未达到控制目标，其余市县均达到 2023 年控制目标；其中，昌江、澄迈、临高、陵水、琼海、五指山、万宁、海口、乐东、定安、三亚、文昌、东方 13 个市县达标率均为 100%；儋州、保亭、琼中、白沙 4 个市县存在超标水功能区，达标率为 60.0%～80.0%（图 2-3-32）。

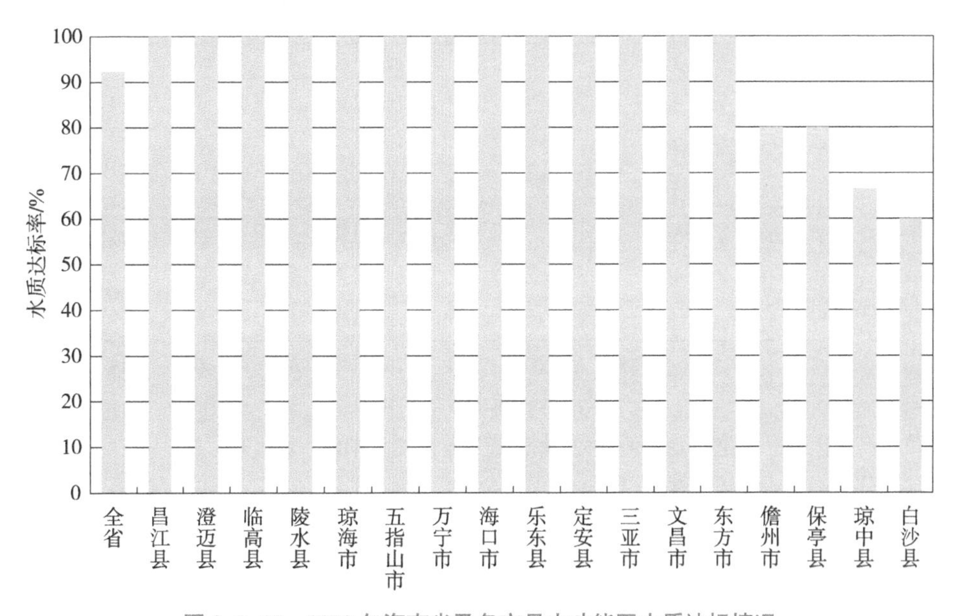

图 2-3-32　2023 年海南省及各市县水功能区水质达标情况

第六节　水质自动监测站水质状况

截至 2023 年年底，海南省已建成 75 个水质自动监测站（以下简称水站），其中包括 33 个国控水站、42 个省控和市县控水站，基本实现了对全省国控断面、县级以上饮用水水源地及主要流域生态补偿断面水质的实时监控。

一、国控水站

33 个国控水站中，23 个水站水质为优，占比为 69.7%；7 个水站水质为良好，占比为 21.2%；3 个水站水质为轻度污染，占比为 9.1%。坡柳水闸水站水质为轻度污染，定类指标为高锰酸盐指数和总磷；后山村水站水质为轻度污染，定类指标为高锰酸盐指数和溶解氧；罗带铁路桥水站水质为轻度污染，定类指标为总磷和高锰酸盐指数。

二、省控及市县控水站

42个省控及市县控水站中，32个水站水质为优，占比为75.2%；9个水站水质为良好，占比为21.4%；1个水质为轻度污染，占比为2.4%。湖山水库取水口水站水质为轻度污染，定类指标为高锰酸盐指数（图2-3-33）。

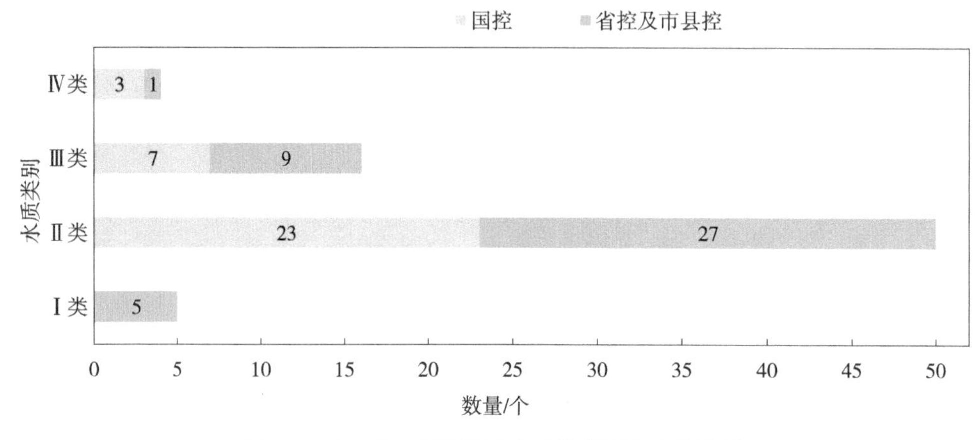

图2-3-33　2023年海南省各水质类别和水站数量

第七节　变化原因分析

一、"六水共治"取得阶段性成效，水质优良比例创新高

"六水共治"攻坚战启动后迅速拔节起势，治水工作得以全方位推动，促使水环境质量持续改善。一是推进劣Ⅴ类水体、顽固水体治理。深入实施水岸联动预警会商机制，指导开展重点流域联防联控，推动水污染问题快速响应处理，对文昌珠溪河、东方罗带河、琼海双沟溪等顽固水体治理开展指导帮扶，推动珠溪河、双沟溪等水质改善提升；二是狠抓入河排污口整治。制定实施《关于做好2023年入河排污口排查整治及监督管理工作的通知》，明确海南省及各市县年度工作任务，对市县入河排污口排查整治工作进展实施月调度、月通报，组织召开全省工作推进会，安排业务骨干赴市县开展点对点帮扶指导。截至2023年年底，发现的508个入河排污口全部完成溯源，建立城市黑臭水体入河排污口清单，推进城市黑臭水体入河排污口整治，累计完成345个排污口整治。三是督帮并重，推动解决突出水环境问题。2023年对海口、三亚、

陵水、白沙4个市县组织开展省级环保例行督察，发布“海口市城镇污水治理不彻底，水质超标现象频发”“白沙污水管网建设滞后，污水处理实施运行效率低下”等典型案例，有力推动问题整改。

二、城乡污水治理加快，污水管网建设逐步完善

2022年排查出的19条城市（县）建成区黑臭水体治理完成。2023年新增城镇污水处理能力8.9万 m^3/d，新建（改造）污水管网622 km。2023年农村生活污水治理率达到61.3%，同比提高19.4个百分点，超过年度目标55%，超过全国平均水平（40%），提前两年完成国家“十四五”目标。2023年海南省城市（县）污水处理厂51座，污水处理能力174.87万 m^3/d，污水处理量5.16亿 m^3，处理率为99.57%，同比提高0.04个百分点。

第八节　小　结

一、海南省地表水水质持续为优，总体保持平稳，“十三五”以来首次实现消劣

2023年，全省地表水环境质量持续为优。水质优良比例为95.9%，同比上升1.0个百分点；无劣Ⅴ类水质断面，同比下降0.5个百分点。超Ⅲ类水质断面（点位）主要污染指标为高锰酸盐指数、化学需氧量、总磷，平均浓度分别为3.1 mg/L、11.1 mg/L、0.069 mg/L。

2016—2023年，全省地表水水质状况均为优，总体保持平稳，2023年首次实现“消劣”。各流域及全省河流综合污染指数均无显著变化趋势。高坡岭水库、陀兴水库、珠碧江水库综合污染指数上升趋势显著，大隆水库、南扶水库综合污染指数下降趋势显著，其余18个湖库综合污染指数无显著变化趋势。

二、海南省主要河流水质持续为优，三大流域干流基本全线达到Ⅱ类水质，个别独流入海小河流水质污染

2023年，全省主要河流水质总体为优，南渡江、昌化江、万泉河三大流域和西北部、南部、南海各岛诸河水质为优，东北部诸河水质为良好。全省共监测76条河

流142个断面，优良水质断面比例达到96.5%，仅5个断面出现污染。其中珠溪河河口水质为Ⅴ类，文教河坡柳水闸、罗带河罗带铁路桥、东山河后山村、巡崖河龙湖镇4个断面水质为Ⅳ类。出现污染的珠溪河、文教河、罗带河、东山河均属于独流入海河流，流域面积基本不超过500 km^2。与2022年相比，南渡江、昌化江、万泉河流域和西北部、南部、南海各岛诸河水质均保持稳定，东北部水质有所好转。

三、海南省主要湖库水质持续为优，无中度和重度富营养湖库

2023年，41个主要湖库中，水质优良湖库有38个，占比为92.7%，高坡岭水库、湖山水库和珠碧江水库为轻度污染；高坡岭水库、湖山水库、珠碧江水库、春江水库、深田水库、美容水库呈轻度富营养状态，其余35个湖库呈中营养状态。与2022年相比，2023年41个监测湖库水质均无明显变化；石门水库营养状态由轻度富营养变为中营养，春江水库和美容水库营养状态由中营养变为轻度富营养，其余湖库营养状态无明显变化。

四、海南省地表水丰水期水质下降明显，汛期污染问题突出

2023年，全省地表水枯、丰、平水期的优良水质比例分别为94.8%、88.6%、95.9%；劣Ⅴ类水质比例分别为0、0.5%、0，总体水质呈现出平水期优于枯水期优于丰水期的变化规律，丰水期水质污染问题突出，汛期水质恶化规律明显。其中丰水期河流断面优良比例较枯水期下降6.4个百分点，丰水期湖库优良比例较枯水期下降4.7个百分点。可见，水环境质量与汛期水情雨情密切相关，城乡面源污染已成为制约海南省水环境质量持续改善的主要矛盾。

专栏3 海南省流域上下游横向生态保护补偿交界断面水质优良

2023年，海南省交界断面水质监测覆盖流域面积50 km^{2}以上的跨市县河流和总库容0.5亿m^{3}以上的跨市县湖库，涉及33条河流45个断面、7座湖库8个点位，共计53个断面（点位）。根据《海南省流域上下游横向生态保护补偿实施方案》（琼府办函〔2020〕383号），在流域面积500 km^{2}及以上跨市县河流湖库和重要集中式饮用水水源开展生态保护补偿。主要包括南渡江、昌化江、万泉河、松涛水库、赤田水库、牛路岭水库等，涉及全省17个市县的9条河流14个断面、4个湖库4个点位，共计18个断面（点位）。

全省53个市县交界断面总体水质为优，水质优良断面49个，占比为92.5%，同比持平；Ⅳ类水质断面3个，占比为5.7%，同比下降1.9个百分点；Ⅴ类水质断面1个，占比为1.9%，同比上升1.9个百分点；无劣Ⅴ类水质断面，同比持平。其中，巡崖河龙湖镇、岭后河加京村、珠碧江水库出口3个断面（点位）水质为轻度污染，光吉河四行村水质为中度污染，超标断面责任分属定安、儋州、白沙3个市县。主要污染指标为总磷、化学需氧量、氨氮、高锰酸盐指数，断面超标率分别为5.7%、3.8%、1.9%、1.9%；平均浓度分别为0.079 mg/L、10.9 mg/L、3.0 mg/L、0.13 mg/L，同比分别上升2.6%、6.9%、3.4%、8.3%。

18个流域上下游横向生态保护补偿断面（点位）中，水质达标率为88.9%，同比持平。其中，白沙县石碌水库入口、儋州市文澜河光吉村2个断面（点位）水质不达标。与2022年相比，2023年全省所有流域上下游横向生态保护补偿断面水质类别均保持一致。

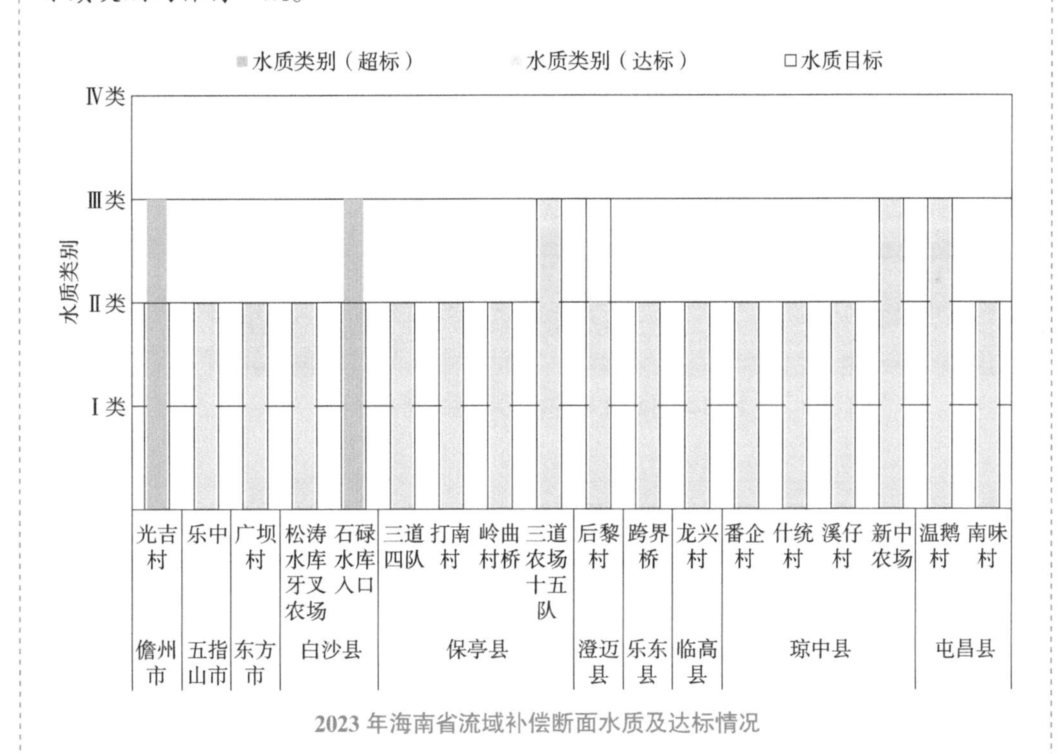

2023年海南省流域补偿断面水质及达标情况

专栏4 海南省省级管理入海河流断面水质良好

2023年，海南省省级管理入海河流断面水质良好。监测的29个入海河流入海断面中，28个断面达到水质目标，占比为96.6%，同比上升6.9个百分点；乐东县佛罗河（业沟）佛罗镇求雨村断面未达标，占比为3.4%，同比下降6.9个百分点。

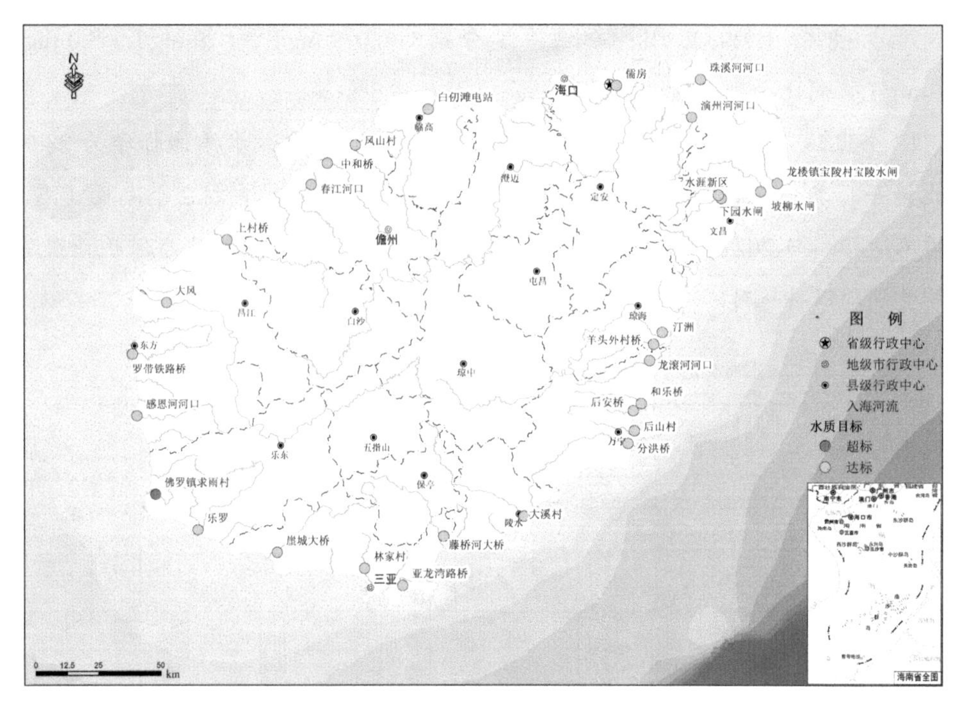

2023年海南省入海河流入海断面水质类别

专栏5 "河长制"河流湖库水质稳定，以优良为主

2023年，海南省"河长制"水质监测覆盖18条省级"河长制"河流和4座位于省级河流上的水库，共布设78个监测断面（点位）。

18条省级"河长制"河流中，14条河流水质优良，4条河流受到不同程度污染。其中南渡江、昌化江、万泉河、大塘河、石碌河、定安河、珠碧江、陵水河、宁远河、藤桥河10条河流水质为优，新吴溪、巡崖河、塔洋河、文澜河4条河流水质为良好，岭后河和文教河水质轻度污染，光吉河水质中度污染，南洋河水质重度污染。4座位于省级河流上的水库中，南渡江松涛水库、昌化江大广坝水库、万泉河牛路岭水库水质为优、中营养，昌化江戈枕水库水质为良好、中营养。

与2022年相比，2023年光吉河水质由轻度污染下降为中度污染，其余河流水质无明显变化。戈枕水库水质由优下降为良好，营养状况无明显变化，其余3座水库水质和营养状态均无明显变化。

专栏6 城镇内河（湖）整体水质再创治理以来的最好水平

2023年，海南省城镇内河（湖）共监测77条河流93个断面、11座湖库11个点位，共计88条水体，104个断面。

104个断面中，99个断面水质达到相应水质目标，水质达标率为95.2%，同比上升1.0个百分点，整体水质达到治理以来的最好水平。5个断面水质未达标，3个断面水质未消除劣Ⅴ类，超标断面分别是海口市大同沟、琼海市双沟溪甲岭村桥、东方市罗带河罗带桥（均为劣Ⅴ类）、澄迈县玉堂河老城镇开发区北一环路（Ⅴ类）、保亭县田滚河集贸市场桥（Ⅲ类）。超标指标为总磷和氨氮，断面超标率分别为2.9%和1.9%。

104个断面中，水质优良（Ⅰ～Ⅲ类）断面（点位）有64个，占比为61.5%，同比上升5.7个百分点；Ⅳ类水质断面有22个，占比为21.2%，同比下降1.9个百分点；Ⅴ类水质断面有15个，占比为14.4%，同比下降1.9个百分点；劣Ⅴ类水质断面有3个，占比为2.9%，同比下降1.9个百分点。主要污染指标为总磷、氨氮和高锰酸盐指数，平均浓度分别为0.147 mg/L、0.71 mg/L、4.3 mg/L。

第四章　饮用水水源地

2023 年，海南省 18 个市县（不含三沙市）中，县级及以上城市（镇）在用集中式饮用水水源地共 32 个，其中地表水水源地 31 个，地下水水源地 1 个。32 个水源地水质全年均达标，水质达标率为 100%，同比持平。其中，29 个地表水型水源地水质为优（Ⅰ～Ⅱ类），占比为 90.6%，2 个地表水型和 1 个地下水型水源地水质为良（Ⅲ类），占比为 9.4%。

与 2022 年相比，2023 年全省 32 个县级以上城市（镇）集中式饮用水水源地水质达标率保持为 100%，城市（镇）饮用水水源地水质保持以Ⅱ类水质为主（图 2-4-1）。

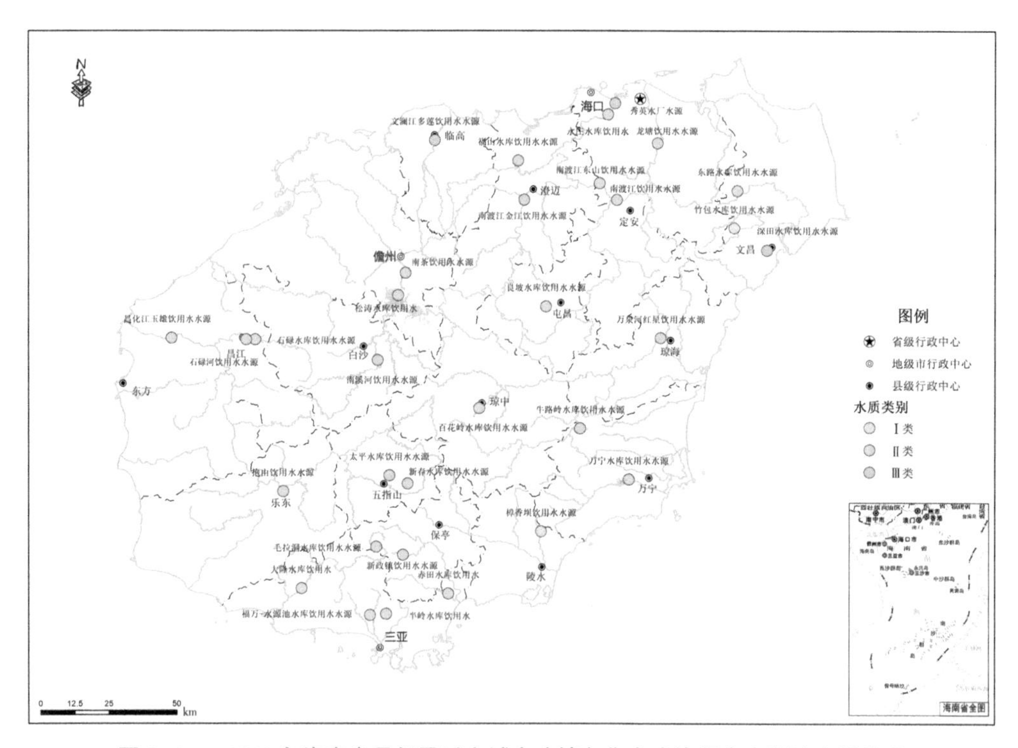

图 2-4-1　2023 年海南省县级及以上城市（镇）集中式饮用水水源地水质状况

第五章　地下水

2023 年，海南省地下水环境质量总体较好，Ⅰ～Ⅳ类水质比例为 85.1%。全省 74[③] 个地下水环境质量监测点位中，Ⅰ类水质点位有 1 个，占比为 1.3%；Ⅱ类水质点位有 7 个，占比为 9.5%；Ⅲ类水质点位有 22 个，占比为 29.7%；Ⅳ类水质点位有 33 个，占比为 44.6%；Ⅴ类水质点位有 11 个，占比为 14.9%。超Ⅳ类水质指标主要为锰、氯化物、硝酸盐（图 2-5-1～图 2-5-3）。

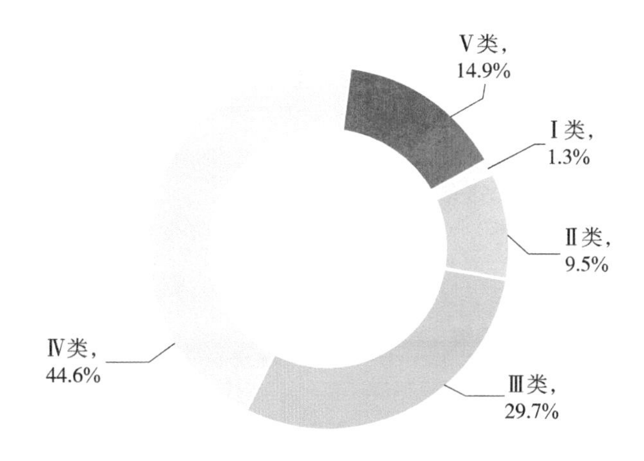

图 2-5-1　2023 年海南省地下水水质类别比例

与 2022 年相比，2023 年全省地下水水质总体保持稳定，Ⅰ～Ⅳ类水质比例下降 5.6 个百分点，Ⅴ类水质比例上升 5.6 个百分点。其中Ⅰ类水质比例上升 1.3 个百分点，Ⅱ类水质比例上升 5.5 个百分点，Ⅲ类水质比例下降 2.3 个百分点，Ⅳ类水质比例下降 10.1 个百分点，Ⅴ类水质比例上升 5.6 个百分点。

---

③　2023 年 1 个点位因地下水停用井口被封闭无法采样，故统计地下水环境质量监测点位为 74 个。

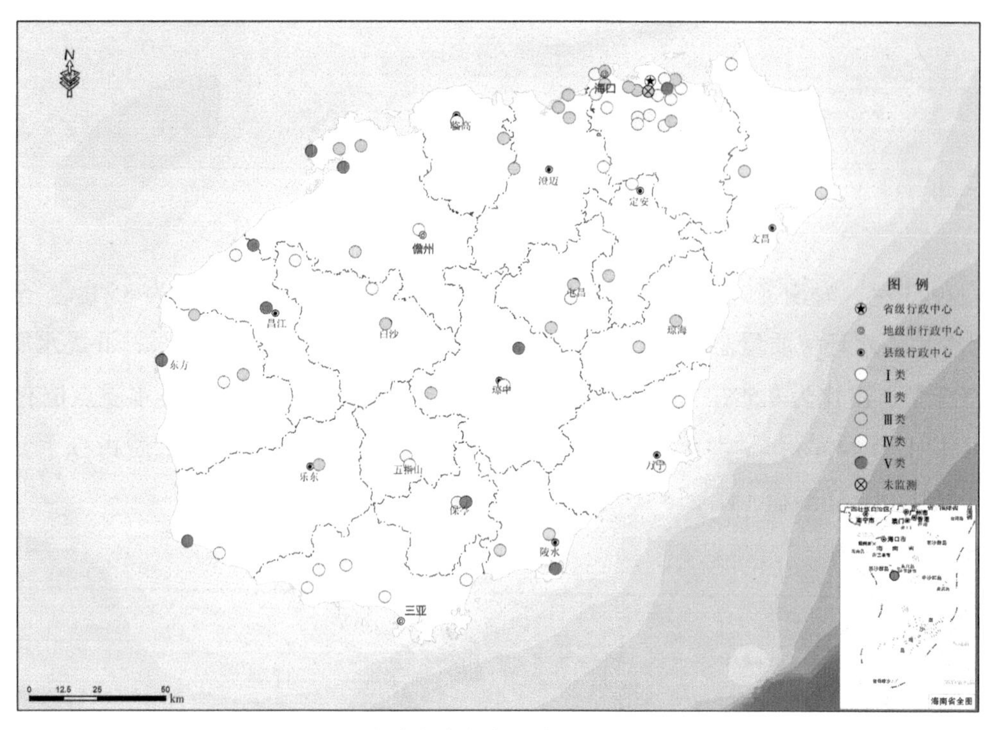

图 2-5-2 2023 年海南省各市县地下水点位水质分布情况

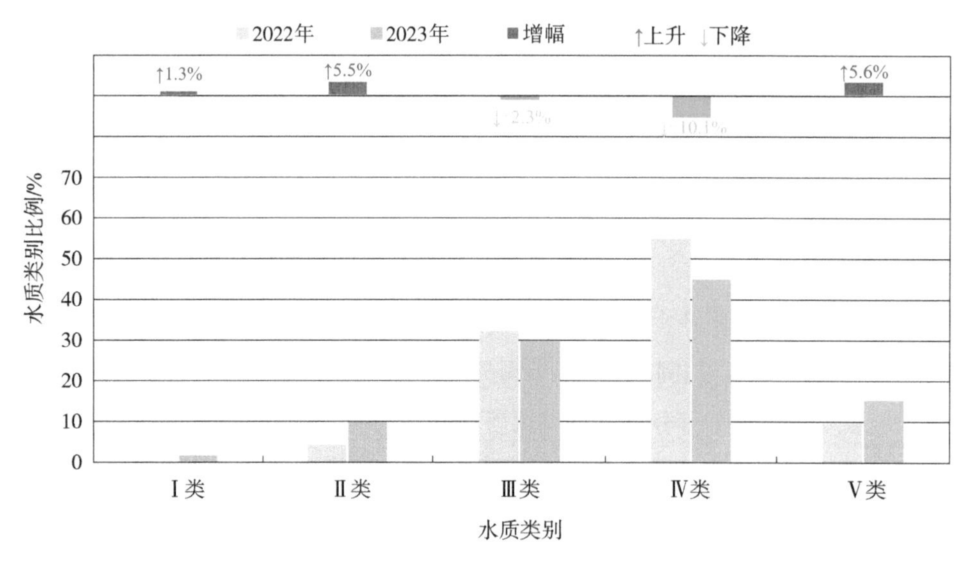

图 2-5-3 2023 年海南省地下水水质类别比例同比变化情况

第六章　土　壤

2021—2022 年，海南省土壤环境质量总体良好。监测的 402 个土壤环境质量点位中，低于风险筛选值的点位数量占比为 80.8%，介于风险筛选值和风险管制值之间的点位数量占比为 18.4%，高于风险管制值的点位数量占比为 0.8%（图 2-6-1）。

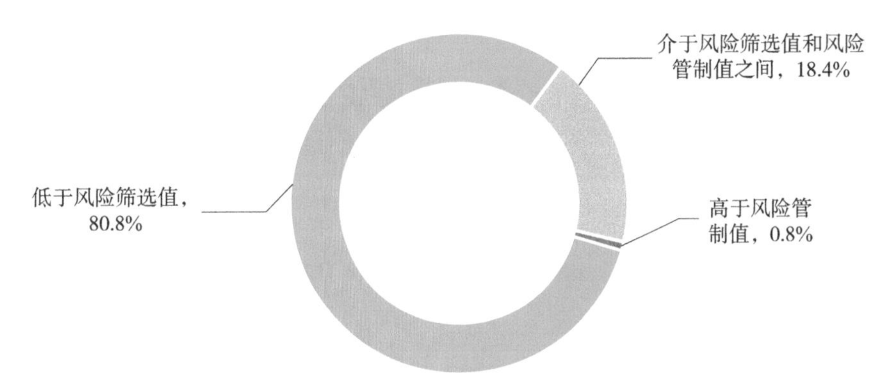

图 2-6-1　2021—2022 年海南省土壤环境质量状况

第七章　海　洋

2023 年，海南省近岸海域水质为优，国家重点海水浴场水质等级为优良；珊瑚礁和海草床生态系统均处于健康状态。与 2022 年相比，2023 年全省近岸海域水质、珊瑚礁生态系统健康状态保持稳定，海草床生态系统由亚健康状态好转为健康状态。

第一节　近岸海域

一、近岸海域水质现状

（一）水质状况

2023 年，海南省近岸海域海水水质总体为优，优良水质面积比例为 99.66%④。其中一类水质面积比例为 98.77%，二类水质面积比例为 0.89%，三类水质面积比例为 0.03%，四类水质面积比例为 0.14%，劣四类水质面积比例为 0.17%。主要污染指标为活性磷酸盐、无机氮、化学需氧量。其中，活性磷酸盐和无机氮含量超标主要出现在文昌清澜湾和万宁小海，化学需氧量含量超标主要出现在文昌清澜湾（图 2-7-1～图 2-7-3）。

（二）富营养化状况

2023 年，全省近岸海域呈富营养化状态的海域面积为 86.7 km^2。其中轻度富营养、中度富营养、重度富营养海域面积分别为 39.4 km^2、26.2 km^2、21.1 km^2。呈富营养化状态的海域主要分布在文昌清澜湾和万宁小海近岸海域。

---

④　海南省近岸海域优良水质面积比例极高，为表现各类水质面积差异，面积比例特保留两位小数。

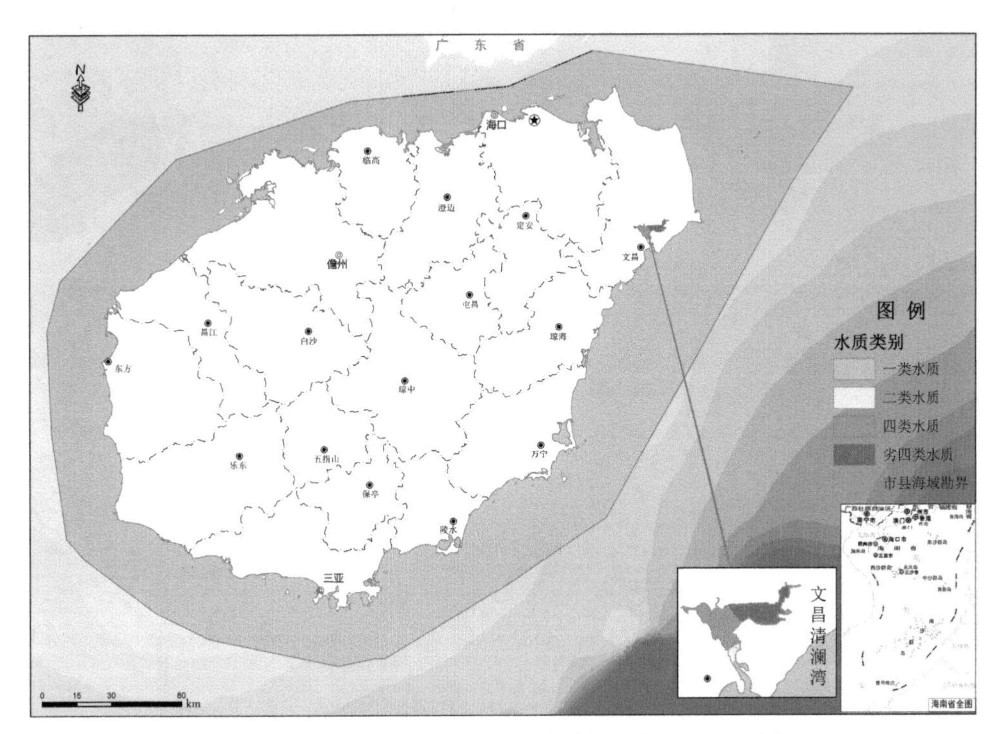

图 2-7-1　2023 年春季海南省近岸海域各类水质面积分布情况

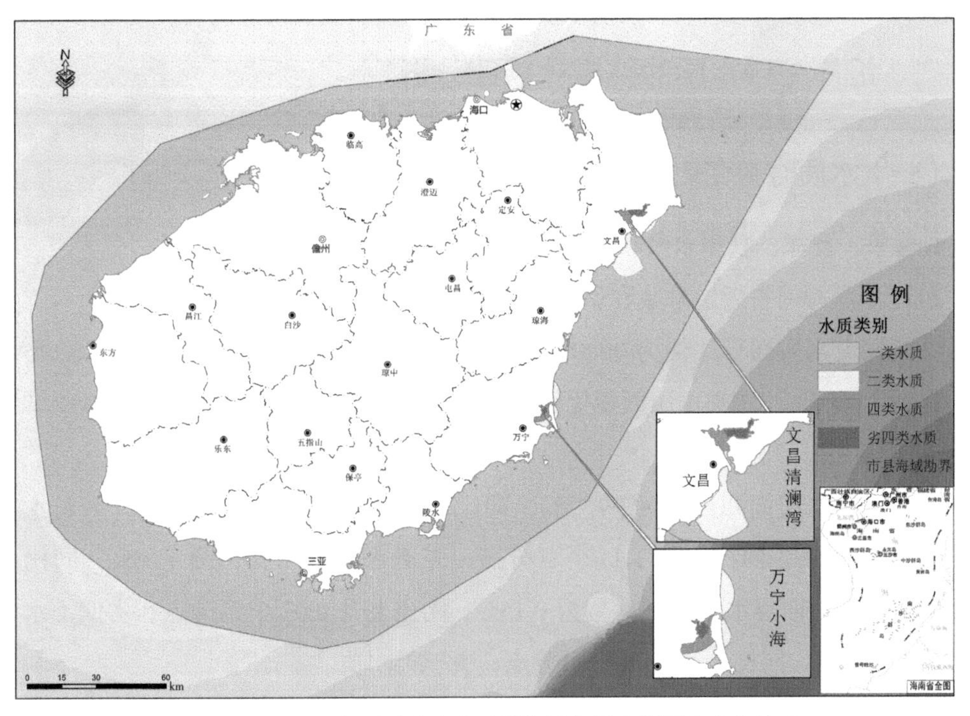

图 2-7-2　2023 年夏季海南省近岸海域各类水质面积分布情况

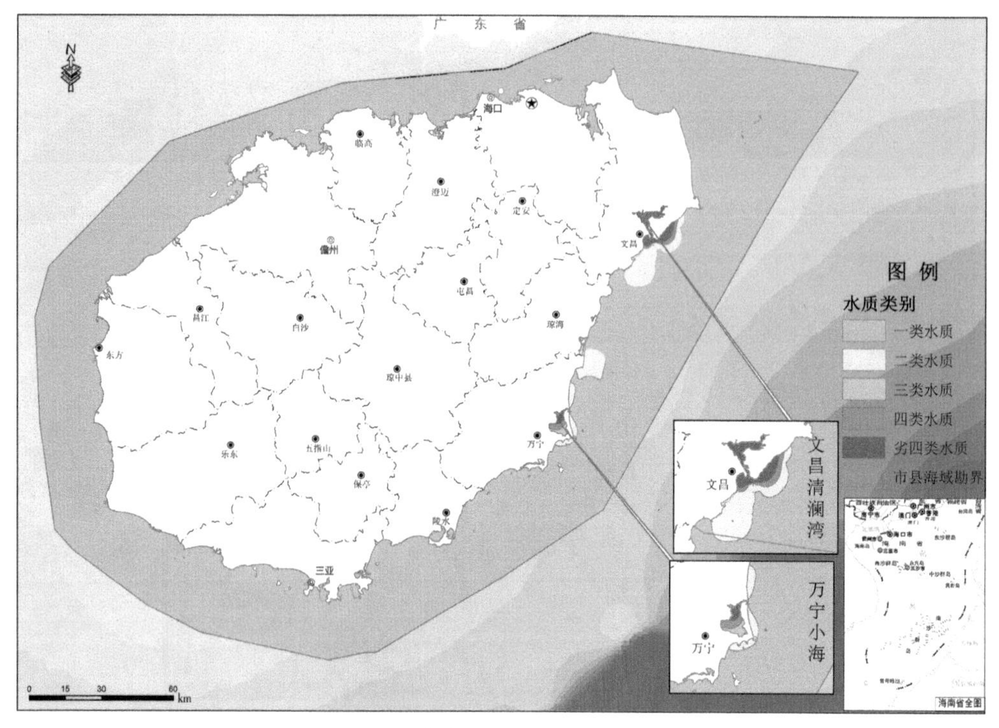

图 2-7-3　2023 年秋季海南省近岸海域各类水质面积分布情况

二、近岸海域水质时空变化规律分析

（一）水质时空变化规律分析

1. 春季、夏季、秋季水质状况

2023 年，海南省近岸海域春季总体水质最好。

春季优良水质面积比例为 99.86%，其中一类水质面积比例为 99.81%，二类水质面积比例为 0.05%，四类水质面积比例为 0.08%，劣四类水质面积比例为 0.06%，无三类水质。

夏季优良水质面积比例为 99.75%，同比下降 0.11 个百分点。其中，一类水质面积比例为 98.70%，同比下降 1.11 个百分点；二类水质面积比例为 1.05%，同比上升 1.00 个百分点；四类水质面积比例为 0.15%，同比上升 0.07 个百分点；劣四类水质面积比例为 0.10%，同比上升 0.04 个百分点；无三类水质。

秋季优良水质面积比例为 99.36%，同比下降 0.39 个百分点。其中，一类水质面积比例为 97.79%，同比下降 0.91 个百分点；二类水质面积比例为 1.57%，同比上升 0.52 个百分点；三类水质面积比例为 0.06%，同比上升 0.06 个百分点；四类水质面积比例为 0.19%，同比上升 0.04 个百分点；劣四类水质面积比例为 0.39%，同比上升 0.29 个百分点。

2023 年春季、夏季、秋季海南省近岸海域各类水质面积比例见图 2-7-4。

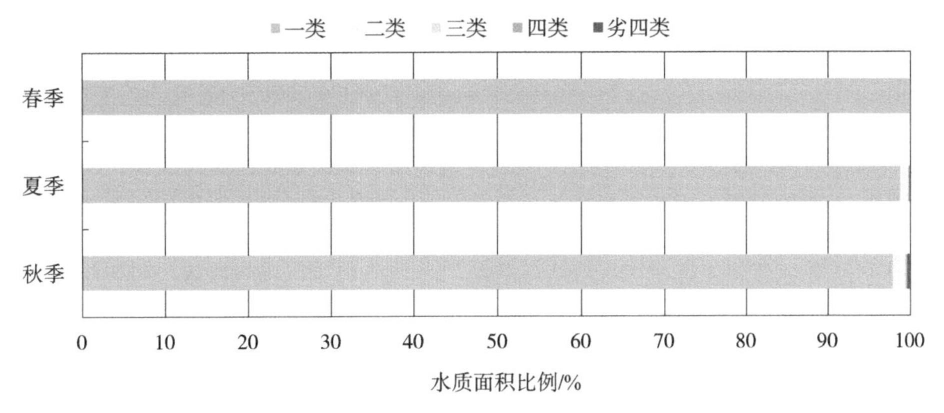

图 2-7-4　2023 年春季、夏季、秋季海南省近岸海域各类水质面积比例

2. 各海区水质状况

2023 年，全省近岸海域各海区海水水质均为优。其中，西沙群岛海区水质优良面积比例为 100%，南部、西部、东部、北部海区水质优良面积比例分别为 100%、100%、99.48%、99.18%。

2023 年海南省水质最好的海区为西沙群岛、南部、西部，其次为东部，北部最差。其中，东部、北部近岸海域均出现劣四类水质，主要出现在东部万宁小海、北部文昌清澜湾近岸海域（图 2-7-5）。

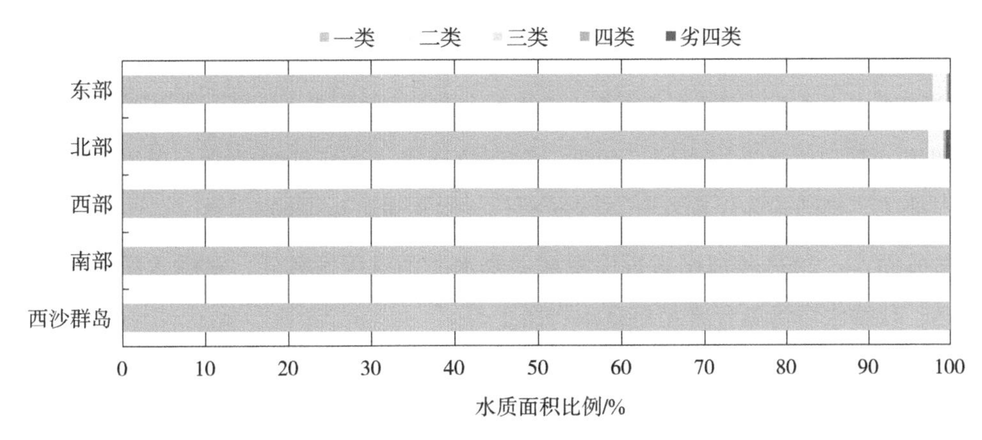

图 2-7-5　2023 年海南省各海区近岸海域水质状况

3. 沿海市县水质状况

2023 年，全省 13 个沿海市县水质均为优。文昌市和万宁市近岸海域优良水质面

积比例分别为 99.01%、99.20%，其余 11 个市县优良水质面积比例均为 100%。其中，三沙、昌江、临高、澄迈、三亚、乐东、东方、陵水 8 个市县近岸海域水质均为一类海水水质。

文昌市和万宁市出现劣于二类的海水水质，主要出现在文昌清澜湾、万宁小海近岸海域（图 2-7-6）。

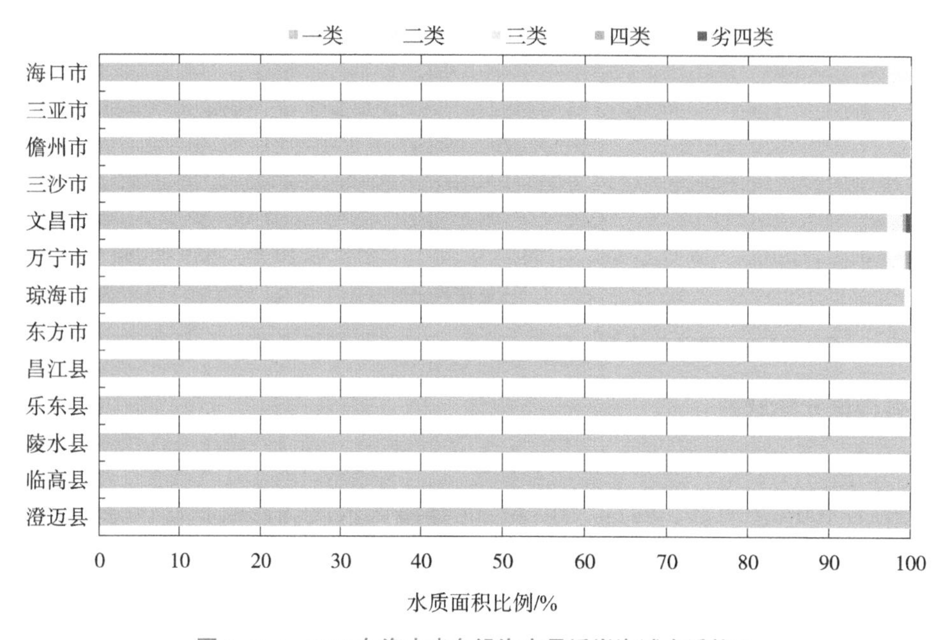

图 2-7-6　2023 年海南省各沿海市县近岸海域水质状况

（二）主要超标指标时空变化分析

2023 年春季，全省近岸海域主要超标指标为活性磷酸盐，劣于二类的水质出现在文昌清澜湾近岸海域；夏季，主要超标指标为活性磷酸盐，劣于二类的水质出现在文昌清澜湾、万宁小海近岸海域；秋季，主要超标指标为活性磷酸盐、无机氮、化学需氧量，劣于二类的水质出现在文昌清澜湾、万宁小海近岸海域。

总体而言，2023 年海南省近岸海域春季水质污染程度较低，秋季水质污染程度相对较高，秋季水质污染程度相对夏季有所上升。

1. 主要超标指标时间变化

2023 年春季，全省近岸海域活性磷酸盐含量为 0.001～0.057 mg/L，均值为 0.002 mg/L；夏季，活性磷酸盐含量为 0.001～0.070 mg/L，均值为 0.006 mg/L；秋季，活性磷酸盐含量为 0.001～0.128 mg/L，均值为 0.008 mg/L。

2023 年春季，全省近岸海域化学需氧量含量为 0.20～2.06 mg/L，均值为 1.08 mg/L；夏季，化学需氧量含量为 0.21～2.19 mg/L，均值为 0.51 mg/L；秋季，化学需氧量含量为 0.27～4.27 mg/L，均值为 0.65 mg/L。

2023 年春季，海南省近岸海域无机氮含量为 0.008～0.239 mg/L，均值为 0.024 mg/L；夏季，无机氮含量为 0.006～0.250 mg/L，均值为 0.040 mg/L；秋季，无机氮含量为 0.007～0.574 mg/L，均值为 0.050 mg/L。

2. 主要超标指标空间变化

2023 年，超二类标准的活性磷酸盐主要分布在文昌清澜湾、万宁小海等近岸海域，最大超标倍数为 3.3，出现在秋季文昌清澜湾近岸海域。

2023 年，超二类标准的化学需氧量主要分布在文昌清澜湾近岸海域，最大超标倍数为 0.4。

2023 年，超二类标准的无机氮主要分布在文昌清澜湾和万宁小海近岸海域，最大超标倍数为 0.9，出现在秋季万宁小海近岸海域。

文昌清澜湾近岸海域春季、夏季活性磷酸盐均为四类、劣四类；秋季化学需氧量为四类，无机氮、活性磷酸盐均为劣四类。春季污染指标超标倍数为 0.9，夏季污染指标超标倍数为 1.3，秋季污染指标超标倍数分别为 0.4、0.8、3.3，秋季污染程度较夏季严重。

万宁小海近岸海域在春季未出现超标情况，但夏季活性磷酸盐、秋季无机氮均为劣四类，夏季污染指标超标倍数为 0.6，秋季污染指标超标倍数为 0.9，秋季污染程度较夏季严重。

活性磷酸盐指标在 3 个季度均出现超标，化学需氧量、无机氮指标仅在秋季出现超标。其中，秋季的活性磷酸盐污染程度最高，最大超标倍数为 3.3，出现在文昌清澜湾近岸海域。

三、近岸海域水质年度对比分析

与 2022 年相比，2023 年海南省近岸海域海水水质稳定为优。其中，优良水质面积比例上升 0.06 个百分点，一类水质面积比例上升 0.67 个百分点，二类、三类、四类水质面积比例分别下降 0.61 个百分点、0.02 个百分点、0.04 个百分点，劣四类水质面积比例持平（图 2-7-7）。

全省近岸海域呈富营养化状态的海域面积上升 0.1 km^2。其中轻度富营养、重度富营养海域面积分别下降 11.1 km^2、3.0 km^2，中度富营养海域面积上升 14.2 km^2。

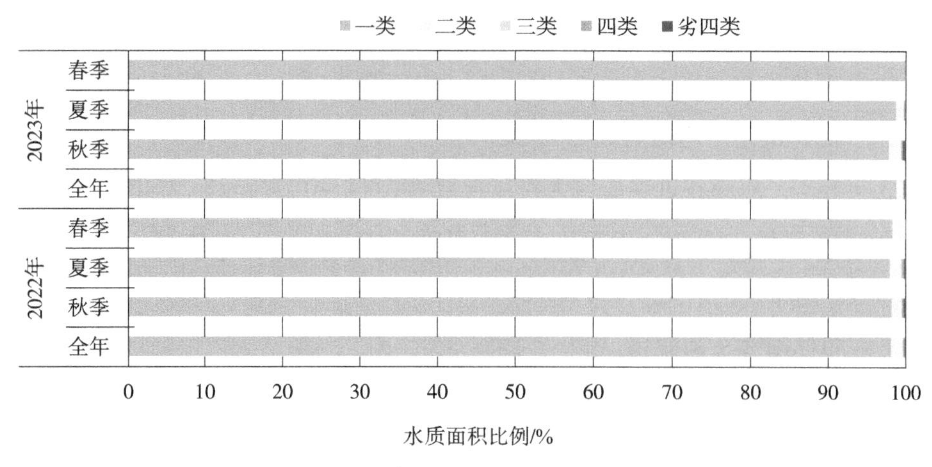

图 2-7-7　2023 年海南省近岸海域水质同比变化情况

四、近岸海域水质年际（2016—2023 年）变化趋势分析

（一）水质年际变化趋势

2016—2023 年，海南省近岸海域海水水质稳定为优，优良水质面积比例均保持在 99% 以上。其中，2018 年、2019 年优良水质面积比例相对较低，分别为 99.40%、99.04%，其余年份均保持在 99.80% 左右。劣四类水质面积比例呈小幅度波动变化，2018—2023 年均出现劣四类水质，水质面积比例呈波动变化。

与 2016 年相比，2023 年全省近岸海域水质保持为优，优良水质面积比例下降 0.22 个百分点，劣四类水质面积比例上升 0.17 个百分点（图 2-7-8、图 2-7-9）。

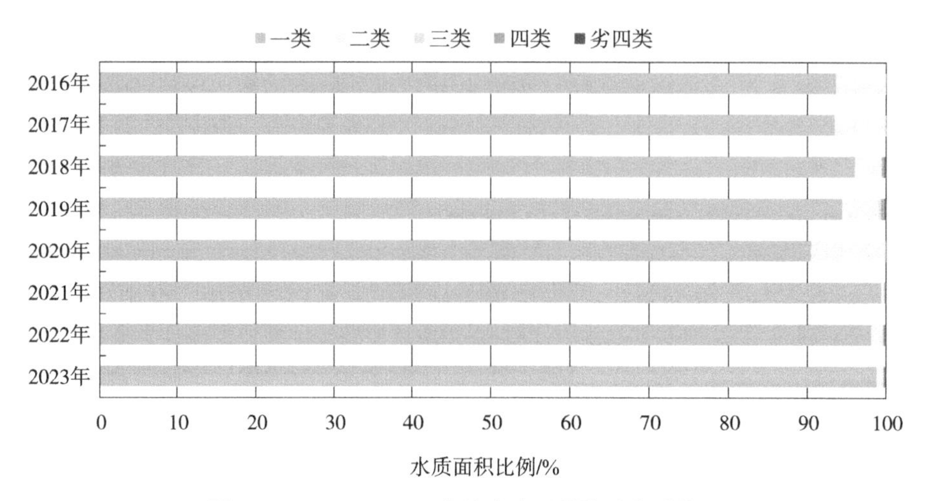

图 2-7-8　2016—2023 年海南省近岸海域水质状况

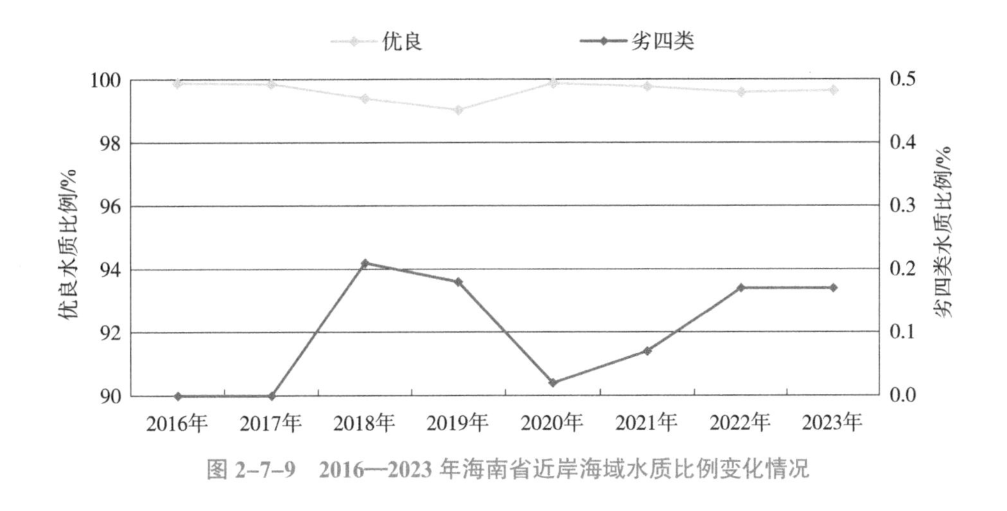

图 2-7-9　2016—2023 年海南省近岸海域水质比例变化情况

（二）超标指标年际变化趋势分析

2016—2023 年，全省近岸海域海水水质超标指标主要为活性磷酸盐、化学需氧量、无机氮。

1. 活性磷酸盐

2016—2023 年，2016 年春季、2016 年夏季、2017 年春季、2020 年春季近岸海域活性磷酸盐含量未出现超标现象，出现超标时，活性磷酸盐超标率为 0.4%～8.0%，最高值出现在 2018 年夏季，最大超标倍数出现在 2018 年夏季万宁小海（图 2-7-10）。

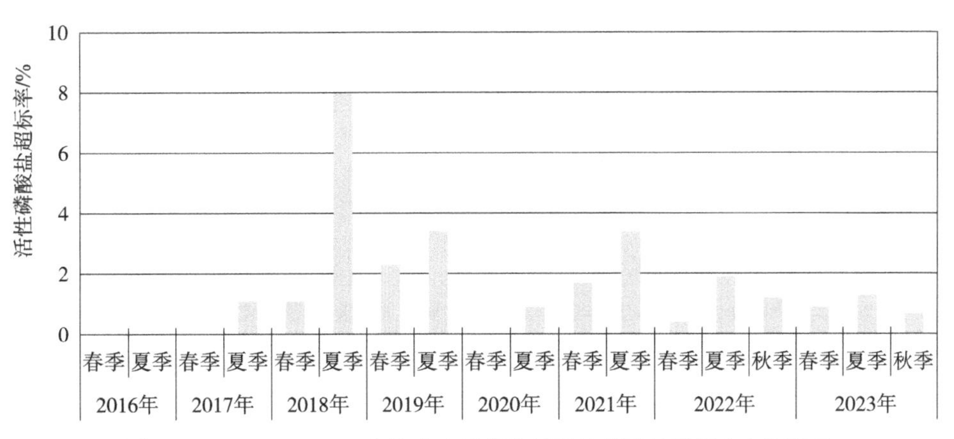

图 2-7-10　2016—2023 年海南省近岸海域活性磷酸盐超标率变化情况

2. 化学需氧量

2016—2023 年，2016 年春季、2016 年夏季、2017 年春季、2020 年春季、2021 年夏季、2022 年春季、2023 年春季、2023 年夏季近岸海域化学需氧量含量未出现超标现象，出现超标时，化学需氧量超标率为 0.6%～3.4%，最高值出现在 2018 年夏季至

2019 年夏季，最大超标倍数出现在 2022 年夏季文昌清澜湾（图 2-7-11）。

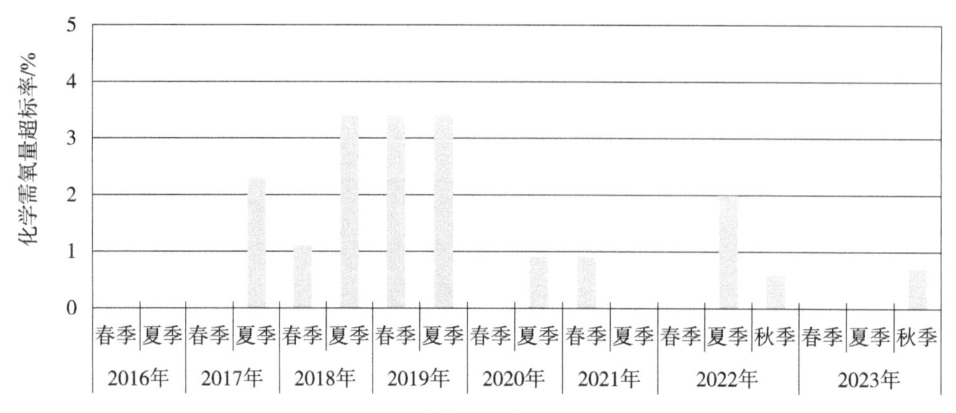

图 2-7-11　2016—2023 年海南省近岸海域化学需氧量超标率变化情况

3. 无机氮

2016—2023 年，2016 年春季、2017 年春季、2018 年春季、2019 年夏季、2020 年夏季、2021 年春季、2022 年春季、2023 年春季、2023 年夏季近岸海域无机氮含量未出现超标现象，出现超标时，无机氮超标率为 0.9%～3.4%，最高值出现在 2017 年夏季和 2018 年夏季，最大超标倍数出现在 2018 年夏季三亚榆林港（图 2-7-12）。

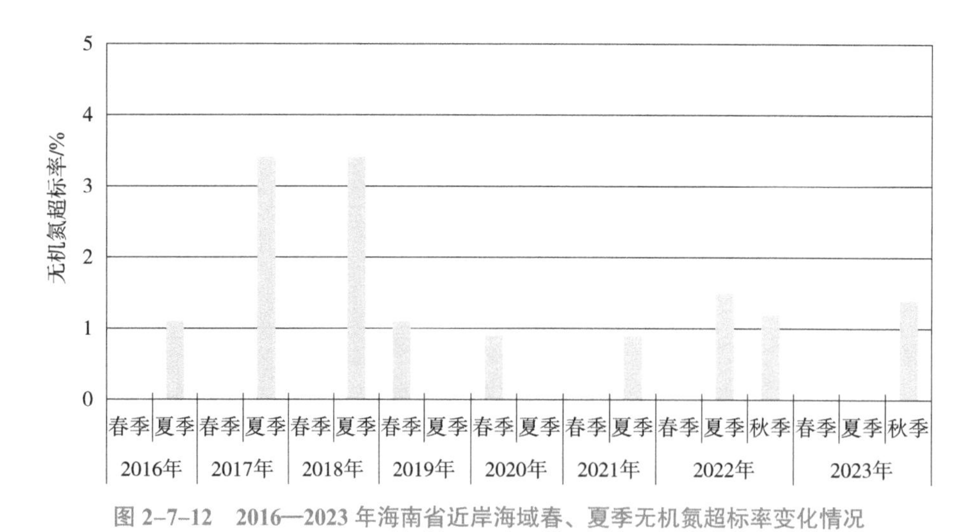

图 2-7-12　2016—2023 年海南省近岸海域春、夏季无机氮超标率变化情况

（三）富营养化年际变化趋势分析

2016—2023 年，全省近岸海域呈富营养化状态的海域面积呈波动下降趋势，呈富营养化状态的海域面积为 15.8～173.3 km^2。富营养化海域面积最大值出现在 2017 年，最小值出现在 2020 年。另外，2016 年、2017 年均未出现重度富营养化海域，其余年

度出现重度污染的海域面积为 3.6～27.7 km²。2016—2023 年，出现富营养化状态的海域主要分布在万宁小海、文昌清澜湾、三亚榆林港近岸海域。

与 2016 年相比，2023 年全省近岸海域呈富营养化状态的海域面积上升 4.3 km²（图 2-7-13）。

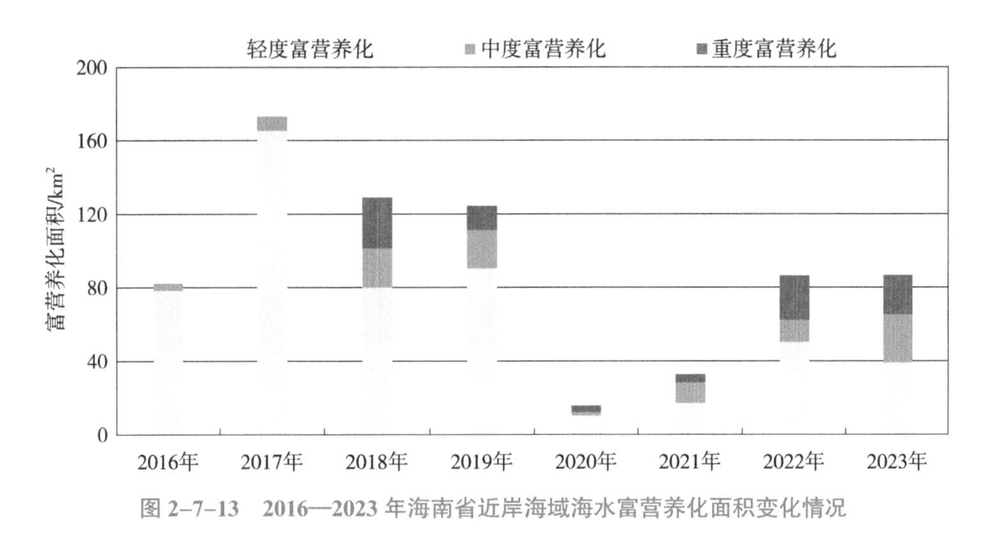

图 2-7-13 2016—2023 年海南省近岸海域海水富营养化面积变化情况

第二节 海水浴场

一、海水浴场水质现状

2023 年，三亚亚龙湾、大东海、皇后湾、三亚湾及东方鱼鳞州 5 个海水浴场水质状况年度综合评价等级均为优，海口假日海滩海水浴场年度综合评价等级为良。

2023 年 6—9 月，海口假日海滩海水浴场水质优良天数比例为 97.1%，其余 5 个海水浴场水质优良天数比例均为 100%。东方鱼鳞州海水浴场健康风险等级为优的天数比例为 87.5%，其余 5 个海水浴场健康风险等级均为优，海水浴场环境对游泳者健康产生的潜在危害低。

二、海水浴场水质年际（2016—2023 年）变化趋势分析

2016—2023 年，海口假日海滩、三亚大东海、三亚亚龙湾海水浴场水质基本保持稳定。

与 2016 年相比，2023 年海口假日海滩海水浴场水质优良天数比例下降 2.9 个百分

点，三亚大东海和三亚亚龙湾海水浴场水质优良天数比例持平（图 2-7-14）。

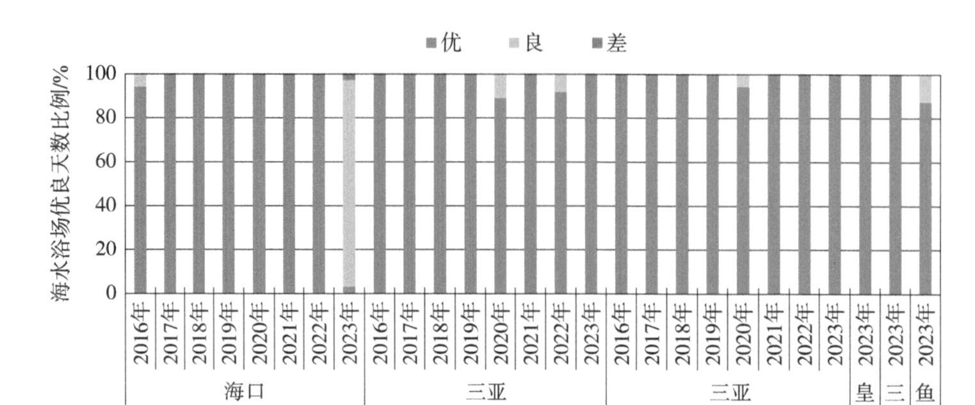

图 2-7-14 2016—2023 年海南省重点海水浴场水质变化情况

第三节 典型海洋生态系统

一、典型海洋生态系统现状

2023 年，西沙群岛、海南岛东海岸及西海岸珊瑚礁生态系统，以及海南岛东海岸海草床生态系统均处于健康状态，生态系统保持其自然属性，生物多样性及生态系统结构基本稳定，生态系统主要服务功能正常发挥，人为活动所产生的生态压力在生态系统的承载力范围之内。

（一）珊瑚礁生态系统

2023 年，西沙群岛、海南岛东海岸、海南岛西海岸珊瑚礁生态系统均处于健康状态，生态健康指数 CEH_{indx} 分别为 97.6、85.8、95.4。

1. 西沙群岛珊瑚礁生态系统

（1）水环境质量

西沙群岛珊瑚礁监测海域水质为优，pH、活性磷酸盐、无机氮等监测指标均符合一类海水水质标准。pH 为 8.13～8.23，悬浮物含量均不大于 2 mg/L，活性磷酸盐含量为未检出～0.004 mg/L，无机氮含量为 0.013～0.043 mg/L，叶绿素 a 含量为未检出～0.2 μg/L。

（2）生物质量

西沙群岛珊瑚礁监测海域采集到的生物样品均为鱼类。总汞含量为 0.003～0.268 mg/kg，镉含量为未检出～0.031 mg/kg，铅含量为 0.020～0.130 mg/kg，砷含量为 0.550～11.40 mg/kg，石油烃含量为 1.6～13.8 mg/kg。

（3）栖息地状况

西沙群岛珊瑚礁栖息地处于健康状态。大型底栖藻类覆盖度均值为 0.1%，活珊瑚覆盖度均值为 21.5%，5 年内活珊瑚覆盖度减少小于 5 个百分点。

（4）生物群落状况

西沙群岛珊瑚礁监测海域共调查到造礁石珊瑚 10 科 30 属 147 种，常见种有佳丽鹿角珊瑚（*Acropora pulchra*）、澄黄滨珊瑚（*Porites lutea*）、多孔同星珊瑚（*Plesiastrea versipora*）、肉质扁脑珊瑚（*Platygyra carnosus*）等；硬珊瑚补充量为 2.20～8.60 个 /m^2，均值为 4.95 个 /m^2；珊瑚死亡率均值为 0.6%，5 年内珊瑚死亡率增加小于 5%；西沙群岛珊瑚礁监测海域发现珊瑚礁鱼类 25 科 65 属 125 种，平均密度为 184.93 尾 /100 m^2，5 年内珊瑚礁鱼类密度减少小于 5%。

西沙群岛珊瑚礁监测海域共调查到浮游植物 351 种（含变种和变型），隶属 5 门 86 属；浮游动物 76 种，分属于 12 个类群，包含阶段性浮游幼体 13 类。浮游植物、浮游动物的平均生物多样性指数分别为 2.90 和 2.72。

2. 海南岛东海岸珊瑚礁生态系统

（1）水环境质量

海南岛东海岸珊瑚礁监测海域水质为优，pH、活性磷酸盐、无机氮等监测指标均符合一类海水水质标准。pH 为 8.04～8.26，悬浮物含量为未检出～4 mg/L，活性磷酸盐含量为未检出～0.012 mg/L，无机氮含量为 0.018～0.208 mg/L，叶绿素 a 含量为 0.3～3.7 μg/L。

（2）生物质量

海南岛东海岸珊瑚礁监测海域采集到的生物样品均为鱼类。总汞含量为 0.003～0.672 mg/kg，镉含量为 0.002～0.042 mg/kg，铅含量为未检出～0.05 mg/kg，砷含量为 0.500～6.180 mg/kg，石油烃含量为 1.6～12.9 mg/kg。

（3）栖息地状况

海南岛东海岸珊瑚礁栖息地总体处于健康状态，大型底栖藻类覆盖度均值为 3.35%，活珊瑚覆盖度均值为 18.7%，5 年内活珊瑚覆盖度减少小于 5%。

（4）生物群落状况

海南岛东海岸珊瑚礁监测海域共调查到造礁石珊瑚14科33属136种，常见种有澄黄滨珊瑚（*Porites lutea*）、丛生盔形珊瑚（*Galaxea fascicularis*）、风信子鹿角珊瑚（*Acropora hyacinthus*）等；硬珊瑚补充量为0.20～7.80个/m^2，均值为3.20个/m^2；珊瑚死亡率均值为0.2%，5年内珊瑚死亡率增加小于5%。东海岸珊瑚礁监测海域发现珊瑚礁鱼类17科34属48种，平均密度为36.08尾/100 m^2，5年内珊瑚礁鱼类密度减少小于5%。

海南岛东海岸珊瑚礁监测海域共调查到浮游植物390种（含变种和变型），隶属3门90属；浮游动物48种，分属于9个类群，包含阶段性浮游幼体11类。浮游植物、浮游动物的平均生物多样性指数分别为2.88和1.16。

3. 海南岛西海岸珊瑚礁生态系统

（1）水环境质量

海南岛西海岸珊瑚礁监测海域水质为优，pH、活性磷酸盐、无机氮、悬浮物等监测指标均符合一类海水水质标准。pH为8.07～8.24，悬浮物含量为未检出～6 mg/L，活性磷酸盐含量为未检出～0.008 mg/L，无机氮含量为0.010～0.018 mg/L，叶绿素a含量为未检出～3.3 μg/L。

（2）生物质量

海南岛西海岸珊瑚礁监测海域采集到的生物样品均为鱼类。总汞含量为0.005～0.158 mg/kg，镉含量为未检出～0.032 mg/kg，铅含量为未检出～0.04 mg/kg，砷含量为0.35～2.37 mg/kg，石油烃含量为0.6～8.9 mg/kg。

（3）栖息地状况

海南岛西海岸珊瑚礁栖息地处于健康状态，大型底栖藻类覆盖度均值为0.4%，活珊瑚覆盖度均值为10.5%。

（4）生物群落状况

海南岛西海岸珊瑚礁监测海域共调查到造礁石珊瑚9科19属58种，常见种有团块滨珊瑚（*Porites lobata*）、澄黄滨珊瑚（*Porites lutea*）、板叶角蜂巢珊瑚（*Favites complanata*）等；硬珊瑚补充量为0.80～4.00个/m^2，均值为1.96个/m^2；未监测到死珊瑚；西海岸珊瑚礁海域监测到鱼类14科29属35种，平均密度为166.14尾/100 m^2。

海南岛西海岸监测海域共调查到浮游植物300种（含变种和变型），隶属3门78属；浮游动物29种，分属于8个类群，包含阶段性浮游幼体11类。浮游植物、浮游动物的平均生物多样性指数分别为2.67和1.55。

（二）海草床生态系统

2023 年，海南岛东海岸海草床生态系统均处于健康状态，生态健康指数 CEH_{indx} 为 76.7。

1. 海南岛东海岸海草床生态系统

（1）水环境质量

海南岛东海岸海草床监测海域水质为一般，超二类指标为活性磷酸盐。透光率为 20.5%～26.2%，盐度为 31.5‰～33.7‰，悬浮物含量为未检出～7 mg/L，活性磷酸盐含量为未检出～0.051 mg/L，无机氮含量为 0.010～0.195 mg/L。

（2）沉积物质量

海南岛东海岸海草床海洋沉积物质量总体为优。有机碳含量为 0.10%～4.76%，硫化物含量为未检出～4.5 mg/kg。

（3）生物质量

海南岛东海岸海草床监测海域采集到的生物样品均为鱼类。总汞含量为 0.009～0.241 mg/kg，镉含量为未检出～0.029 mg/kg，铅含量为未检出～0.03 mg/kg，砷含量为 1.27～25.7 mg/kg，石油烃含量为 1.0～13.0 mg/kg。

（4）栖息地状况

海南岛东海岸海草床监测海域砂含量均值为 66.85%，砾含量均值为 31.47%，粉砂含量均值为 1.59%，黏土含量均值为 0.10%。表明东海岸海草床粒组含量以砂为主要组分。

（5）生物群落状况

海南岛东海岸海草床监测海域共调查到海草 2 科 5 属 5 种，分别为单脉二药草（*Halodule uninervis*）、海菖蒲（*Enhalus acoroides*）、泰来草（*Thalassia hemprichii*）、卵叶喜盐草（*Halophila ovalis*）和圆叶丝粉草（*Cymodocea rotundata*）。海草覆盖度均值为 33.0%，海草枝茎密度为 39.0～2 847.0 株 /m^2，海草生物量为 21.5～1 267.7 g/m^2。

海南岛东海岸海草床监测海域共调查到底栖动物 61 种，其中软体类动物 46 种、甲壳类 11 种、棘皮类 2 种、环节动物 1 种、脊椎动物 1 种。

海南岛东海岸监测海域共调查到浮游植物 300 种（含变种和变型），隶属 3 门 77 属；浮游动物 20 种，分属于 6 个类群，包含阶段性浮游幼体 5 类。浮游植物、浮游动物的平均生物多样性指数分别为 2.36 和 0.72。

2. 海南岛西海岸海草床生态系统

（1）水环境质量

海南岛西海岸海草床监测海域水质为一般，超二类指标为无机氮。透光率为11.1%～24.0%，盐度为16.9‰～32.8‰，悬浮物含量为未检出～7 mg/L，活性磷酸盐含量为未检出～0.004 mg/L，无机氮含量为0.021～0.345 mg/L。

（2）沉积物质量

海南岛西海岸海草床监测海域海洋沉积物质量为优。有机碳含量为0.30%～0.86%，硫化物含量为0.40～8.70 mg/kg。

（3）生物质量

海南岛西海岸海草床监测海域采集到的生物样品均为鱼类。总汞含量为0.071～0.251 mg/kg，镉含量为未检出～0.007 mg/kg，铅含量为0.02～0.06 mg/kg，砷含量为0.77～2.48 mg/kg，石油烃含量为2.3～5.8 mg/kg。

（4）栖息地状况

海南岛西海岸海草床监测海域砂含量均值为59.7%，砾含量均值为35.14%，粉砂含量均值为4.53%，黏土含量均值为0.54%。表明西海岸海草床粒组含量以砂为主要组分。

（5）生物群落状况

海南岛西海岸海草床监测海域共调查到海草2科2属3种，分别为单脉二药草（*Halodule uninervis*）、卵叶喜盐草（*Halophila ovalis*）、贝克喜盐草（*Halophila beccarii*）。海草覆盖度均值为34.6%，海草枝茎密度为4 652.5～10 694.7株/m^2，海草生物量为10.6～59.2 g/m^2。

海南岛西海岸海草床监测海域共调查到底栖动物6种，其中软体类动物4种，甲壳类为2种。

海南岛西海岸海草床监测海域共调查到浮游植物205种（含变种和变型），隶属5门77属；浮游动物4种，分属于3个类群，其中阶段性浮游幼体2类。浮游植物、浮游动物的平均生物多样性指数分别为2.50和0.62。

（三）红树林生态系统

1. 海口东寨港红树林生态系统

（1）水环境质量

海口东寨港红树林监测区域水质为差，超二类指标为活性磷酸盐。盐度为

8.8‰～23.2‰，pH 为 7.85～7.95，活性磷酸盐含量为 0.041～0.049 mg/L，无机氮含量为 0.015～0.234 mg/L。

（2）生物质量

海口东寨港红树林监测区域采集到的生物样品均为鱼类。总汞含量为 0.028 mg/kg，镉含量为 0.113 mg/kg，铅含量为 0.083 mg/kg，砷含量为 1.386 mg/kg，石油烃含量为 5.7 mg/kg。

（3）栖息地状况

海口东寨港保护区内，监测到红树林总面积约为 1 362.5 hm^2，其中红树林未成林面积为 22.7 hm^2，天然更新林林地面积为 41.0 hm^2。

（4）生物群落状况

海口东寨港红树林监测区域共调查到红树 9 科 11 属 14 种，常见种有红海榄（*Rhizophora stylosa*）、无瓣海桑（*Sonneratia apetala*）、木榄（*Bruguiera gymnorhiza*）等；红树林覆盖度为 64.3%⑤，红树林平均密度为 2.35 株 /m^2；底栖动物平均密度为 67.7 个 /m^2，底栖动物平均生物量为 250.4 g/m^2。

2. 临高新盈红树林生态系统

（1）水环境质量

临高新盈红树林监测区域水质为优，pH、活性磷酸盐、无机氮等监测指标符合一类海水水质标准。盐度为 24.5‰～31.0‰，pH 为 8.06～8.23，活性磷酸盐含量为未检出～0.006 mg/L，无机氮含量为 0.090～0.151 mg/L。

（2）生物质量

临高新盈红树林监测区域采集到的生物样品均为鱼类。总汞含量为 0.008 mg/kg，镉含量为 0.054 mg/kg，铅含量为 0.060 mg/kg，砷含量为 1.069 mg/kg，石油烃含量为 4.2 mg/kg。

（3）栖息地状况

临高新盈保护区内，监测到红树林总面积约为 191.7 hm^2，其中红树林未成林面积为 21.4 hm^2，未监测到天然更新林。

（4）生物群落状况

临高新盈红树林监测区域共调查到红树 5 科 6 属 6 种，常见种有红海榄（*Rhizophora stylosa*）、秋茄树（*Kandelia obovata*）；红树林覆盖度为 61.0%，红树林

⑤　该覆盖度指采用卫星遥感方式监测到的红树林冠幅遮挡陆地的投影面积，与其所在陆地面积占比。

平均密度为 3.4 株 /10 m^2；底栖动物平均密度为 68.9 个 /m^2，底栖动物平均生物量为 132.8 g/m^2。

二、典型海洋生态系统年际（2016—2023 年）变化趋势分析

（一）珊瑚礁生态系统年际变化趋势分析

1. 西沙群岛珊瑚礁生态系统年际变化

（1）活珊瑚覆盖度年际变化

2016—2023 年，西沙群岛珊瑚礁监测海域活珊瑚有缓慢恢复的迹象，活珊瑚覆盖度基本呈上升趋势，由 2016 年的 5.5% 上升到 2020 年的 23.5%，达到了 8 年中的最高值，随后小幅下降至 2022 年的 19.6%，2023 年上升至 21.5%，活珊瑚覆盖度趋于稳定。

与 2016 年相比，2023 年西沙群岛活珊瑚覆盖度上升 16.0 个百分点（图 2-7-15）。

图 2-7-15　2016—2023 年西沙群岛活珊瑚覆盖度和珊瑚平均死亡率变化情况

（2）珊瑚死亡率年际变化

2016—2023 年，西沙群岛珊瑚礁监测海域珊瑚平均死亡率波动变化，2018 年之前未监测到死珊瑚，2019 年珊瑚平均死亡率上升至 6.9%，是 7 年中最高值，而后逐年下降，2023 年珊瑚平均死亡率为 0.6%。

与 2016 年相比，2023 年西沙群岛珊瑚礁珊瑚平均死亡率上升 0.6 个百分点（图 2-7-15）。

（3）硬珊瑚补充量年际变化

2016—2023 年，西沙群岛珊瑚礁监测海域硬珊瑚平均补充量呈逐年上升趋势。2017—2018 年的硬珊瑚补充量均不超过 1.00 个 /m^2，而后逐年上升，由 2018 年的 0.97 个 /m^2 上升至 2022 年的 5.80 个 /m^2。

与 2016 年相比，2023 年西沙群岛硬珊瑚平均补充量上升 4.79 个 /m^2（图 2-7-16）。

图 2-7-16　2016—2023 年西沙群岛硬珊瑚平均补充量变化情况

（4）珊瑚礁鱼类年际变化

2016—2023 年，西沙群岛珊瑚礁监测海域珊瑚礁鱼类平均密度呈现波动变化。由 2016 年的 100.15 尾 /100 m^2 下降到 2018 年的 66.57 尾 /100 m^2，而后开始上升，2021 年达到了近 7 年最高值 146.71 尾 /100 m^2，2022 年下降至 108.14 尾 /100 m^2，2023 年大幅上升至 184.93 尾 /100 m^2。

与 2016 年相比，2023 年西沙群岛珊瑚礁鱼类平均密度上升 84.78 尾 /100 m^2（图 2-7-17）。

图 2-7-17　2016—2023 年西沙群岛珊瑚礁鱼类平均密度变化

2. 海南岛东海岸珊瑚礁生态系统年际变化

（1）活珊瑚覆盖度年际变化

2016—2023 年，海南岛东海岸珊瑚礁监测海域活珊瑚平均覆盖度较为稳定，在 12.9%～18.0% 小幅波动。先是由 2016 年的 15.4% 下降到 2018 年的 12.9%，再上升到 2020 年的 18.0%，随后小幅下降至 2022 年的 15.7%，2023 年上升至 18.7%，活珊瑚覆盖度趋于稳定。

与2016年相比，2023年海南岛东海岸活珊瑚平均覆盖度上升3.3个百分点（图2-7-18）。

图2-7-18 2016—2023年海南岛东海岸活珊瑚平均覆盖度和珊瑚平均死亡率变化

（2）珊瑚死亡率年际变化

2016—2023年，海南岛东海岸珊瑚礁监测海域珊瑚平均死亡率变化幅度相对较小。2016—2018年逐年上升至1.1%，2018—2019年逐年下降至0.7%，2020年未监测到死珊瑚，2022年略微上升至0.4%，2023年小幅下降至0.2%（图2-7-18）。

与2016年相比，2023年海南岛东海岸珊瑚平均死亡率上升0.2个百分点。

（3）硬珊瑚补充量年际变化

2016—2023年，海南岛东海岸珊瑚礁监测海域硬珊瑚平均补充量呈先下降后上升趋势，由2016年的0.97个/m^2下降至2018年的0.64个/m^2，再逐年上升到2021年的2.80个/m^2，2022年略微下降至2.10个/m^2，2023年上升至3.20个/m^2（图2-7-19）。

与2016年相比，2023年海南岛东海岸硬珊瑚平均补充量上升2.23个/m^2。

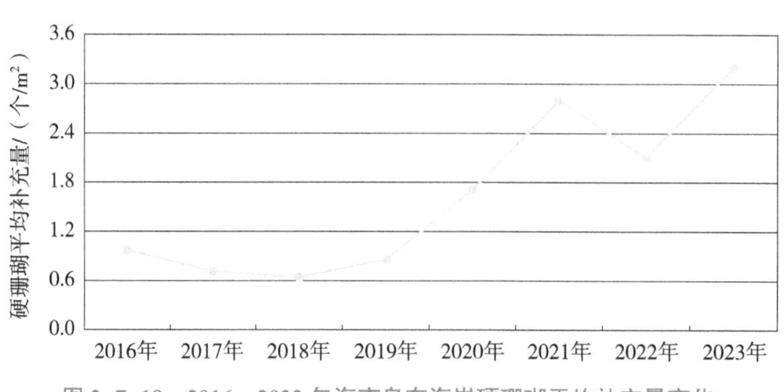

图2-7-19 2016—2023年海南岛东海岸硬珊瑚平均补充量变化

（4）珊瑚礁鱼类年际变化

2016—2023 年，海南岛东海岸珊瑚礁监测海域珊瑚礁鱼类总体呈下降趋势。由 2016 年的 62.78 尾 /100 m^2 下降至 2018 年的 31.70 尾 /100 m^2，2019 年小幅升高，2020—2023 年波动变化（图 2-7-20）。

与 2016 年相比，2023 年珊瑚礁鱼类平均密度下降 26.70 尾 /100 m^2。

图 2-7-20　2016—2023 年海南岛东海岸珊瑚礁鱼类密度变化

3. 海南岛西海岸珊瑚礁生态系统年际变化[⑥]

（1）活珊瑚覆盖度年际变化

2018—2023 年，海南岛西海岸珊瑚礁监测海域活珊瑚覆盖度波动变化，由 2018 年的 8.2% 逐年上升到 2020 年的 13.2%，2022 年下降至 9.2%，2023 年小上升至 10.5%（图 2-7-21）。

与 2018 年相比，2023 年海南岛西海岸活珊瑚覆盖度上升 2.3 个百分点。

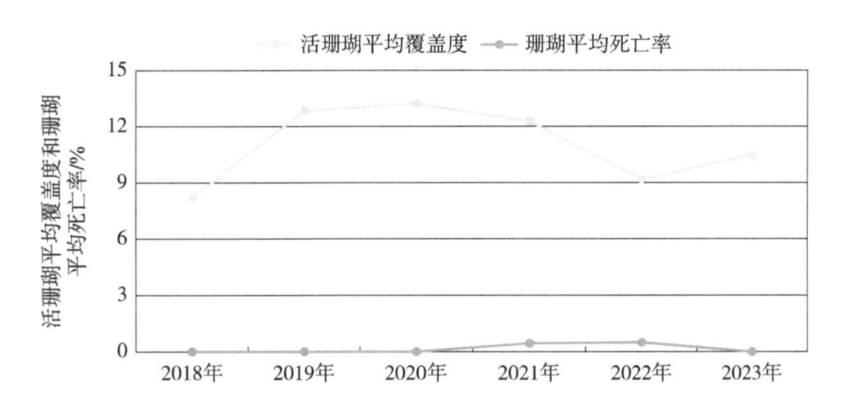

图 2-7-21　2018—2023 年海南岛西海岸活珊瑚平均覆盖度和珊瑚平均死亡率变化情况

⑥ 由于 2016—2017 年无海南岛西海岸珊瑚礁生态系统相关监测数据，故年际变化从 2018 年开始分析。

（2）珊瑚死亡率年际变化

2018—2023 年，海南岛西海岸珊瑚礁监测海域珊瑚平均死亡率历年来均较低，2018—2020 年、2023 年均未监测到死珊瑚，2021—2022 年珊瑚平均死亡率均为 0.5%。

与 2018 年相比，2023 年海南岛西海岸珊瑚平均死亡率持平。

（3）硬珊瑚补充量年际变化

2018—2023 年，海南岛西海岸珊瑚礁监测海域硬珊瑚平均补充量呈先升后降的趋势，由 2018 年的 0.66 个 /m^2 逐年上升至 2021 年的 3.27 个 /m^2，2022 年下降至 1.82 个 /m^2，2023 年小幅上升至 1.96 个 /m^2（图 2-7-22）。

与 2018 年相比，2023 年海南岛西海岸硬珊瑚平均补充量上升 1.3 个 /m^2。

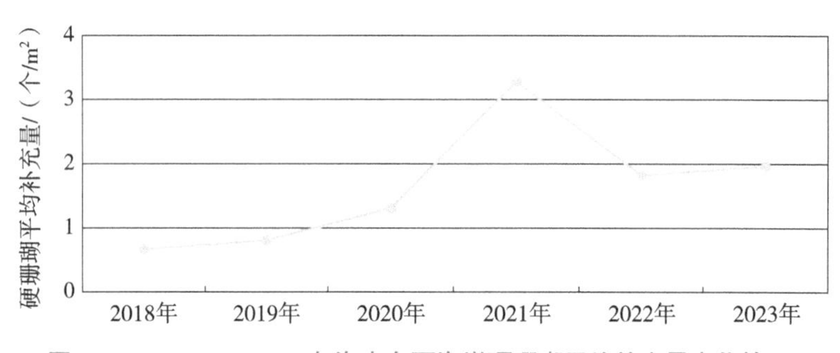

图 2-7-22 2018—2023 年海南岛西海岸硬珊瑚平均补充量变化情况

（4）珊瑚礁鱼类年际变化

2018—2023 年，海南岛西海岸珊瑚礁监测海域珊瑚礁鱼类平均密度波动较大，2018—2019 年小幅上升，由 2018 年的 15.10 尾 /100 m^2 上升至 2019 年的 39.83 尾 /100 m^2，2020 年则下降至 10.80 尾 /100 m^2，2021 年大幅上升至 108.20 尾 /100 m^2，2022 年则下降到 60.63 尾 /100 m^2，2023 年则上升到 166.14 尾 /100 m^2。

与 2018 年相比，2023 年珊瑚礁鱼类平均密度上升 151.04 尾 /100 m^2。

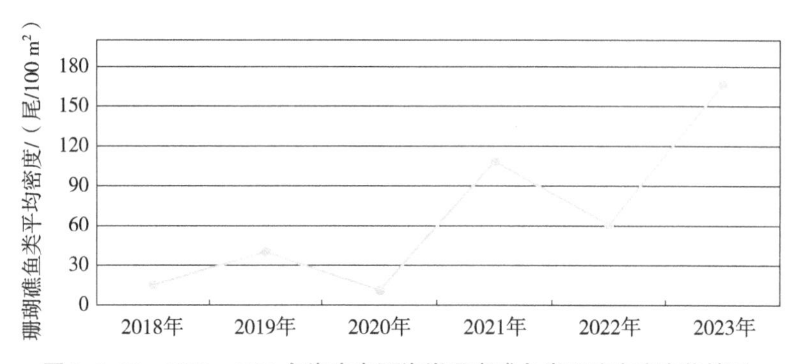

图 2-7-23 2018—2023 年海南岛西海岸珊瑚礁鱼类平均密度变化情况

（二）海草床生态系统年际变化趋势分析

1. 海草覆盖度年际变化

2016—2023 年，海南岛东海岸海草覆盖度呈波动变化，2016—2020 年逐年下降至 16.0%，2021—2022 年逐年上升至 39.8%，2023 年又小幅下降至 33.0%（图 2-7-24）。

与 2016 年相比，2023 年海南岛东海岸海草平均覆盖度上升 7.1 个百分点。

图 2-7-24　2016—2023 年海南岛东海岸海草平均覆盖度变化情况

2. 海草枝茎平均密度年际变化

2016—2023 年，海南岛东海岸海草枝茎平均密度波动下降，由 2016 年的 1 369.2 株 /m² 下降至 2021 年的 251.8 株 /m²，随后逐年上升至 2023 年的 575.4 株 /m²（图 2-7-25）。

与 2016 年相比，2023 年海南岛东海岸海草枝茎平均密度下降 793.8 株 /m²。

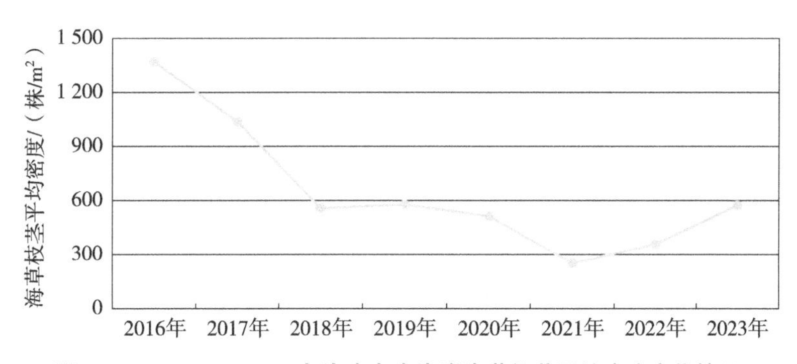

图 2-7-25　2016—2023 年海南岛东海岸海草枝茎平均密度变化情况

3. 海草平均生物量年际变化

2016—2023 年，海南岛东海岸海草平均生物量波动下降。2016—2020 年海草平均生物量呈下降趋势，2021—2023 年逐年上升至 630.2 g/m³（图 2-7-26）。

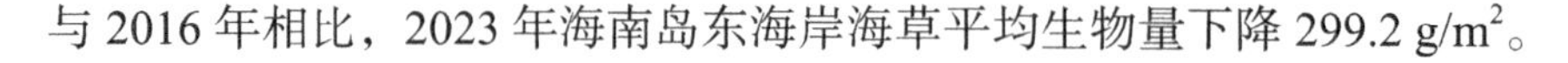

与 2016 年相比，2023 年海南岛东海岸海草平均生物量下降 299.2 g/m^2。

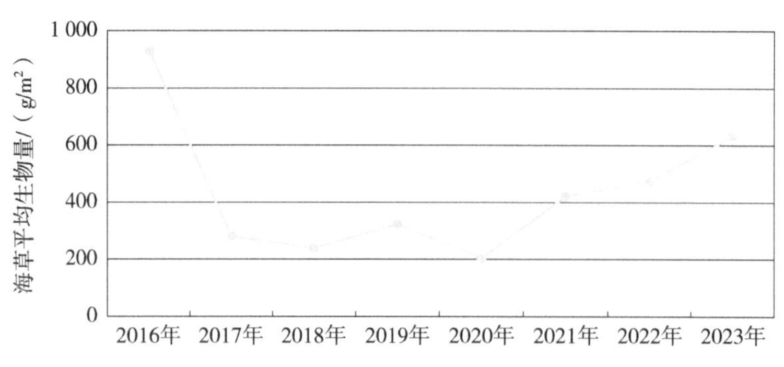

图 2-7-26　2016—2023 年海南岛东海岸海草平均生物量变化情况

第四节　海洋垃圾及微塑料

一、海洋垃圾

2023 年，海口湾、博鳌湾、三亚湾、洋浦湾 4 个监测区域海上未发现特大块、大块海面漂浮垃圾。采集到的漂浮垃圾均为塑料类垃圾。

4 个监测区域采集到的海滩垃圾中，塑料类垃圾数量最多，占比为 87.1%；其次为玻璃类，占比为 6.8%；其余为金属类、纸质类、橡胶类和织物（布）类垃圾。塑料类垃圾主要为塑料碎片、塑料瓶盖、泡沫、渔线、食品包装袋。

4 个监测区域采集到的海底垃圾中，塑料类垃圾数量最多，占比为 77.8%，其次为金属类和织物（布）类垃圾，均占比为 11.1%。塑料类垃圾主要为塑料袋、渔线、食品包装袋。

二、海洋微塑料

2023 年，南渡江、万泉河、昌化江入海口海面漂浮微塑料平均密度分别为 0.91 个 /m^3、0.27 个 /m^3、0.50 个 /m^3。微塑料形状主要为碎片、纤维和颗粒，成分主要为聚丙烯、聚乙烯、聚苯乙烯和聚酯纤维。

第五节　变化原因分析

一、封闭、半封闭的海湾环境自净能力较弱，短期内水质提升有难度

万宁小海、文昌清澜湾等近岸海域水质多年劣于二类，水质污染指标为活性磷酸盐、无机氮和化学需氧量，其主要来自生活污水和农业废水。污染物在封闭或半封闭的海湾内难以扩散，水体交换不及时，造成水质污染。

二、东海岸珊瑚礁鱼类密度历年均处于相对较低的水平

健康的珊瑚礁是许多鱼类和无脊椎动物的重要栖息地、产卵场和育幼场。气候变化、栖息地退化和过度捕捞的综合影响均会导致珊瑚礁鱼类大幅减少，而鱼类的减少进一步削弱了珊瑚礁的稳定性和恢复潜力，因此珊瑚礁鱼类密度是珊瑚礁生态系统健康评价的一项重要指标。2023 年海南岛东海岸珊瑚礁鱼类密度仅为 36.08 尾 /100 m^2，在历年的监测数据中处于相对较低的水平；2023 年西沙群岛珊瑚礁鱼类密度为 184.93 尾 /100 m^2，海南岛西海岸的珊瑚礁鱼类密度为 166.14 尾 /100 m^2。由此可见，东海岸珊瑚礁鱼类密度明显低于其他区域。

第六节　小　结

一、海南省近岸海域水质总体为优，保持稳定，个别海域水质多年劣于二类

2023 年，全省近岸海域优良水质面积比例为 99.66%，同比上升 0.06 个百分点，以一类水质为主，劣于二类的水质主要分布在封闭或半封闭海湾、入海河口、养殖集中区、港口等近岸海域，超标指标为化学需氧量、活性磷酸盐、无机氮。年内春季优良水质面积比例较夏季、秋季高。

2016—2023 年，全省近岸海域水质稳定为优，万宁小海、文昌清澜湾近岸海域水质多年劣于二类。活性磷酸盐、化学需氧量、无机氮超标率最高值均出现在 2018 年夏季，自 2018 年夏季后主要超标指标超标率有所下降。

二、珊瑚礁生态系统均保持健康状态，海草床生态系统处于健康状态

2023年，西沙群岛、海南岛东海岸、海南岛西海岸珊瑚礁生态系统均保持健康状态，生物多样性及生态系统结构基本稳定。西沙群岛珊瑚礁生态健康指数、活珊瑚覆盖度、硬珊瑚补充量、珊瑚礁鱼类密度等指标均最高，活珊瑚覆盖度为21.5%；海南岛东海岸珊瑚礁生态健康指数较高，活珊瑚平均覆盖度为18.7%；海南岛西海岸活珊瑚平均覆盖度为10.5%。海南岛东海岸海草床生态系统处于健康状态，生态系统主要服务功能正常发挥，海草平均覆盖度为33.0%。

2016—2023年，西沙群岛活珊瑚覆盖度、硬珊瑚补充量均相对稳定，珊瑚礁鱼类密度呈波动上升趋势；海南岛东海岸珊瑚礁监测海域活珊瑚覆盖度、硬珊瑚补充量均呈波动上升趋势，珊瑚礁鱼类密度相对稳定；海南岛西海岸珊瑚礁鱼类密度呈波动上升趋势。海南岛东海岸海草床海草密度基本呈下降趋势，海草生物量总体呈上升趋势。

三、海南省海水浴场水质优良

2023年，三亚亚龙湾、大东海、皇后湾、三亚湾及东方鱼鳞州5个海水浴场水质年度综合评价等级、健康风险等级均为优，水质等级为优良的天数均为100%；海口假日海滩海水浴场年度综合评价等级为良，水质等级为优良的天数为97.1%。

专栏7　海水养殖区综合环境质量全部优良

2023年，对海南省7个市县8个海水养殖区开展了环境质量监测，包括4个海水增养殖区（海南陵水新村港、临高后水湾、陵水黎安港、海口东寨港）、2个养殖用海区（文昌冯家湾、万宁小海）、2个海水养殖集中区（乐东莺歌海、东方板桥镇），共布设42个监测点位。

2023年，海口东寨港、临高后水湾、陵水黎安港、陵水新村港、文昌冯家湾、万宁小海、东方板桥镇、乐东莺歌海8个养殖区综合环境质量等级为优良，满足海水养殖区环境质量要求。海水养殖区环境质量总体稳定。

文昌冯家湾、乐东莺歌海、陵水黎安港、陵水新村港、东方板桥镇、临高后水湾6个养殖区海水水质为优；万宁小海养殖区水质为良好，海口东寨港养殖区水质为差，超标指标主要为活性磷酸盐、无机氮。

海口东寨港、文昌冯家湾、万宁小海、陵水黎安港、陵水新村港、乐东莺歌海、东方板桥镇、临高后水湾8个养殖区沉积物质量符合沉积物质量一类标准。

海口东寨港、文昌冯家湾、万宁小海、陵水黎安港、陵水新村港、乐东莺歌海、东方板桥镇、临高后水湾8个养殖区个别点位生物质量劣于海洋生物质量一类标准。劣于一类指标主要为粪大肠菌群、铅、砷、总汞等。

专栏8 重点产业园区近岸海域水质保持为优

2023年，对海南省7个重点产业园区近岸海域水质进行了监测，包括洋浦经济开发区、东方临港产业园、澄迈老城经济开发区、临高金牌港临港产业区、海口江东新区、三亚崖州湾科技城、陵水黎安国际教育试验区，共布设18个点位。

监测结果显示，海口江东新区一个监测点位2023年下半年无机氮监测结果符合二类水质标准，其余监测点位2023年上、下半年各项监测指标均达到一类水质标准；特征污染物均未检出。全省重点产业园区近岸海域水质保持为优。

专栏9 美丽海湾生态环境质量试点监测助力美丽海湾建设

2023年，对海南省21个美丽海湾开展生态环境质量试点监测，包括海口湾、亚龙湾、榆林湾、三亚湾、新英湾、峨蔓—鱼骨湾、木兰湾、小海、南燕湾－石梅湾、香水湾—水口港湾、新村湾、龙沐湾、感城港湾、北黎湾、棋子湾、博铺港湾、花场湾、铺前湾、海棠湾、后水湾、博鳌港湾。21个美丽海湾均开展海水水质监测，铺前湾增加海洋垃圾、红树林健康状况监测，后水湾增加珊瑚礁和红树林健康状况监测，博鳌港湾增加海洋垃圾监测，海棠湾增加海洋垃圾、珊瑚礁健康状况、滨海旅游度假区环境状况监测。

开展海水水质监测的21个美丽海湾中，20个海湾水质状况为优，万宁小海水质状况为差。

开展海洋垃圾监测的铺前湾、博鳌港湾、海棠湾海域均未监测到海面漂浮垃圾；海滩垃圾平均个数为8 308～135 960个/km^2，平均密度为21.2～1 957.1 kg/km^2，且均以塑料类垃圾数量最多。

开展珊瑚礁健康状况监测的后水湾邻昌岛、海棠湾蜈支洲岛周边海域珊瑚礁均处于健康状态。

开展红树林健康状况监测的铺前湾东寨港红树林、后水湾新盈红树林保护区中，铺前湾东寨港红树林监测区域水质为差，红树林总面积约为1 362.5 hm^2，监测样方共调查到红树植物9科11属14种；后水湾新盈红树林监测区域水质为优，红树林总面积约为191.7 hm^2，监测样方共调查到红树植物5科6属6种。

海棠湾滨海旅游度假区环境适宜开展休闲观光活动。

第八章　声环境

2023 年，海南省区域昼间、夜间声环境质量分别为较好（二级）和一般（三级），平均等效声级分别为 53.5 dB（A）、46.5 dB（A）；道路交通昼间、夜间声环境质量均为好（一级），平均等效声级分别为 64.4 dB（A）、57.8 dB（A）；功能区昼间和夜间总点次达标率分别为 92.4% 和 84.4%。与 2022 年相比，2023 年全省区域、道路交通昼间声环境质量保持稳定，功能区昼间总点次达标率略有下降，夜间总点次达标率有所上升。与 2018 年相比，全省区域夜间声环境质量保持稳定，道路交通夜间声环境质量由较好（二级）上升为好（一级）。

第一节　声环境质量现状

一、区域声环境质量现状

（一）等级评价

1. 昼间

2023 年，海南省区域昼间声环境质量总体水平为较好（二级），平均等效声级为 53.5 dB（A）。

全省 18 个市县（不含三沙市）中，三亚、儋州、五指山、琼海、文昌、万宁、东方、定安、临高、白沙、昌江、乐东、保亭、琼中 14 个市县区域声环境质量为较好（二级），占比为 77.8%；其余 4 个市县区域声环境质量为一般（三级），占比为 22.2%。18 个市县平均等效声级范围为 50.3～58.6 dB（A）（图 2-8-1、图 2-8-2）。

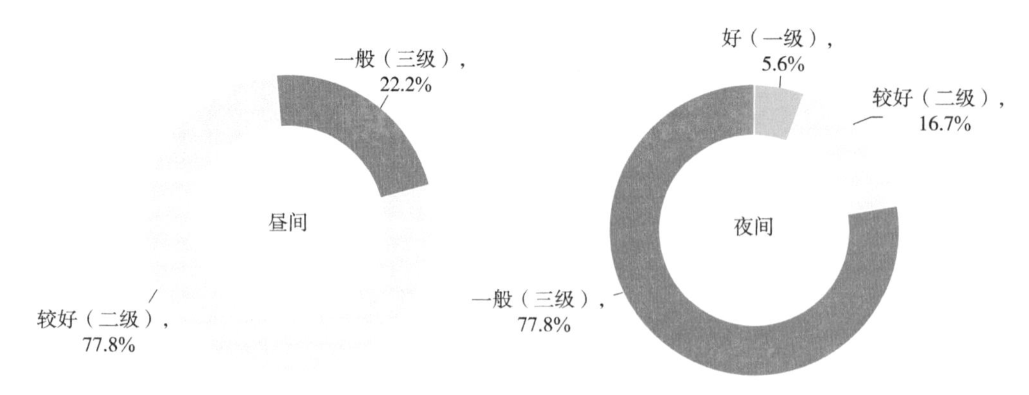

图 2-8-1　2023 年海南省各市县区域声环境质量比例

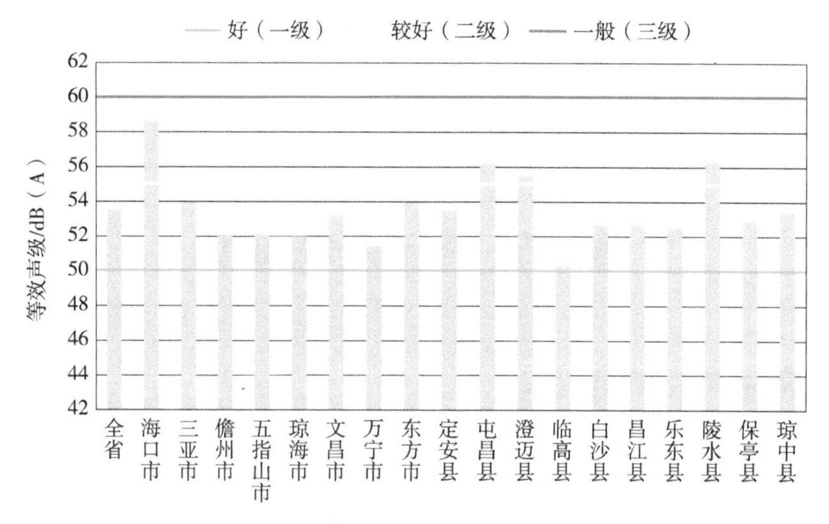

图 2-8-2　2023 年海南省及各市县区域昼间声环境质量

2. 夜间

2023 年，全省区域夜间声环境质量总体水平为一般（三级），平均等效声级为 46.5 dB（A）（图 2-8-3）。

全省 18 个市县（不含三沙市）中，临高县夜间区域声环境质量为好，占比为 5.5%；儋州、白沙、昌江 3 个市县夜间区域声环境质量为较好，占比为 16.7%；其余 14 个市县夜间区域声环境质量为一般，占比为 77.8%。18 个市县平均等效声级范围为 36.1～49.6 dB（A）。

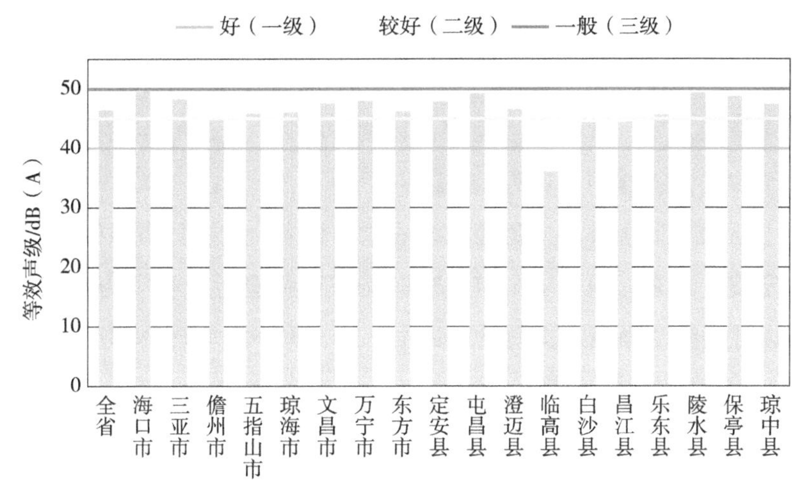

图 2-8-3　2023 年海南省及各市县区域夜间声环境质量

（二）声源评价

1. 昼间

2023 年，全省区域昼间声环境质量声源构成中社会生活噪声所占比例最大，交通噪声次之。声源构成中，社会生活噪声占比为 62.8%，交通噪声占比为 27.5%，工业噪声占比为 5.9%，施工噪声占比为 3.8%（图 2-8-4）。

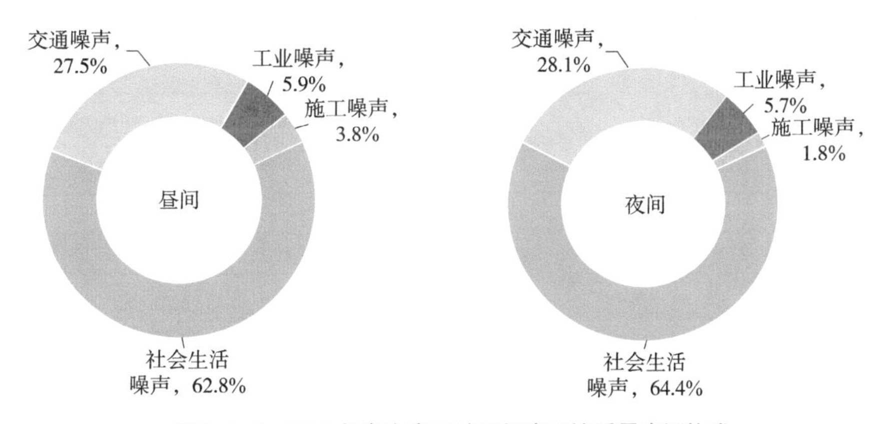

图 2-8-4　2023 年海南省区域昼间声环境质量声源构成

18 个市县（不含三沙市）区域昼间声环境质量声源构成差异较大，澄迈县声源构成以工业噪声为主，三亚、定安、白沙、乐东 4 个市县声源构成以社会生活噪声为主，其余 13 个市县声源构成以社会生活噪声和交通噪声为主，施工噪声在各市县声源构成中的占比均较小。

2. 夜间

2023 年，全省区域夜间声环境质量声源构成中社会生活噪声所占比例最大，交通噪声次之。声源构成中，社会生活噪声占比为 64.4%，交通噪声占比为 28.1%，工业噪声占比为 5.7%，施工噪声占比为 1.8%。

18 个市县区域夜间声环境质量声源构成差异较大，澄迈县声源构成以工业噪声为主，三亚、定安、乐东、白沙 4 个市县声源构成以社会生活噪声为主，其余 13 个市县声源构成以社会生活噪声和交通噪声为主，施工噪声在各市县声源构成中的占比均较小。

二、道路交通声环境质量现状

（一）等级评价

1. 昼间

2023 年，全省道路交通昼间声环境质量总体水平为好（一级），平均等效声级为 64.4 dB（A）。

全省 18 个市县（不含三沙市）中道路交通昼间声环境质量均为好（一级），平均等效声级为 49.1～67.8 dB（A）（图 2-8-5）。

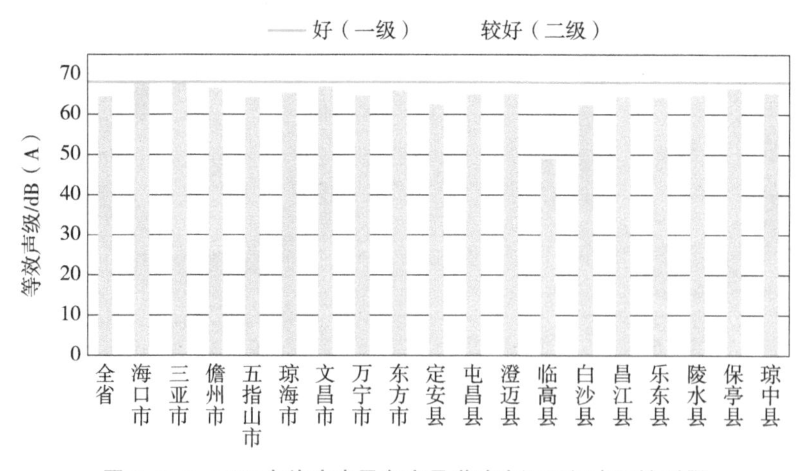

图 2-8-5　2023 年海南省及各市县道路交通昼间声环境质量

2. 夜间

2023 年，全省道路交通夜间声环境质量总体水平为好（一级），平均等效声级为 57.8 dB（A）（图 2-8-6）。

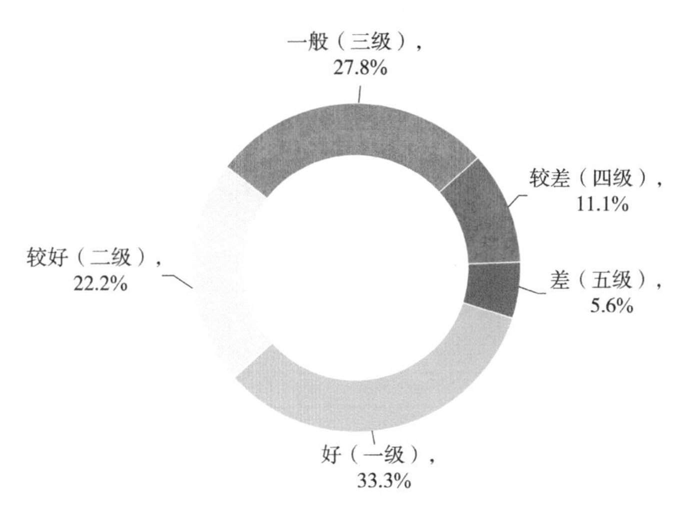

图 2-8-6　2023 年海南省各市县道路交通夜间声环境质量分布比例

全省 18 个市县（不含三沙市）平均等效声级为 37.0～64.6 dB（A），其中，五指山、万宁、定安、澄迈、临高、白沙 6 个市县夜间道路交通声环境质量为好（一级），占比为 33.3%；东方、屯昌、昌江、乐东 4 个市县为较好（二级），占比为 22.2%；海口、儋州、琼海、陵水、琼中 5 个市县为一般（三级），占比为 27.8%；文昌市、保亭县为较差（四级），占比为 11.1%；三亚市为差（五级），占比为 5.6%（图 2-8-7）。

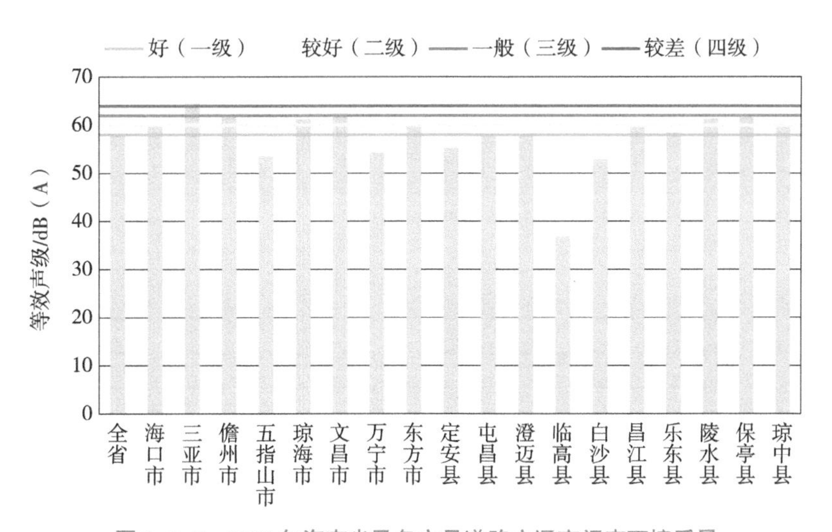

图 2-8-7　2023 年海南省及各市县道路交通夜间声环境质量

（二）超二级（较好）路段评价

1. 昼间

2023 年，全省昼间道路交通声环境质量平均等效声级超过 70 dB（A）（二级）的路段长度为 107.1 km，占监测路段总长度的 11.2%。

18 个市县（不含三沙市）中，琼海、万宁、定安、临高、白沙、乐东、陵水 7 个市县昼间均无超 70 dB（A）路段；其余市县存在超 70 dB（A）路段，超 70 dB（A）路段长度比例为 3.2%～17.9%，其中海口市超 70 dB（A）路段长度为 78.6 km，占监测路段总长度的 18.0%，占比最大（图 2-8-8）。

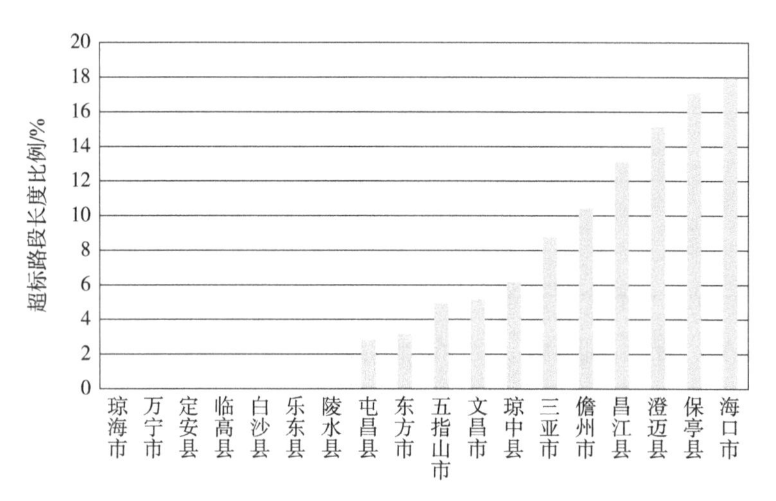

图 2-8-8　2023 年海南省及各市县道路交通昼间声环境超 70 dB（A）路段长度比例

2. 夜间

2023 年，全省夜间道路交通声环境质量平均等效声级超过 60 dB（A）（二级）的路段长度为 547.9 km，占监测路段总长度的 57.2%（图 2-8-9）。

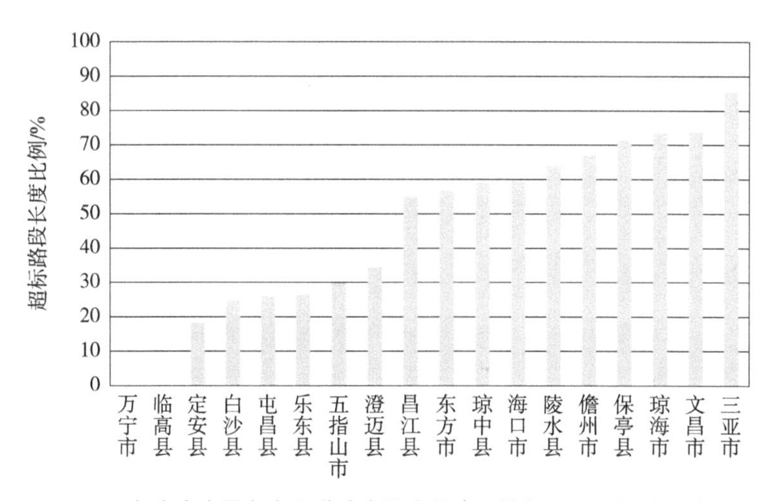

图 2-8-9　2023 年海南省及各市县道路交通夜间声环境超 60 dB（A）路段长度比例

18 个市县（不含三沙市）中，万宁市和临高县夜间无超 60 dB（A）路段；其余 16 个市县均存在超 60 dB（A）路段，超 60 dB（A）路段长度比例为 18.1%～85.5%，其中三亚市超 60 dB（A）路段长度为 82.6 km，占监测路段总长度的 85.5%，占比最大。

三、功能区声环境质量现状

（一）达标率评价

1. 海南省达标率评价

2023 年，全省各类功能区昼间总点次达标率为 92.4%，夜间总点次达标率为 84.4%。其中，1 类区（文教居住区）昼间、夜间达标率分别为 76.6% 和 73.0%；2 类区（居住、商业、工业混杂区）昼间、夜间达标率分别为 94.7% 和 91.2%；3 类区（工业区）昼间、夜间达标率分别为 95.8% 和 83.3%；4a 类区（交通干线两侧区域）昼间、夜间达标率分别为 100% 和 80.6%；4b 类区（铁路干线两侧区域）昼间、夜间达标率分别为 100% 和 66.7%。各类功能区中，4b 类功能区夜间达标率明显低于其他类功能区。

2. 各市县达标率评价

2023 年，18 个市县（不含三沙市）各类功能区昼间总点次达标率为 75.0%～100%，夜间监测点次达标率为 63.3%～100%。其中，1 类功能区昼间、夜间达标率分别为 25.0%～100%、33.3%～100%；2 类功能区昼间、夜间达标率分别为 75.0%～100%、71.9%～100%；3 类功能区、4a 类功能区、4b 类功能区昼间达标率分别为 75.0%～100%、100%、75.0%～100%，夜间达标率分别为 25.0%～100%、37.5%～100%、0～100%（图 2-8-10）。

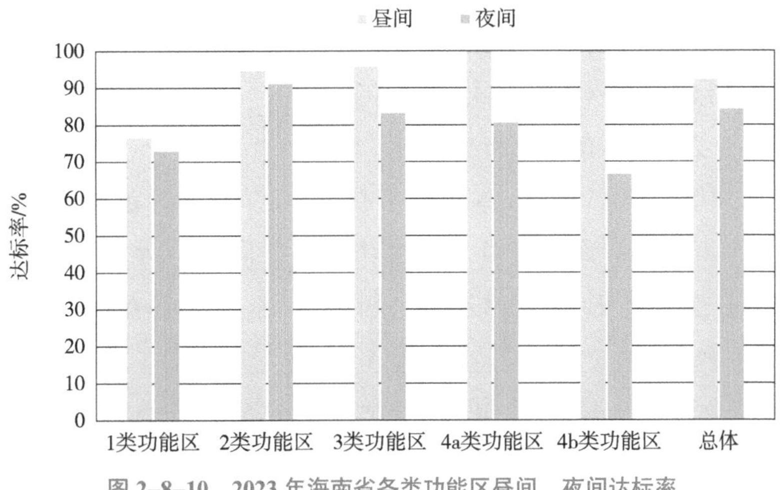

图 2-8-10　2023 年海南省各类功能区昼间、夜间达标率

（二）等效声级评价

1. 全省等效声级评价

2023 年，海南省各类功能区昼间、夜间平均等效声级均达标。其中，1 类功能区昼间平均等效声级为 51 dB（A），夜间为 43 dB（A）；2 类功能区昼间平均等效声级为 52 dB（A），夜间为 45 dB（A）；3 类功能区昼间平均等效声级为 59 dB（A），夜间为 52 dB（A）；4a 类功能区昼间平均等效声级为 57 dB（A），夜间为 51 dB（A）；4b 类功能区昼间平均等效声级为 61 dB（A），夜间为 58 dB（A）（图 2-8-11）。

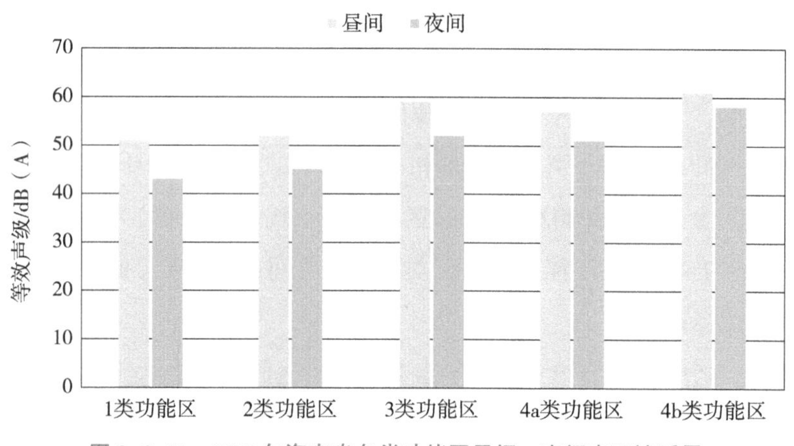

图 2-8-11　2023 年海南省各类功能区昼间、夜间声环境质量

2. 各市县等效声级评价

全省 18 个市县（不含三沙市）1 类功能区昼间平均等效声级为 37～59 dB（A），儋州、五指山、澄迈 3 个市县超标，其余 15 个市县均达标；夜间平均等效声级为 31～47 dB（A），海口市和五指山市超标，其余 16 个市县均达标。

全省 18 个市县（不含三沙市）2 类功能区昼间平均等效声级为 41～56 dB（A），夜间平均等效声级为 34～48 dB（A），均达标。

全省涉及 3 类功能区的 5 个市县昼间平均等效声级为 55～62 dB（A），均达标；夜间平均等效声级为 49～56 dB（A），定安县超标，其余 4 个市县均达标。

全省 18 个市县（不含三沙市）4a 类功能区昼间平均等效声级为 47～63 dB（A），均达标；夜间平均等效声级为 43～56 dB（A），东方市超标，其余 17 个市县均达标。

全省涉及 4b 类功能区的 3 个市县昼间平均等效声级为 56～69 dB（A），均达标；夜间平均等效声级为 49～66 dB（A），海口市超标，其余 2 个市县均达标。

第二节　声环境质量时空变化规律分析

一、区域声环境质量空间变化规律分析

1. 昼间

2023 年，三亚、儋州、五指山、琼海、文昌、万宁、东方、定安、临高、白沙、昌江、乐东、保亭、琼中 14 个市县区域声环境质量为较好（二级）；海口、屯昌、澄迈、陵水 4 个市县为一般（三级），主要集中在北部。

2. 夜间

临高县夜间区域声环境质量为好（一级）；儋州、白沙、昌江 3 个市县为较好（二级），主要集中在西部；其余 14 个市县为一般（三级）。

二、道路交通声环境质量空间变化规律分析

1. 昼间

2023 年，全省 18 个市县（不含三沙市）道路交通昼间声环境质量均为好（一级），整体表现出全省各市县道路交通昼间声环境质量无明显差异的空间分布特征。

2. 夜间

2023 年，五指山、万宁、定安、澄迈、临高、白沙 6 个市县道路交通夜间声环境质量为好（一级）；东方、屯昌、昌江、乐东 4 个市县道路交通夜间声环境为较好（二级）；海口、儋州、琼海、陵水、琼中 5 个市县道路交通夜间声环境为一般（三级）；文昌市和保亭县为较差（四级）；三亚市为差（五级）。全省各市县道路交通夜间声环境质量差异较大。

三、功能区声环境质量时空变化规律分析

（一）空间分布规律

2023 年，海南省 18 个市县（不含三沙市）功能区昼间监测点次达标率为 75.0%～100%，夜间监测点次达标率为 63.3%～100%。

东部地区声环境功能区监测点次达标率较高，文昌市、琼海市和万宁市昼间监测点次达标率均为 100%，夜间监测点次达标率在 92.9% 以上。北部地区声环境功能区

监测点次达标率较低，海口市和澄迈县昼间监测点次达标率分别为85.0%和85.7%，夜间监测点次达标率分别为63.3%和75.0%，均处于全省较差水平。

（二）时间分布规律

1. 全省功能区达标率时间分布

2023年，全省各季度声环境功能区昼间总点次达标率均高于夜间。各季度昼间总点次达标率为90.7%（第二季度）～95.7%（第一季度），保持稳定；各季度夜间总点次达标率为80.0%（第二季度）～88.6%（第四季度），呈先下降后上升趋势（图2-8-12）。

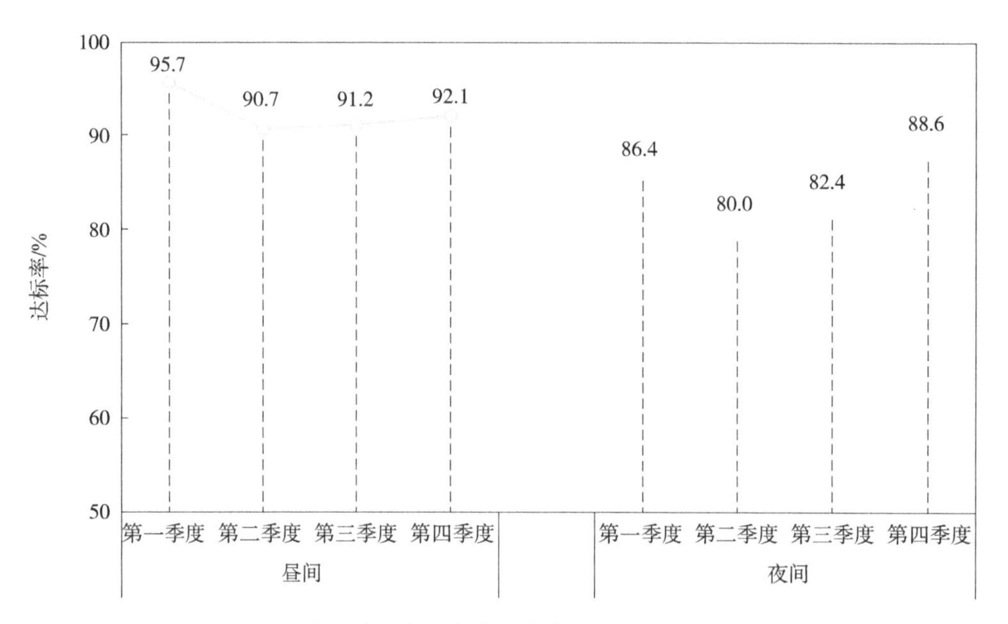

图2-8-12 2023年海南省各季度声环境功能区昼间、夜间声环境达标率

2. 各市县功能区达标率时间分布

2023年，全省18个市县（不含三沙市）中，三亚、琼海、文昌、万宁、白沙、保亭、琼中7个市县各季度声环境功能区昼间总点次达标率均为100%，保持稳定；儋州市和五指山市各季度昼间达标率分别为62.5%～100%、60.0%～100%，变化幅度较大；其余9个市县各季度昼间总点次达标率为71.4%～100%，变化幅度较小（图2-8-13）。

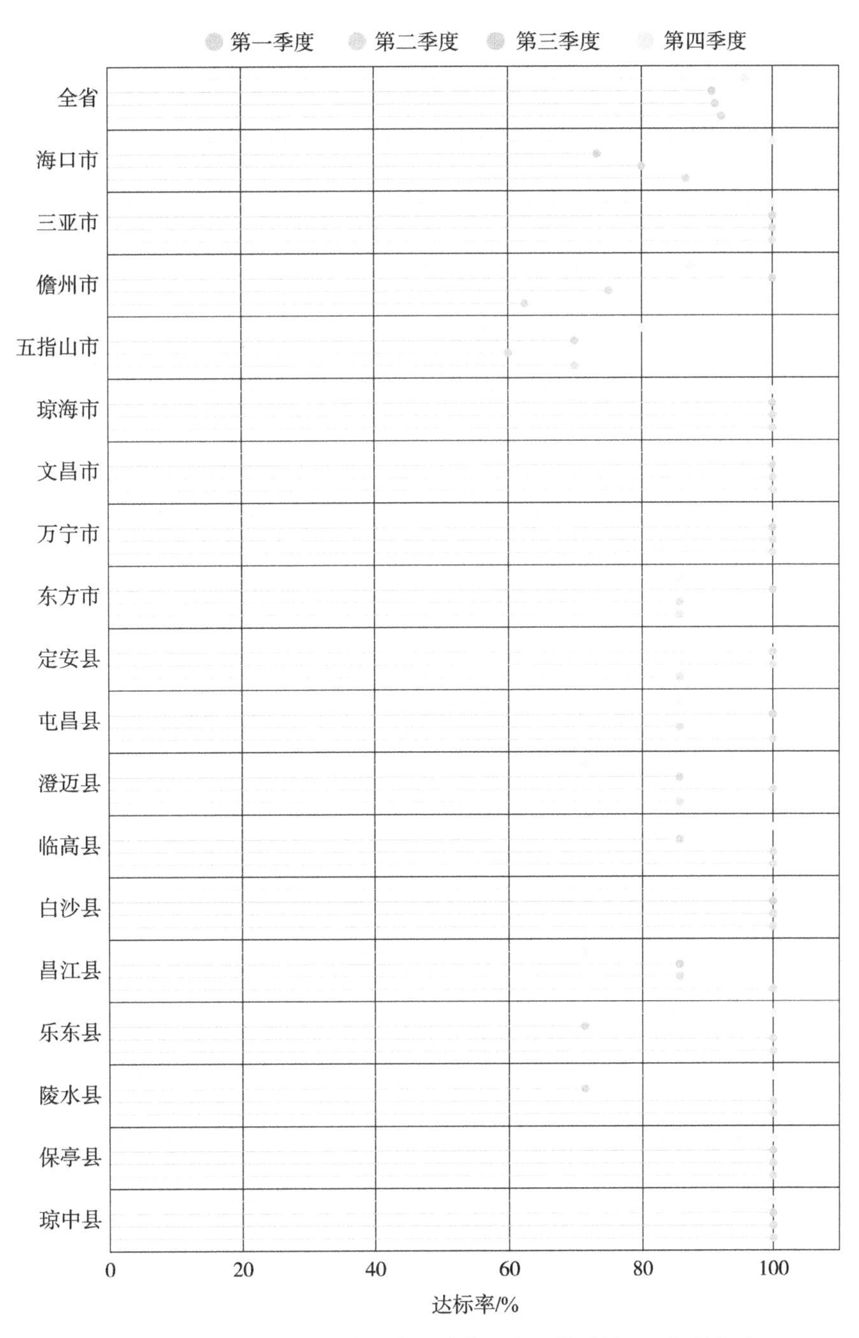

图 2-8-13 2023 年各季度各市县功能区声环境功能区昼间达标率

琼中、白沙、屯昌、东方 4 个市县各季度夜间总点次达标率为 80.0%～100%；文昌市和万宁市各季度夜间总点次达标率均为 100%；其余 12 个市县各季度昼间总点次达标率变化幅度较大，为 40.0%～77.8%（图 2-8-14）。

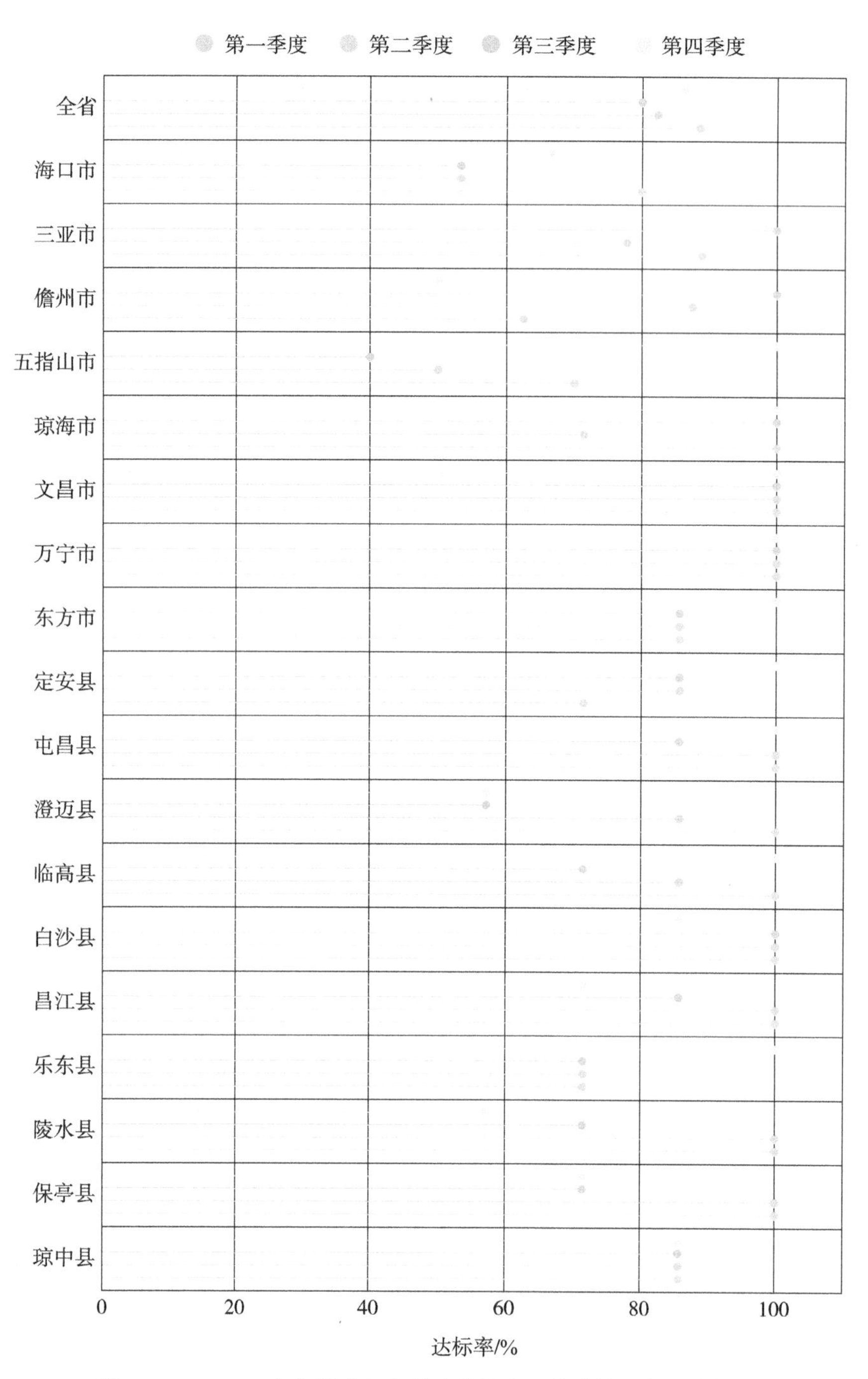

图 2-8-14 2023年各季度各市县功能区声环境功能区夜间达标率

第三节　声环境质量年度对比分析

一、区域声环境质量年度对比

1. 昼间

与 2022 年相比，2023 年海南省区域昼间声环境质量总体保持较好，平均等效声级下降 0.5 dB（A）；区域昼间声环境质量为好（一级）的市县数量下降 1 个，较好（二级）的市县数量上升 4 个，一般（三级）的市县数量下降 3 个。

与 2022 年相比，2023 年全省区域昼间声环境质量声源构成中，社会生活噪声、交通噪声、施工噪声占比分别上升 1.8 个、1.8 个、0.7 个百分点，工业噪声占比下降 4.3 个百分点（图 2-8-15）。

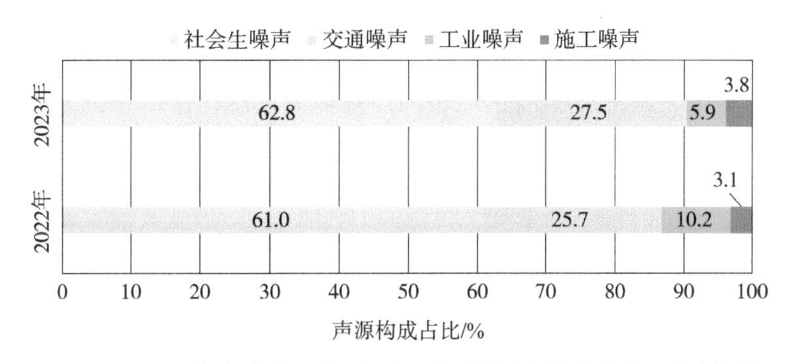

图 2-8-15　2023 年海南省区域昼间声环境质量声源构成占比同比变化情况

从监测数据分析，三亚、五指山、琼海、万宁、定安、文昌、东方、屯昌、澄迈、白沙 10 个市县区域昼间平均等效声级同比有所上升，上升 0.2～6.6 dB（A）；其余 8 个市县同比有所下降，下降 0.5～7.1 dB（A）（图 2-8-16）。

从城市区域昼间声环境质量分析，琼海市区域昼间声环境质量同比由好下降为较好，屯昌县和澄迈县由较好下降为一般；儋州、临高、昌江、琼中、保亭 5 个市县昼间声环境质量由一般上升为较好；其余 10 个市县区域昼间声环境质量无明显变化。

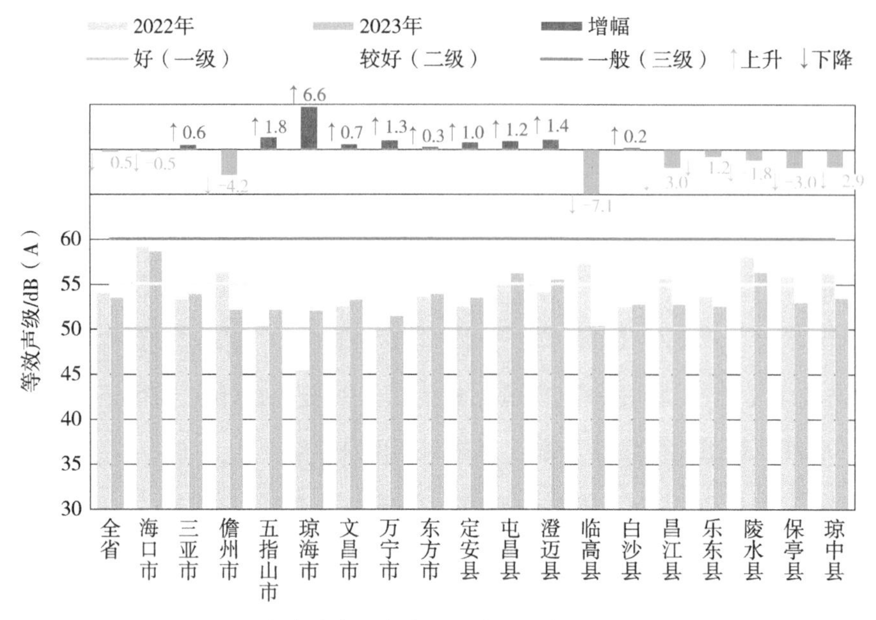

图 2-8-16　2023 年海南省及各市县区域昼间声环境质量同比变化情况

2. 夜间

与 2018 年相比，2023 年全省区域夜间声环境质量总体保持一般（三级），平均等效声级持平；区域昼间声环境质量为一般（三级）的市县数量上升 2 个，较差（四级）的市县数量下降 2 个。

与 2018 年相比，全省区域夜间声环境质量声源构成中，工业噪声、施工噪声占比分别上升 4.3 个、0.6 个百分点，社会生活噪声、交通噪声占比分别下降 4.6 个、0.3 个百分点（图 2-8-17）。

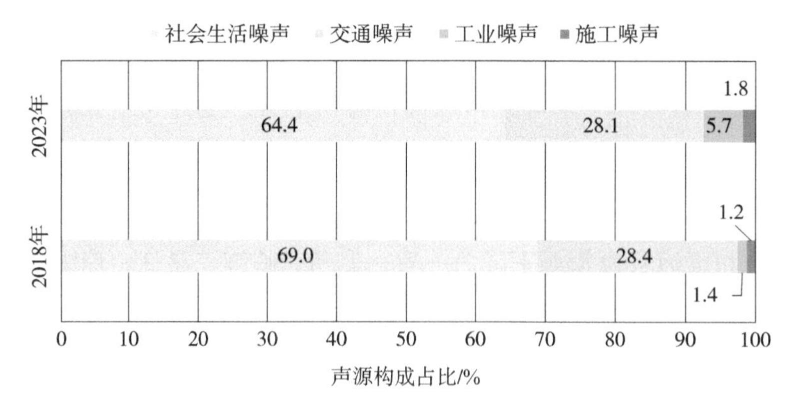

图 2-8-17　2023 年海南省区域夜间声环境质量声源构成占比同比变化情况

从监测数据分析，海口、琼海、万宁、文昌、白沙、昌江、陵水、保亭 8 个市县区域夜间平均等效声级同比有所上升，上升幅度为 0.4～10.5 dB（A）；三亚、儋州、五指山、东方、定安、屯昌、澄迈、临高、乐东、琼中 10 个市县同比有所下降，下降幅度为 0.1～8.5 dB(A)。

从城市区域夜间声环境质量分析，儋州市区域夜间声环境质量由一般上升为较好，定安县和乐东县由较差上升为一般，临高县由较好上升为好；保亭县区域夜间声环境质量由好下降为一般；其余 13 个市县区域昼间声环境质量无明显变化（图 2-8-18）。

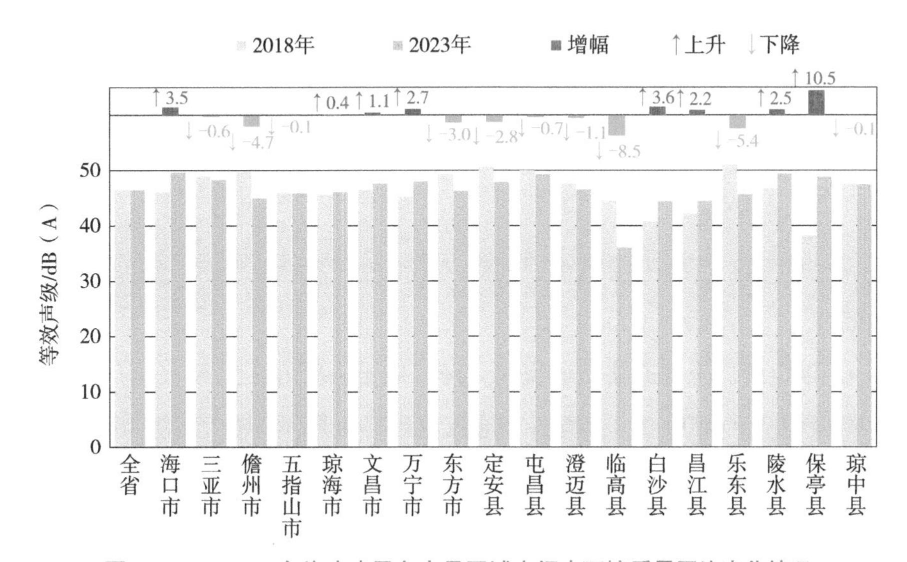

图 2-8-18 2023 年海南省及各市县区域夜间声环境质量同比变化情况

二、道路交通声环境质量年度对比

1. 昼间

与 2022 年相比，海南省道路交通昼间声环境质量总体保持为好，平均等效声级下降 1.1 dB(A)；道路交通昼间声环境质量评价等级为好（一级）的市县数量上升 1 个，较好（二级）的市县数量下降 1 个。

从监测数据分析，三亚、五指山、定安、屯昌、澄迈、陵水、保亭 7 个市县道路交通昼间平均等效声级同比有所上升，上升幅度为 0.2～2.3 dB(A)；海口市持平；儋州、琼海、文昌、万宁、东方、临高、白沙、昌江、乐东、琼中 10 个市县同比有所下降，下降幅度为 0.2～18.6 dB(A)。

从城市道路交通昼间声环境质量分析，昌江县道路交通昼间声环境质量由较好（二级）上升为好（一级），其余 17 个市县道路交通昼间声环境质量无明显变化（图 2-8-19）。

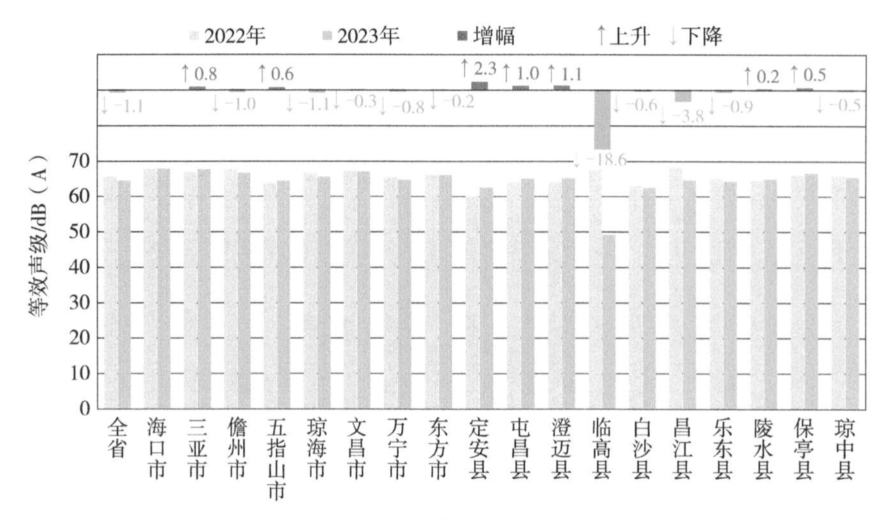

图 2-8-19　2023年海南省及各市县道路交通昼间声环境质量同比变化情况

2. 夜间

与2018年相比，全省道路交通夜间声环境质量由较好（二级）上升为好（一级），平均等效声级下降0.6 dB（A）；道路交通夜间声环境质量评价等级为好（一级）的市县数量下降2个，较好（二级）的市县数量上升2个，一般（三级）的市县数量上升2个，较差（四级）的市县数量下降2个。

从监测数据分析，海口、万宁、东方、白沙、昌江、保亭、琼中7个市县夜间道路交通平均等效声级同比有所上升，上升幅度为0.9～12.4 dB（A）；三亚、儋州、五指山、琼海、文昌、定安、屯昌、澄迈、临高、乐东、陵水11个市县同比有所下降，下降幅度为0.8～14.6 dB（A）（图2-8-20）。

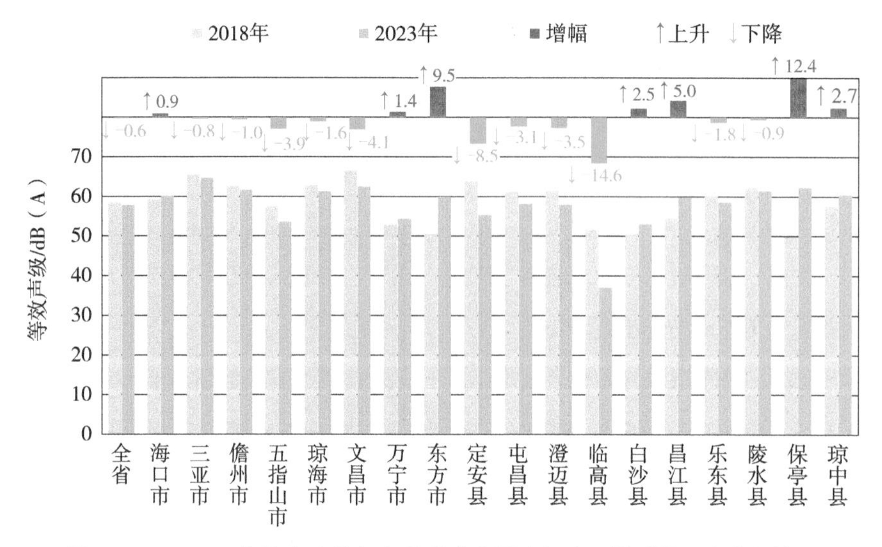

图 2-8-20　2023年海南省及各市县道路交通夜间声环境质量同比变化情况

从城市道路交通夜间声环境质量分析，8 个市县城市道路交通夜间声环境质量上升，其中儋州、琼海、陵水 3 个市县由较差上升为一般，定安县由较差上升为好，澄迈、乐东、屯昌 3 个市县由一般上升为较好，文昌市由差上升为较差；5 个市县城市道路交通夜间声环境质量下降，其中海口市由较好下降为一般，东方市和昌江县由好下降为较好，琼中县由好下降为一般，保亭县由好下降为较差；其余 5 个市县道路交通夜间声环境质量无明显变化。

三、功能区声环境质量年度对比

（一）达标率年度对比

1. 总体达标率年度对比

与 2022 年相比，2023 年全省功能区昼间总点次达标率下降 0.4 个百分点。其中，海口、五指山、屯昌、澄迈、临高、昌江、陵水 7 个市县下降 3.5～19.7 个百分点，三亚、儋州、琼海、东方、白沙、乐东、琼中 7 个市县上升 2.8～25.3 个百分点，其余 4 个市县均持平（图 2-8-21）。

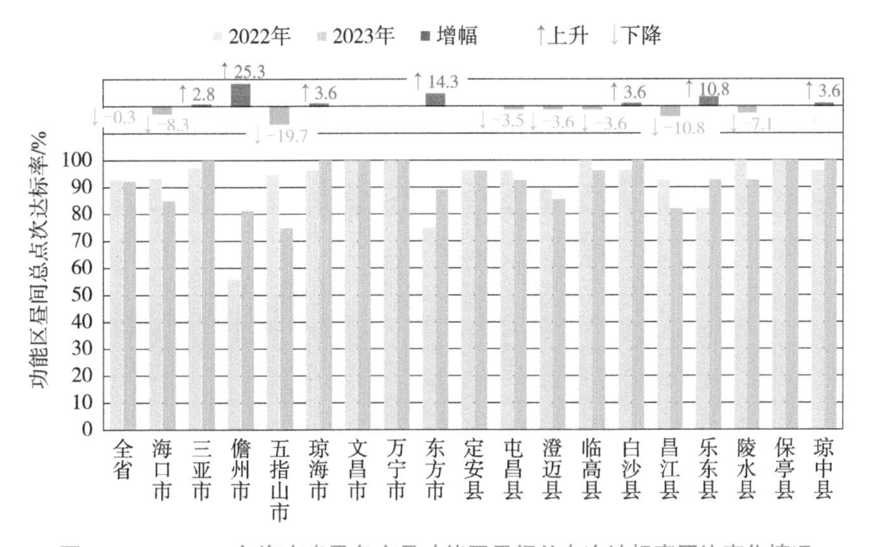

图 2-8-21 2023 年海南省及各市县功能区昼间总点次达标率同比变化情况

全省功能区夜间总点次达标率上升 0.4 个百分点。其中，海口、五指山、琼海、定安、澄迈、临高、白沙、乐东 8 个市县下降 3.6～24.5 个百分点，儋州、东方、屯昌、昌江、琼中 5 个市县上升 7.2～39.3 个百分点，其余 5 个市县均持平（图 2-8-22）。

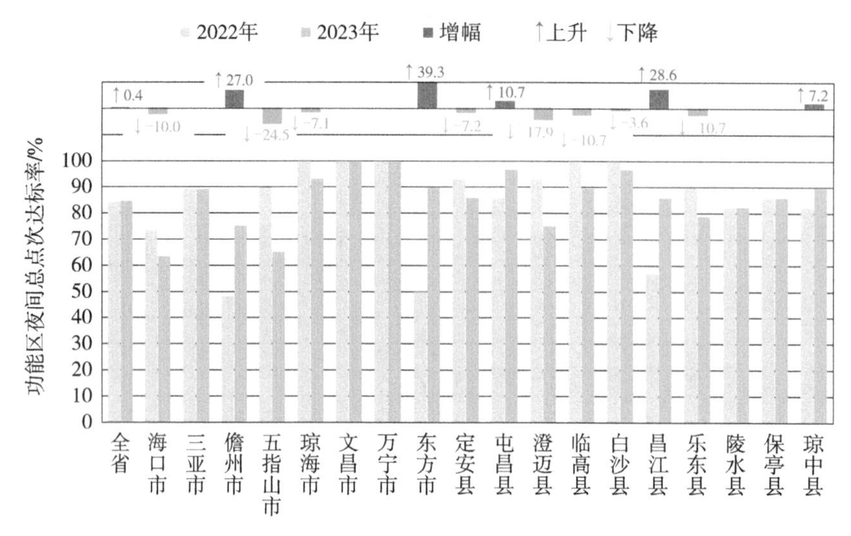

图 2-8-22　2023 年海南省及各市县功能区夜间总点次达标率同比变化情况

2.1 类功能区达标率年度对比

与 2022 年相比，2023 年全省 18 个市县（不含三沙市）1 类功能区昼间达标率下降 2.1 个百分点。其中，海口、五指山、定安、屯昌、临高 5 个市县下降 12.5～33.3 个百分点，三亚、儋州、东方、白沙、乐东 5 个市县上升 12.5～100 个百分点，其余 8 个市县均持平（图 2-8-23）。

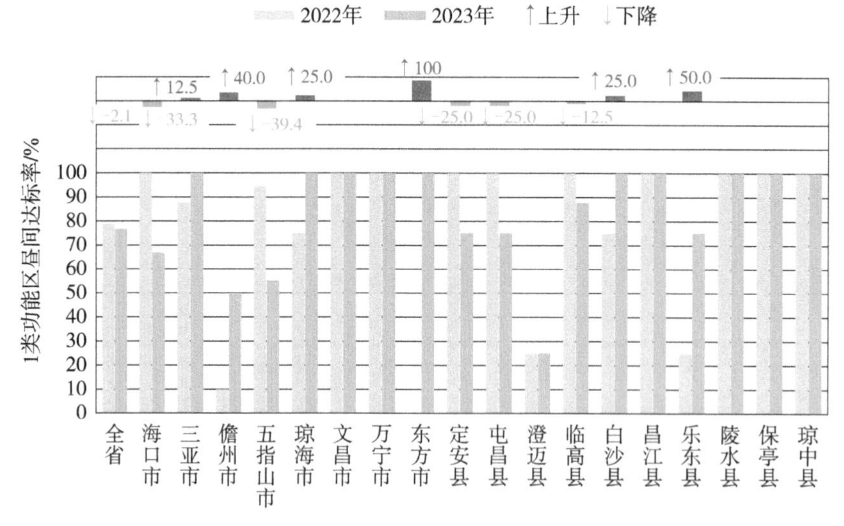

图 2-8-23　2023 年海南省及各市县 1 类功能区昼间达标率同比变化情况

全省 1 类功能区夜间达标率上升 2.6 个百分点。其中，海口、五指山、琼海、定安、临高、白沙 6 个市县下降 25.0～27.8 个百分点，三亚、儋州、东方、屯昌、昌江、乐东 6 个市县上升 12.5～100 个百分点，其余 6 个市县均持平（图 2-8-24）。

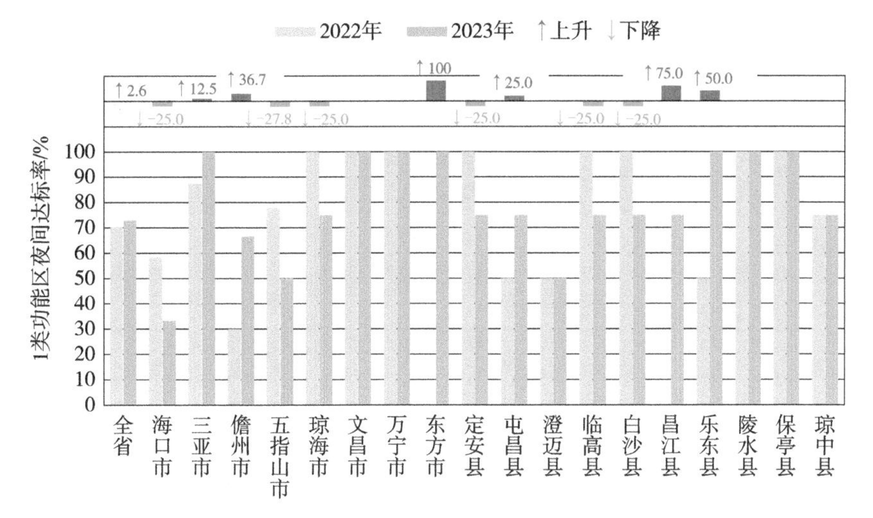

图 2-8-24　2023 年海南省及各市县 1 类功能区夜间达标率同比变化情况

3. 2 类功能区达标率年度对比

与 2022 年相比，2023 年海南省 18 个市县（不含三沙市）2 类功能区昼间达标率上升 0.7 个百分点。其中，海口、澄迈、昌江、陵水 4 个市县下降 3.1～16.7 个百分点，儋州、定安、乐东、琼中 4 个市县上升 6.2～22.2 个百分点，其余 10 个市县均持平（图 2-8-25）。

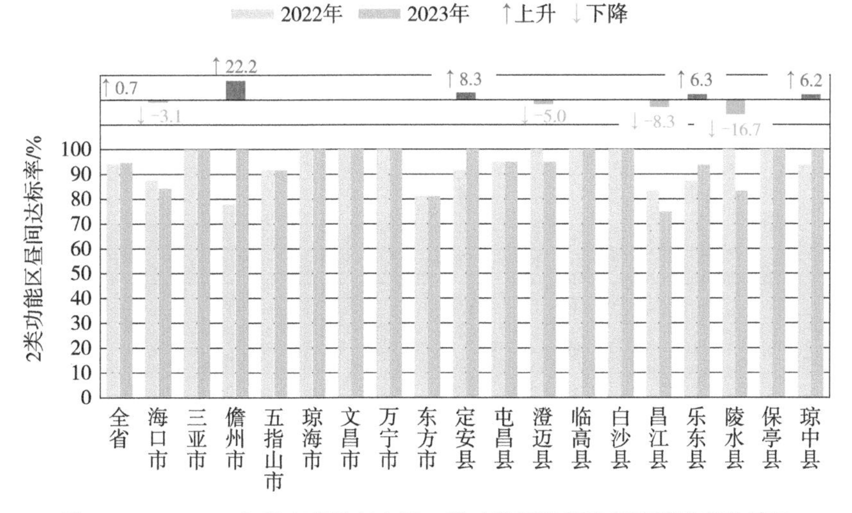

图 2-8-25　2023 年海南省及各市县 2 类功能区昼间达标率同比变化情况

全省 2 类功能区夜间达标率下降 1.4 个百分点。其中，海口、三亚、五指山、澄迈、临高、保亭 6 个市县下降 6.2～20.0 个百分点，儋州、东方、屯昌、琼中 4 个市县上升 2.8～25.0 个百分点，其余 8 个市县均持平（图 2-8-26）。

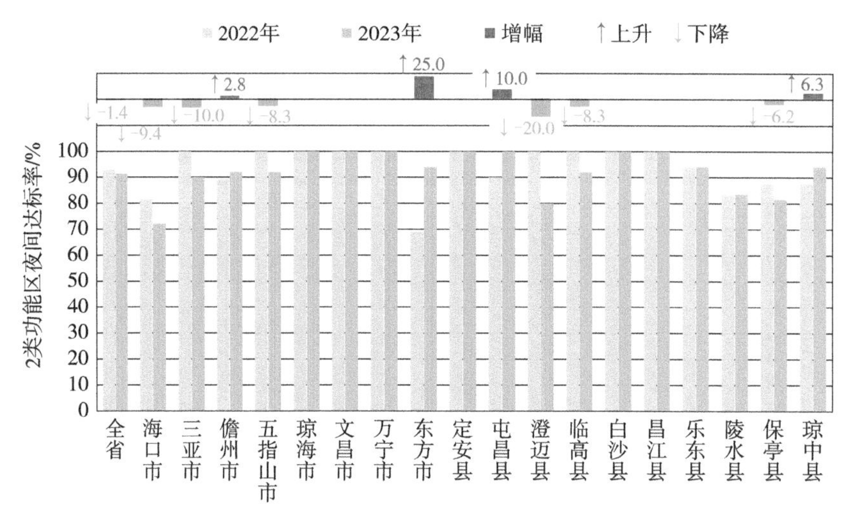

图 2-8-26 2023 年海南省及各市县 2 类功能区夜间达标率同比变化情况

4. 3 类功能区达标率年度对比

与 2022 年相比，2023 年全省 3 类功能区昼间达标率下降 4.2 个百分点。涉及 3 类功能区的 5 个市县中，昌江县下降 25.0 个百分点，其余 4 个市县均持平（图 2-8-27）。

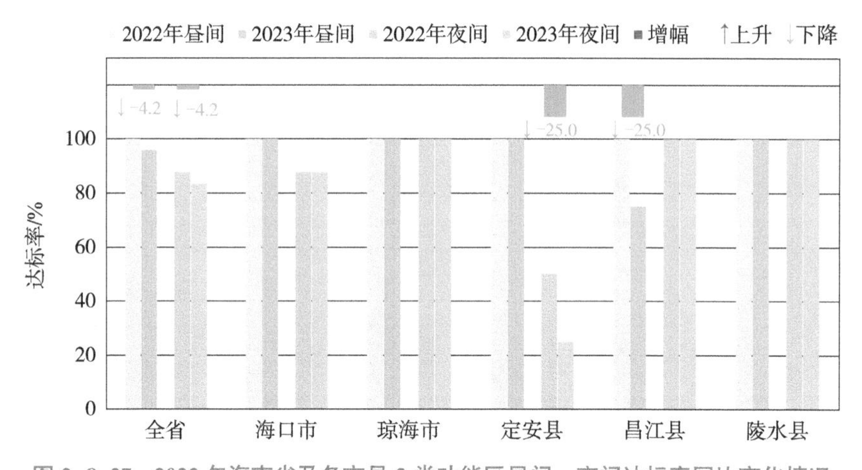

图 2-8-27 2023 年海南省及各市县 3 类功能区昼间、夜间达标率同比变化情况

全省 3 类功能区夜间达标率下降 4.2 个百分点。其中，定安县下降 25.0 个百分点，其余 4 个市县均持平。

5. 4a 类功能区达标率年度对比

与 2022 年相比，2023 年全省及各市县 4a 类功能区昼间达标率均保持 100%。

海南省 4a 类功能区夜间达标率下降 1.4 个百分点。其中，五指山、琼海、屯昌、乐东 4 个市县下降 12.5～62.5 个百分点，三亚、儋州、东方、昌江、保亭、琼中 6 个市县上升 12.5～45.8 个百分点，其余 8 个市县均持平（图 2-8-28）。

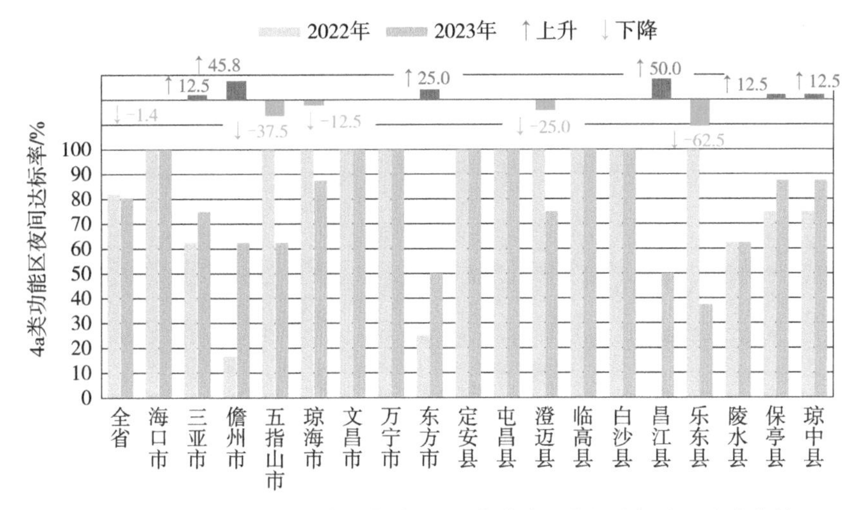

图 2-8-28　2023 年海南省及各市县 4a 类功能区夜间达标率同比变化情况

6. 4b 类功能区达标率年度对比

与 2022 年相比，2023 年全省及各市县 4b 类功能区昼间达标率均保持 100%。

全省 4b 类功能区夜间达标率上升 50.0 个百分点。涉及 4b 类功能区的 3 个市县中，东方市和昌江县分别上升 50.0 个百分点和 75.0 个百分点，海口市持平（图 2-8-29）。

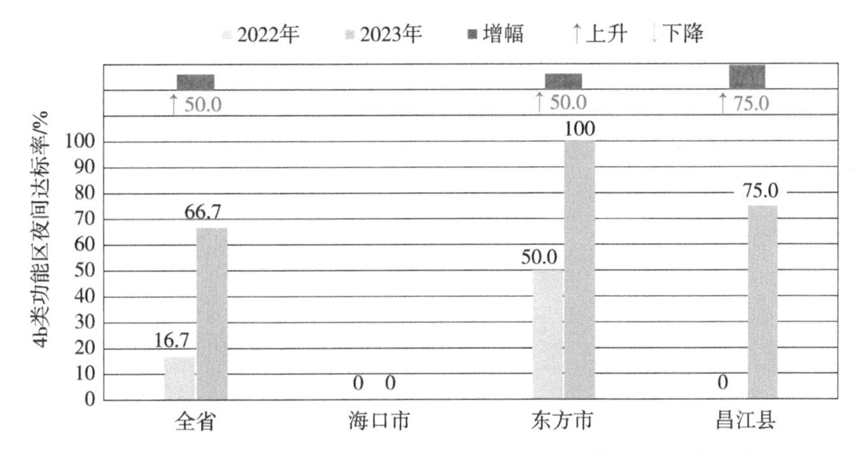

图 2-8-29　2023 年海南省及各市县 4b 类功能区夜间达标率同比变化情况

（二）等效声级年度对比

1. 1 类功能区等效声级年度对比

与 2022 年相比，2023 年全省 1 类功能区昼间等效声级持平。其中，海口、五指山、琼海、万宁、定安、临高、陵水、保亭 8 个市县上升 1～6 dB（A），儋州、文昌、东方、白沙、昌江、乐东、琼中 7 个市县下降 1～11 dB（A），其余 3 个市县持平（图 2-8-30）。

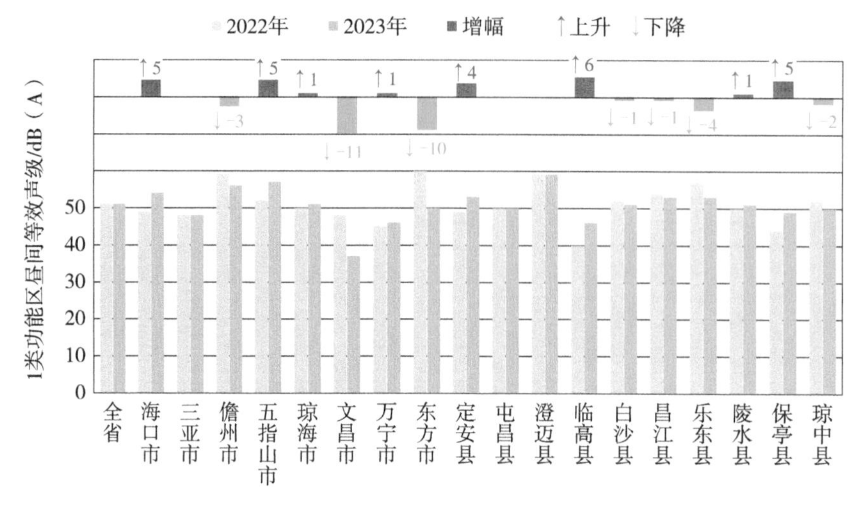

图 2-8-30　2023 年海南省及各市县 1 类功能区昼间等效声级同比变化情况

全省 1 类功能区夜间等效声级下降 1 dB（A）。其中，海口、三亚、五指山、琼海、定安、临高、白沙、保亭 8 个市县上升 1～8 dB（A），乐东县和陵水县持平，其余 8 个市县下降 1～11 dB（A）（图 2-8-31）。

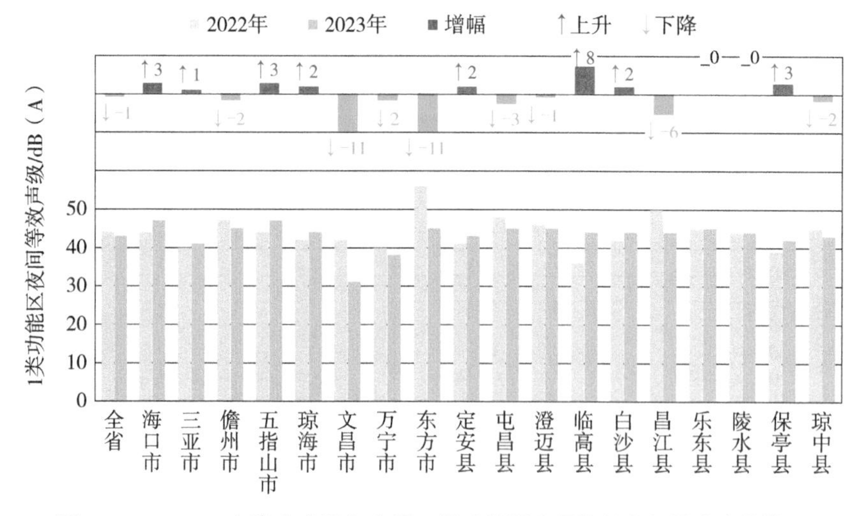

图 2-8-31　2023 年海南省及各市县 1 类功能区夜间等效声级同比变化情况

2. 2 类功能区等效声级年度对比

与 2022 年相比，2023 年全省 2 类功能区昼间等效声级下降 1 dB（A）。其中，海口、三亚、五指山、琼海、万宁、澄迈、昌江、琼中 8 个市县上升 1～2 dB（A），临高县和保亭县持平，其余 8 个市县下降 1～11 dB（A）（图 2-8-32）。

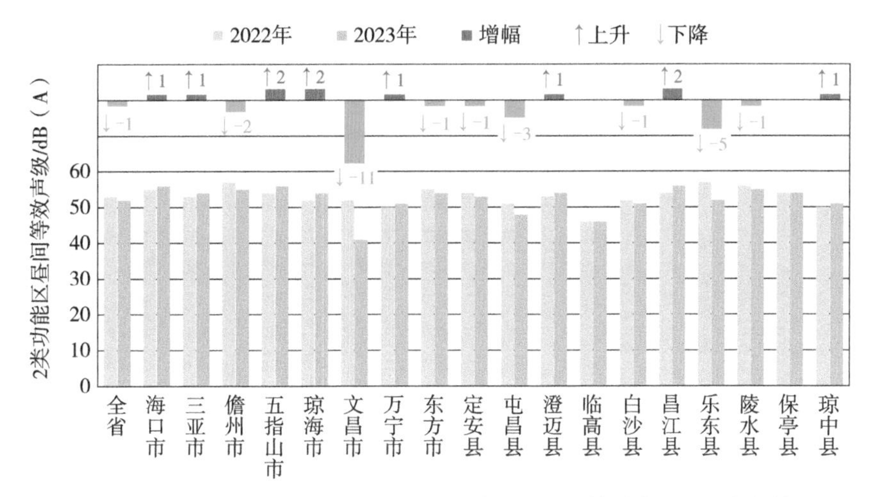

图 2-8-32　2023 年海南省及各市县 2 类功能区昼间等效声级同比变化情况

全省 2 类功能区夜间等效声级持平。其中，三亚、五指山、琼海、乐东 4 个市县均上升 1～6 dB（A），海口、澄迈、临高、陵水、保亭 5 个市县持平，其余 9 个市县下降 1～10 dB（A）（图 2-8-33）。

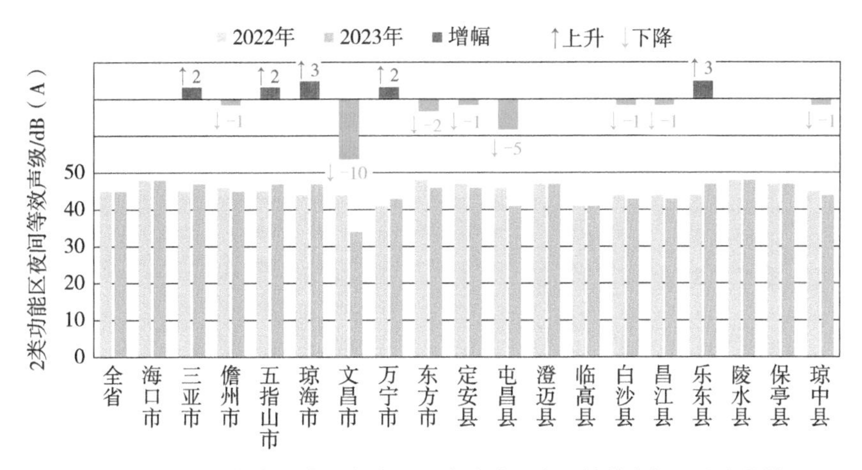

图 2-8-33　2023 年海南省及各市县 2 类功能区夜间等效声级同比变化情况

3. 3 类功能区等效声级年度对比

与 2022 年相比，2023 年全省 3 类功能区昼间等效声级上升 1 dB（A）。涉及 3 类功能区的 5 个市县中，海口、琼海、昌江、陵水 4 个市县昼间等效声级上升 1～3 dB（A），定安县持平。

全省 3 类功能区夜间等效声级上升 2 dB（A）。其中，海口、琼海、陵水 3 个市县分别上升 3 dB（A）、2 dB（A）和 1 dB（A），定安县和昌江县持平（图 2-8-34）。

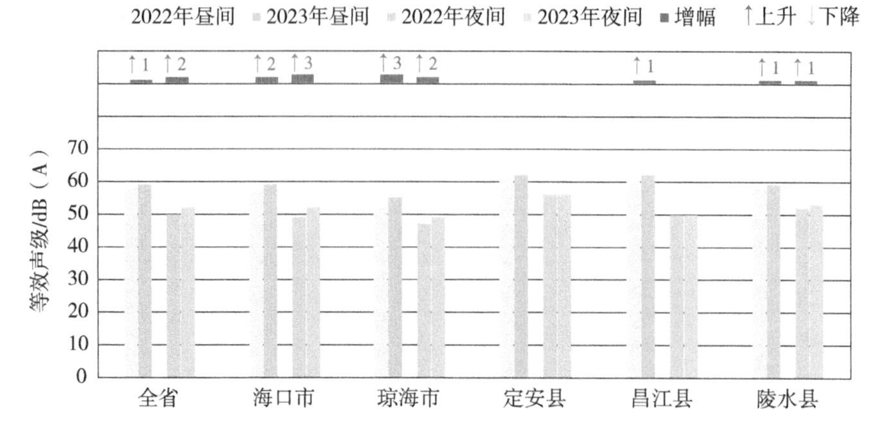

图 2-8-34 2023 年海南省及各市县 3 类功能区昼间、夜间等效声级同比变化情况

4. 4a 类功能区等效声级年度对比

与 2022 年相比，2023 年全省 4a 类功能区昼间等效声级持平。其中，五指山、琼海、万宁、东方、澄迈、乐东 6 个市县上升 1～4 dB（A），三亚、定安、陵水 3 个市县持平；其余 12 个市县下降 1～9 dB（A）（图 2-8-35）。

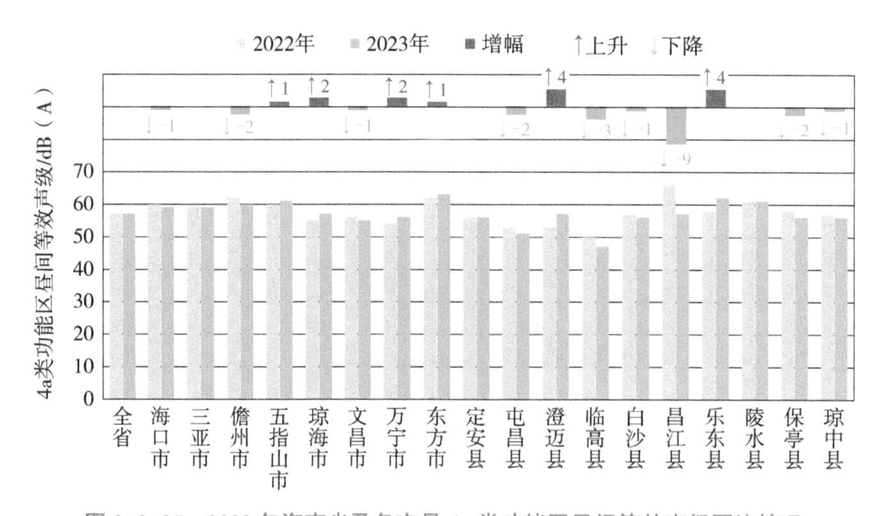

图 2-8-35 2023 年海南省及各市县 4a 类功能区昼间等效声级同比情况

全省 4a 类功能区夜间等效声级上升 1 dB（A）。其中，五指山、琼海、万宁、澄迈、乐东 5 个市县上升 2～8 dB（A），海口、文昌、定安、屯昌、陵水 5 个市县持平，其余 8 个市县下降 1～9 dB（A）（图 2-8-36）。

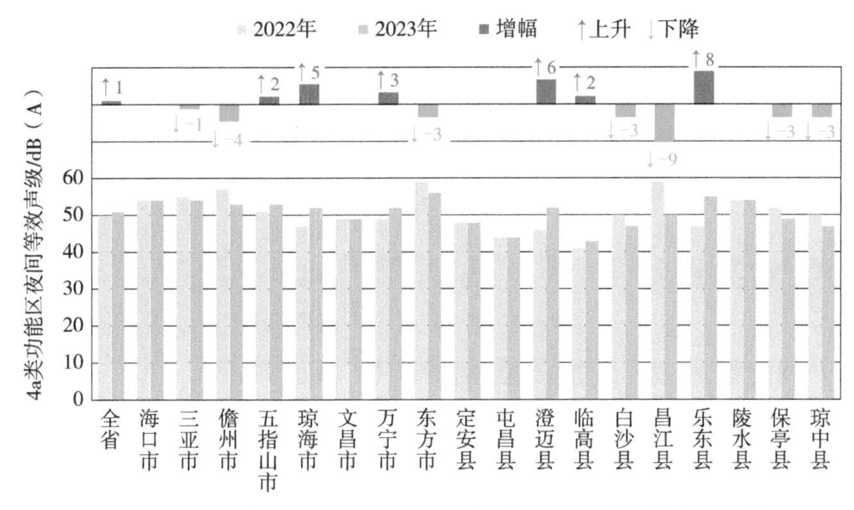

图 2–8–36 2023 年海南省及各市县 4a 类功能区夜间等效声级同比情况

5. 4b 类功能区等效声级年度对比

与 2022 年相比，2023 年全省 4b 类功能区昼间等效声级下降 5 dB（A）。涉及 4b 类功能区的 3 个市县中，海口市昼间等效声级上升 1 dB（A），东方市和昌江县分别下降 11 dB（A）、3 dB（A）。

全省 4b 类功能区夜间等效声级下降 6 dB（A）。其中，海口市上升 2 dB（A），东方市和昌江县分别下降 14 dB（A）、8 dB（A）（图 2–8–37）。

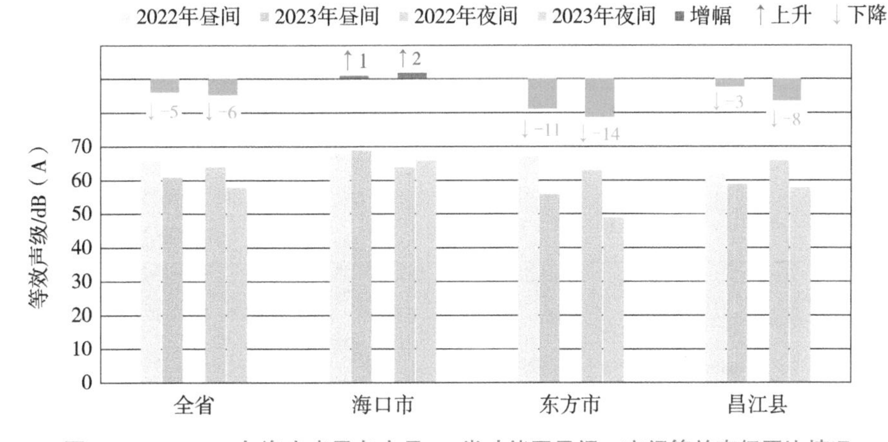

图 2–8–37 2023 年海南省及各市县 4b 类功能区昼间、夜间等效声级同比情况

第四节　声环境质量年际（2016—2023 年）变化趋势分析

一、区域声环境质量

（一）海南省区域声环境质量年际变化

2016—2023 年，全省区域昼间声环境质量均处于较好水平，平均等效声级为 53.2～54.3 dB（A），呈先上升后下降趋势，秩相关系数法分析结果表明无显著变化趋势。

与 2016 年相比，2023 年全省区域昼间声环境质量总体保持稳定，平均等效声级上升 0.3 dB（A）。

2016—2023 年，全省区域昼间噪声声源构成变化不大。社会生活噪声占比均在 61.0% 以上，为影响全省区域昼间声环境质量的主要声源，2020 年起呈逐年下降趋势；交通噪声占比为 24.0%～27.9%，为仅次于社会生活噪声的主要声源，2020 年起呈逐年上升趋势；2018—2023 年工业噪声、施工噪声占比高于 2016—2017 年，工业噪声、施工噪声占比分别控制在 11.0%、6.0% 以内。

与 2016 年相比，2023 年全省区域昼间噪声声源中社会生活噪声占比下降 7.0 个百分点，交通噪声、工业噪声、施工噪声占比分别上升 0.1 个、4.1 个、2.8 个百分点（图 2-8-38、图 2-8-39）。

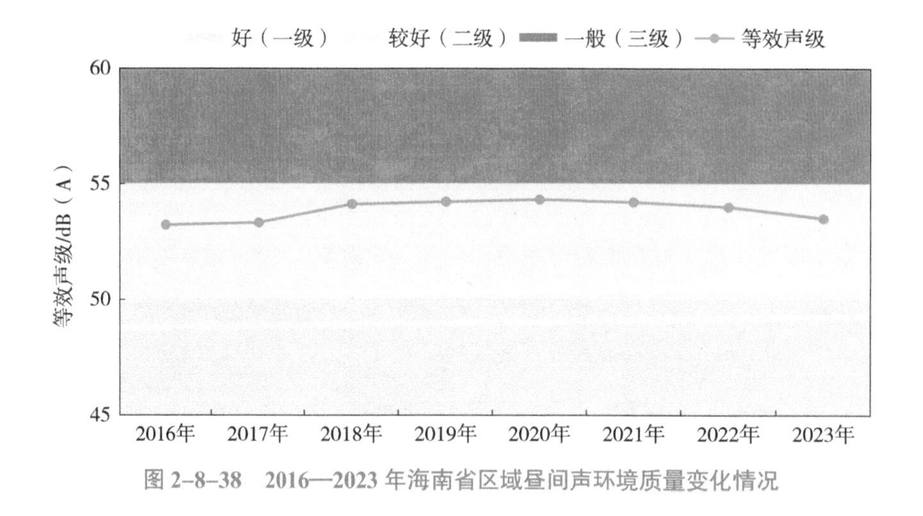

图 2-8-38　2016—2023 年海南省区域昼间声环境质量变化情况

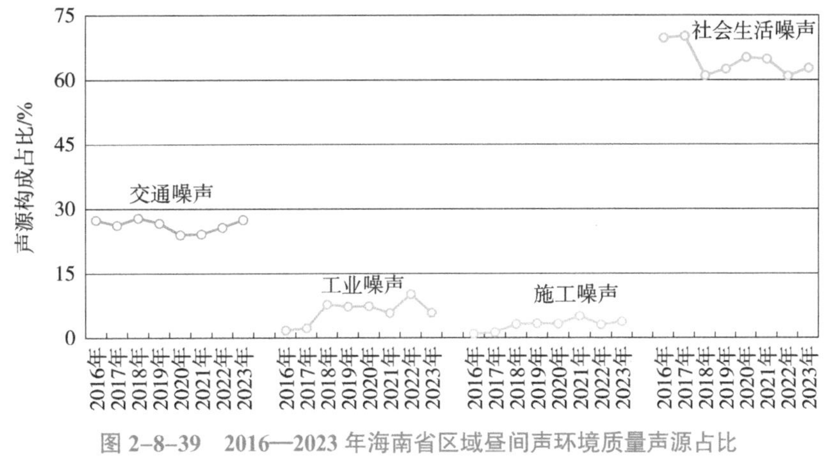

图 2-8-39　2016—2023 年海南省区域昼间声环境质量声源占比

（二）市县区域声环境质量年际变化

采用秩相关系数法对 2016—2023 年全省 18 个市县（不含三沙市）区域昼间噪声等效声级的变化特征进行分析，其中海口、白沙、昌江、陵水、保亭 5 个市县上升趋势显著，五指山、琼海、文昌、澄迈 4 个市县下降趋势显著，其余 9 个市县无显著变化趋势。

二、道路交通声环境质量

（一）海南省道路交通声环境质量年际变化

2016—2023 年，海南省道路交通昼间声环境质量均为好，平均等效声级为 64.4～67.1 dB（A），呈下降趋势，秩相关系数法分析结果表明下降趋势显著。

与 2016 年相比，2023 年全省道路交通昼间声环境质量总体保持稳定，平均等效声级下降 2.7 dB（A）（图 2-8-40）。

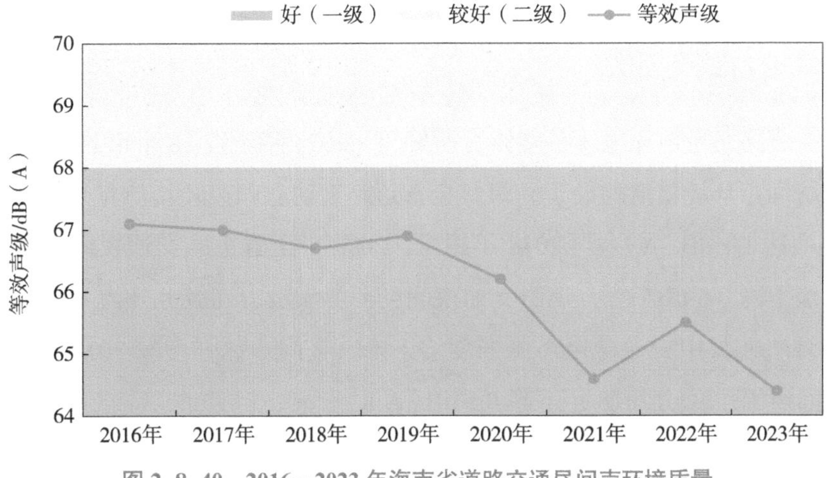

图 2-8-40　2016—2023 年海南省道路交通昼间声环境质量

（二）市县道路交通声环境质量年际变化

采用秩相关系数法对2016—2023年全省18个市县（不含三沙市）道路交通昼间噪声平均等效声级的变化特征进行分析，海口、琼海、万宁、定安、澄迈、白沙、乐东、陵水、琼中9个市县下降趋势显著，其余市县无显著变化趋势。

第五节　变化原因分析

一、新修订的噪声污染防治法落实有力，噪声污染防治工作不断加强

海南省区域声环境质量整体有所好转。与2022年相比，2023年全省区域昼间声环境质量平均等效声级下降0.5 dB（A）；区域昼间声环境质量一级的市县减少1个，二级的市县增加4个，三级的市县减少3个。与2018年相比，区域夜间声环境质量三级的市县增加2个，四级的市县减少2个。

全省区域声环境质量主要受社会生活噪声影响，昼间、夜间占比均超过60%，但强度均有所下降，昼间声源强度与2022年相比，同比下降0.6 dB（A），夜间声源强度较2018年下降0.3 dB（A）。

随着新修订的《中华人民共和国噪声污染防治法》的实施和社会对噪声污染问题的深入认识，公众对于噪声污染的防治意识得到了提升，公众参与和社会共治在噪声污染防治中的作用日益凸显，促进区域声环境质量的提升。

二、随着海南自由贸易港建设的推进，路网不断完善，城市道路交通噪声压力略有缓解

海南省道路交通声环境质量整体有所好转。2023年全省18个市县（不含三沙市）道路交通昼间声环境质量均处于一级，全省道路交通昼间声环境质量平均等效声级同比下降幅度达1.1 dB（A）。与2018年相比，2023年全省道路交通夜间声环境质量平均等效声级下降0.6 dB（A），道路交通夜间声环境质量由二级上升为一级。2023年全省区域声环境质量中交通噪声声源强度均下降，昼间声源强度较2018年下降1.2 dB（A），夜间声源强度较2018年下降0.5 dB（A）。

随着海南自由贸易港建设的推进，路网建设也在不断完善，覆盖面向非城区延伸，缓解了城区交通压力，城市道路交通噪声质量略有好转。

三、热带地区夜间活动丰富，导致声环境功能区夜间达标率较低

多年来海南省声环境功能区昼间总体达标率显著高于夜间，主要是因为随着城市化的发展和生活水平的提高，第三产业迅速发展，夜间休闲娱乐活动较丰富，直接带动了夜间商业活动和道路交通车流量的增加，从而导致声环境功能区夜间总体达标率低于昼间，未达到《“十四五”噪声污染防治行动计划》要求的85%。

第六节　小　结

一、海南省区域昼间声环境质量总体较好，区域夜间声环境质量总体一般

2023年全省区域昼间声环境质量总体较好，平均等效声级为53.5 dB（A），声源构成中社会生活噪声贡献最大，其次为交通噪声。18个市县（不含三沙市）区域昼间声环境质量平均等效声级为50.3～58.6 dB（A），区域昼间声环境质量较好（二级）的市县有14个，质量一般（三级）的市县有4个。与2022年相比，2023年全省区域昼间声环境质量保持较好，平均等效声级下降0.5 dB（A）；区域昼间声环境质量一级的市县减少1个，二级的市县增加4个，三级的市县减少3个。2016—2023年，全省区域昼间声环境质量均处于较好水平，无显著变化趋势；海口、白沙、昌江、陵水、保亭5个市县上升趋势显著，五指山、琼海、文昌、澄迈4个市县下降趋势显著。

2023年全省区域夜间声环境质量总体一般，平均等效声级为46.5 dB（A），声源构成中社会生活噪声贡献最大，其次为交通噪声。18个市县（不含三沙市）区域夜间声环境质量平均等效声级为36.1～49.6 dB（A），区域夜间声环境质量好（一级）的市县有1个，质量较好（二级）的市县有3个，质量一般（三级）的市县有14个。与2018年相比，全省区域夜间声环境质量保持一般，平均等效声级持平；区域夜间声环境质量三级的市县增加2个，质量四级的市县减少2个。

二、海南省道路交通昼间、夜间声环境质量总体为好

2023年全省道路交通昼间声环境质量总体为好，平均等效声级为64.4 dB（A），全省

超过70 dB（A）的路段长度为107.1 km，占监测路段总长度的11.2%。全省18个市县（不含三沙市）平均等效声级为49.1～67.8 dB（A），道路交通昼间声环境质量均为好（一级）。与2022年相比，2023年全省道路交通昼间声环境质量保持为好（一级），平均等效声级下降1.1 dB（A）；琼海市由较好上升为好，昌江县由较好上升为好，其余市县无明显变化。2016—2023年，全省道路交通昼间声环境质量均为好，平均等效声级下降趋势显著；海口、琼海、万宁、定安、澄迈、白沙、乐东、陵水、琼中9个市县下降趋势显著。

2023年全省道路交通夜间声环境质量总体为好，平均等效声级为57.8 dB（A），全省超过60 dB（A）的路段长度为547.9 km，占监测路段总长度的57.2%。全省18个市县（不含三沙市）平均等效声级为37.0～64.6 dB（A），道路交通夜间声环境质量为好（一级）的市县有6个，较好（二级）的市县有4个，一般（三级）的市县有5个，较差（四级）的市县有2个，差（五级）的市县有1个。与2018年相比，2023年全省道路交通夜间声环境质量由较好（二级）上升为好（一级），平均等效声级下降0.6 dB（A）；道路交通夜间声环境质量一级的市县减少2个，二级的市县增加2个，三级的市县增加2个，四级的市县减少2个。

三、海南省功能区昼间总点次达标率为92.4%，夜间总点次达标率为84.4%

2023年，全省功能区昼间总点次达标率为92.4%，夜间总点次达标率为84.4%；各类功能区昼间、夜间噪声平均等效声级均达标。各类功能区昼间达标率为76.6%～100%，1类功能区最低；夜间达标率为66.7%～92.6%，4b类功能区最低。18个市县（不含三沙市）各类功能区昼间总点次达标率为75.0%～100%，夜间监测点次达标率为63.3%～100%。

与2022年相比，2023年全省功能区昼间总点次达标率下降0.3个百分点，夜间总点次达标率上升0.4个百分点。1类功能区昼间、2类功能区夜间、3类功能区昼间和夜间、4a类功能区夜间达标率均下降，1类功能区夜间、2类功能区昼间、4b类功能区夜间达标率均上升，其余功能区昼间、夜间达标率均持平。4个市县昼间总点次达标率持平，海口、五指山、屯昌、澄迈、临高、昌江、陵水7个市县昼间总点次达标率下降，三亚、儋州、琼海、东方、白沙、乐东、琼中7个市县昼间总点次达标率上升；5个市县夜间总点次达标率持平，海口、五指山、琼海、定安、澄迈、临高、白沙、乐东8个市县夜间总点次达标率下降，儋州、东方、屯昌、昌江、琼中5个市县夜间总点次达标率上升。

第九章　生　态

2023年，海南省生态质量指数（EQI）为74.98，生态质量为一类，自然生态系统覆盖比例高、人类干扰强度低、生物多样性丰富、生态结构完整、系统稳定、生态功能完善。与2022年相比，2023年全省生态质量指数上升0.02，生态质量变化等级为基本稳定。

18个市县中（不含三沙市），儋州市、海口市生态质量为二类，其余16个市县均为一类。其中，万宁市生态质量指数最高，为83.24；其次为琼海市，为82.69；海口市生态质量指数最低，为59.30。与2022年相比，2023年全省18个市县（不含三沙市）生态质量指数变化幅度为-0.45～0.56，生态质量变化等级均为基本稳定（图2-9-1～图2-9-3）。

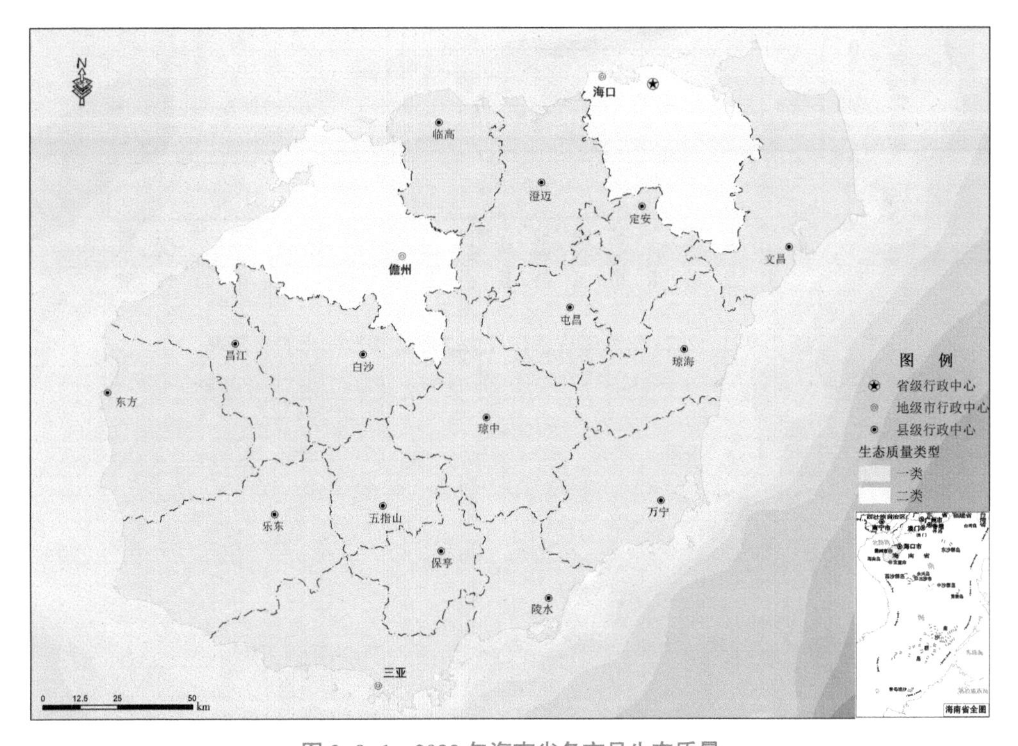

图2-9-1　2023年海南省各市县生态质量

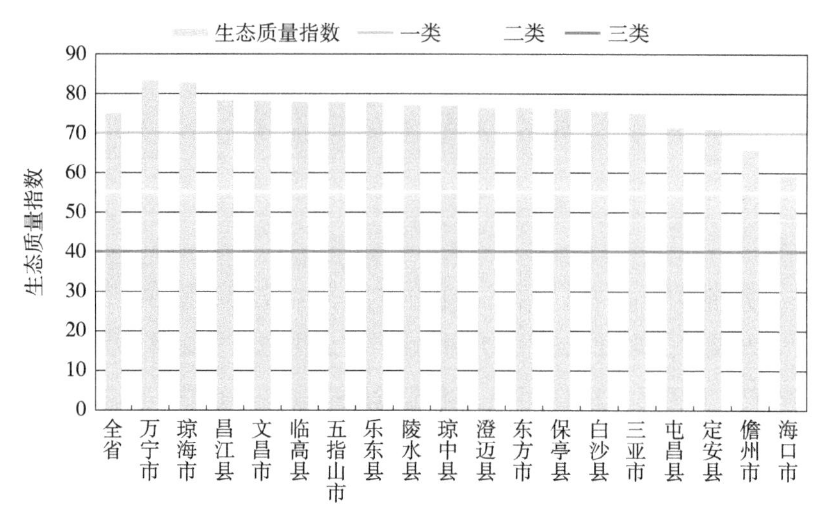

图 2-9-2　2023 年海南省各市县生态质量指数（EQI）

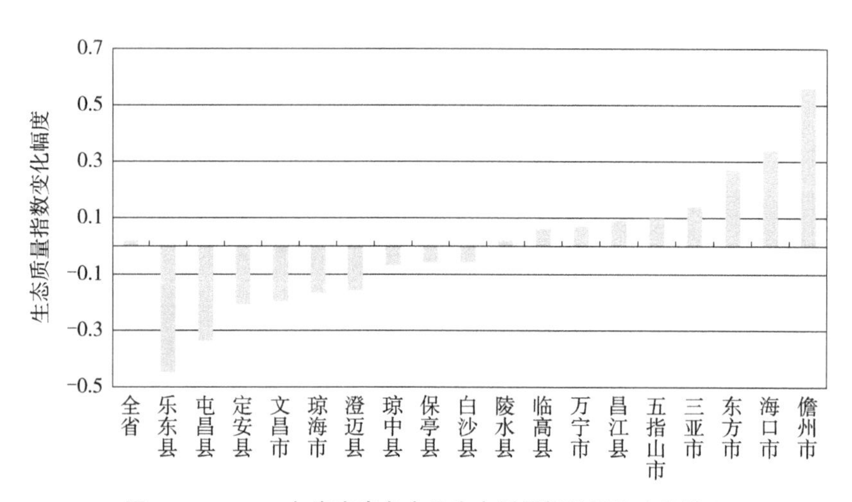

图 2-9-3　2023 年海南省各市县生态质量指数同比变化情况

第十章 辐 射

2023年，海南省辐射环境质量总体良好。环境电离辐射水平处于本底涨落范围内，环境电磁辐射水平低于国家规定的电磁环境公众曝露控制限值。与2022年相比，2023年全省辐射环境质量保持稳定。

第一节 辐射环境质量现状

一、环境电离辐射现状

（一）环境γ辐射水平

2023年，海南省自动站环境γ辐射剂量率连续自动监测年均值为61.7～98.2 nGy/h，环境γ辐射剂量率累积监测年均值为47.8～88.4 nGy/h，与《中国环境天然放射性水平》中海南调查结果（47.8～171.7 nGy/h）在同一水平。各站点的环境γ辐射剂量率处于本底水平（图2-10-1、图2-10-2）。

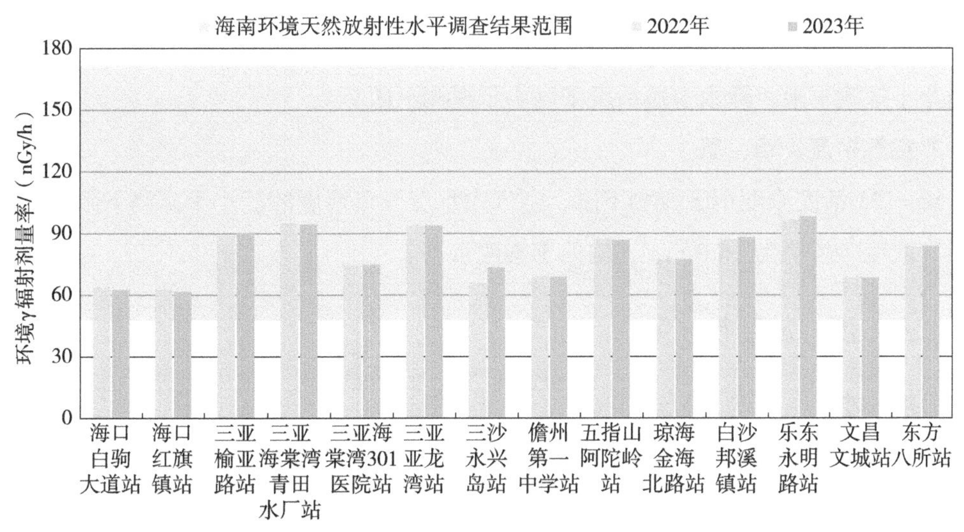

图2-10-1 2023年海南省环境γ辐射剂量率自动监测结果同比变化情况

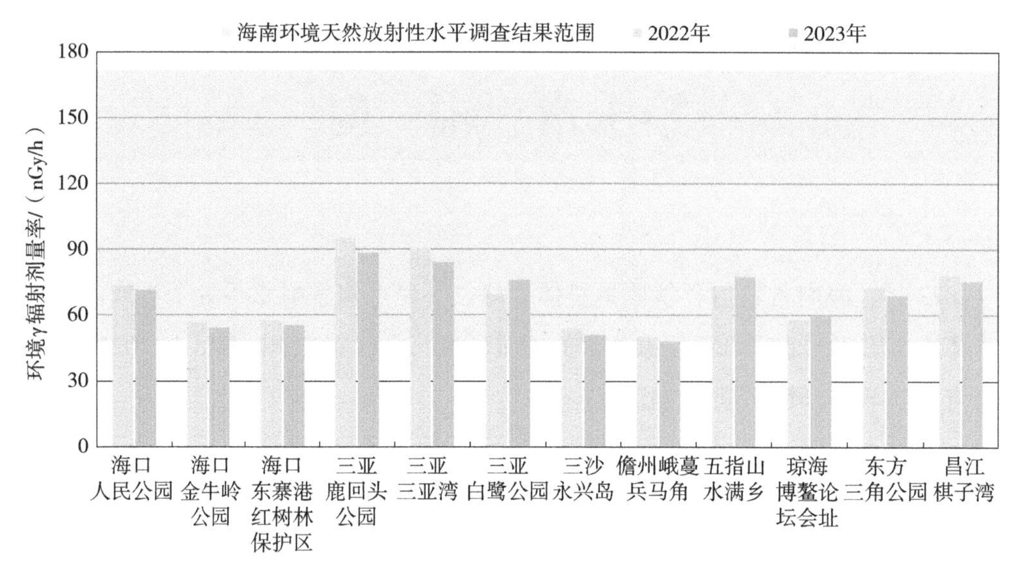

图 2-10-2　2023 年海南省环境 γ 辐射剂量率累积监测结果同比变化情况

（二）空气放射性水平

1. 气溶胶

气溶胶中天然放射性核素铍 -7、钾 -40、铅 -210、钋 -210 活度浓度处于本底水平，人工放射性核素锶 -90、铯 -137 活度浓度未见异常，其余γ放射性核素活度浓度小于探测下限。

2. 沉降物

沉降物中天然放射性核素钾 -40、铅 -210、镭 -228 活度日沉降量处于本底水平，人工放射性核素锶 -90、铯 -137 活度日沉降量未见异常，其余γ放射性核素活度日沉降量小于探测下限，降水中氚活度浓度小于探测下限。

3. 空气中氚、碘、氡

碘 -131 活度浓度小于探测下限，空气中水蒸汽氚活度浓度小于探测下限，空气中氡活度浓度年均值为 16 Bq/m^3，均处于本底水平。

（三）淡水放射性水平

1. 地表水

地表水中总α、总β活度浓度处于本底水平，且低于《生活饮用水卫生标准》（GB 5749—2022）中规定的放射性指标指导值，天然放射性核素铀和钍浓度、镭 -226 活度浓度处于本底水平，人工放射性核素锶 -90、铯 -137 活度浓度未见异常。

2. 饮用水水源地水

地级城市和县级城镇集中式饮用水水源地水中总α、总β活度浓度处于本底水平，且低于《生活饮用水卫生标准》（GB 5749—2022）中规定的放射性指标指导值；饮用水水源地水中人工放射性核素锶-90、铯-137活度浓度未见异常。

3. 地下水

地下水中总α、总β活度浓度处于本底水平，且低于《地下水质量标准》（GB/T 14848—2017）中规定的Ⅲ类标准指导值，天然放射性核素铀、钍浓度及铅-210、钋-210、镭-226活度浓度处于本底水平（图2-10-3）。

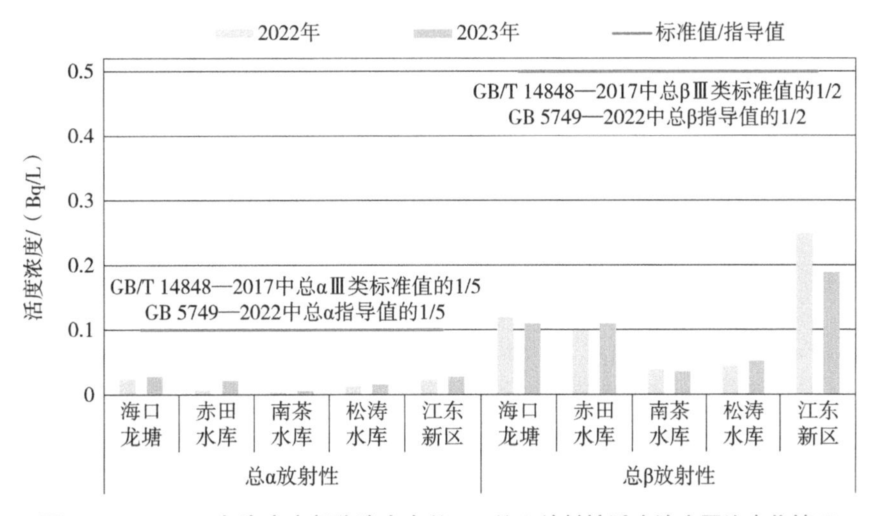

图2-10-3 2023年海南省部分淡水中总α、总β放射性活度浓度同比变化情况

（四）海洋放射性水平

1. 近岸海域海水

近岸海域海水中人工放射性核素锶-90、铯-137活度浓度均未见异常，且低于《海水水质标准》（GB 3097—1997）中规定的标准限值，其余γ放射性核素活度浓度小于探测下限，放射性核素氚、碳-14活度浓度处于本底水平（图2-10-4）。

2. 近海海域海水

近海海域海水中人工放射性核素锶-90、铯-137活度浓度均未见异常，且低于《海水水质标准》（GB 3097—1997）中规定的标准限值，其余γ放射性核素活度浓度小于探测下限，放射性核素氚、碳-14活度浓度处于本底水平（图2-10-5）。

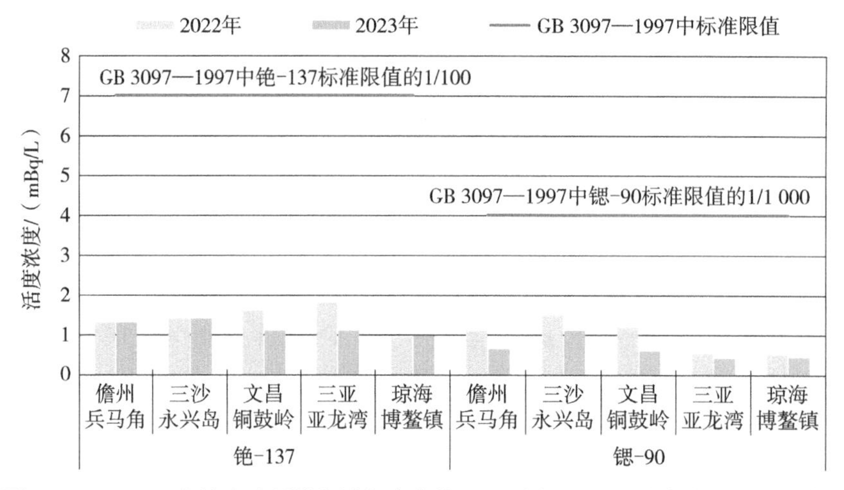

图 2-10-4 2023 年海南省近岸海域海水中铯 -137 和锶 -90 活度浓度同比变化情况

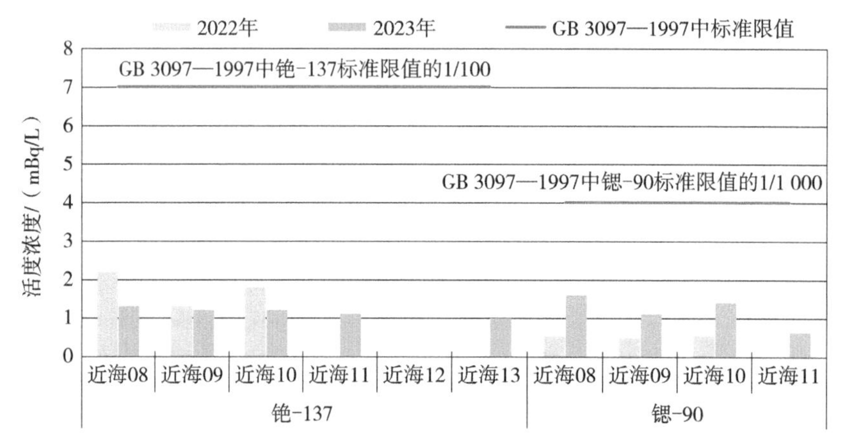

图 2-10-5 2023 年海南省近海海域海水中铯 -137 和锶 -90 活度浓度同比变化情况

3. 近岸海域海洋生物

近岸海域生物中天然放射性核素钾 -40、钋 -210、铅 -210 比活度和放射性核素碳 -14 比活度处于本底水平，人工放射性核素锶 -90、铯 -137 比活度均未见异常，氚及其余 γ 放射性核素比活度小于探测下限。

4. 沉积物

南海近海海域沉积物中天然放射性核素钾 -40 比活度处于本底水平，人工放射性核素锶 -90、铯 -137 比活度均未见异常，其余 γ 放射性核素比活度小于探测下限。

（五）土壤放射性水平

土壤中天然放射性核素钾 -40、镭 -226、钍 -232、铀 -238 比活度均处于本底水平，人工放射性核素铯 -137 比活度未见异常。

二、电磁辐射现状

（一）环境电磁辐射

环境电磁辐射监测点的功率密度监测结果均低于《电磁环境控制限值》（GB 8702—2014）中规定的公众曝露控制限值。

（二）电磁设施外围环境电磁辐射

监测的中波发射台外围功率密度、110kV 变电站外围工频电场强度及磁感应强度监测结果均低于《电磁环境控制限值》（GB 8702—2014）中规定的公众曝露控制限值。

第二节　辐射环境质量年度对比分析

一、环境电离辐射年度对比分析

与 2022 年相比，2023 年海南省环境 γ 辐射水平和空气、地表水、饮用水水源地水、地下水、海水、海洋生物、沉积物、土壤的放射性水平保持稳定。

二、电磁辐射年度对比分析

与 2022 年相比，2023 年海南省环境电磁辐射水平总体保持稳定，个别点位的监测结果略有波动，但远低于国家规定的公众曝露控制限值，小于控制限值的 1/5。

第三节　小　结

一、海南省环境电离辐射水平处于本底涨落范围内

2023 年，海南省环境电离辐射水平处于本底涨落范围内，保持稳定。

海南省陆域各监测点的环境 γ 辐射剂量率处于本底水平；空气、地表水、地下水、饮用水水源地水、土壤中天然放射性核素活度浓度处于本底水平，人工放射性核素活

度浓度未见异常；地表水和饮用水水源地水中总 α、总 β 活度浓度低于《生活饮用水卫生标准》（GB 5749—2022）中规定的放射性指标指导值，地下水中总 α、总 β 活度浓度低于《地下水质量标准》（GB/T 14848—2017）中规定的Ⅲ类标准指导值。

近岸海域海水和海洋生物、近海海域海水和沉积物中天然放射性核素活度浓度均处于本底水平，人工放射性核素活度浓度未见异常。海水中有相应标准的人工放射性核素活度浓度均远低于《海水水质标准》（GB 3097—1997）中规定的标准限值。

二、海南省环境电磁辐射水平低于公众曝露控制限值

2023 年，海南省环境电磁辐射水平低于公众曝露控制限值，保持稳定。环境电磁辐射监测点的功率密度低于《电磁环境控制限值》（GB 8702—2014）中规定的公众曝露控制限值，监测的中波发射台周围功率密度和变电站周围工频电场强度、磁感应强度均低于《电磁环境控制限值》（GB 8702—2014）中规定的公众曝露控制限值。

第三篇

生态环境质量关联分析

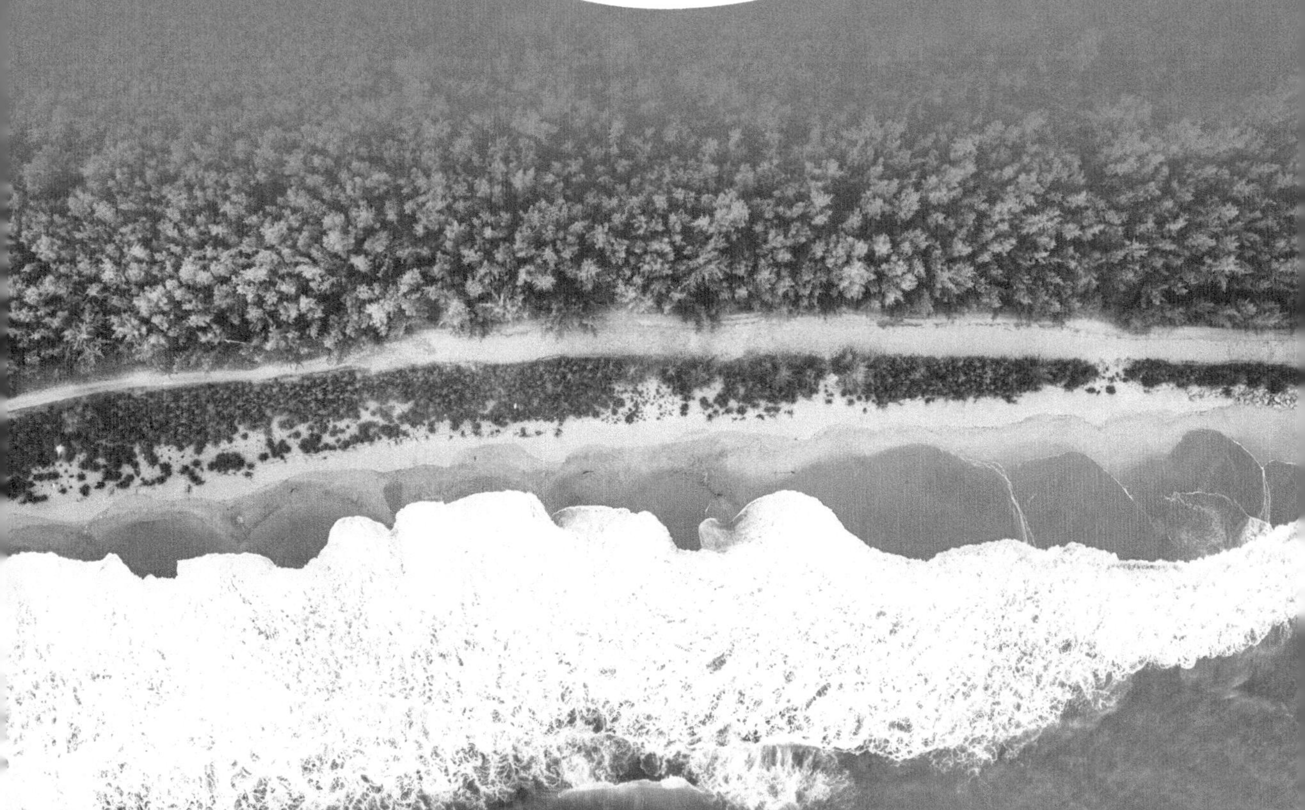

第一章　生态环境质量与环保措施关联分析

第一节　环境空气质量与环保措施关联分析

一、环境空气质量改善 200 天决战攻坚行动情况

为强化空气质量保障，坚决遏制 $PM_{2.5}$ 浓度上升和环境空气优良天数下降的严峻态势，海南省于 2023 年 6—12 月开展了“海南省 2023 年环境空气质量改善 200 天决战攻坚行动”，聚焦扬尘精细化管控、加强工业污染源治理、强化移动源污染治理、优化城乡“三烟”防整治、强化重点区域综合整治及提升污染应对处置水平等方面，全面优化完善大气污染防治工作体系和工作方法，圆满完成了国家及省级各项指标年度考核任务。

二、分析方法与指标

运用 SPSS 25.0 软件进行正态性检验、参数检验或非参数检验，数据来源于海南省生态环境监测网络数据。选取开展“海南省 2023 年环境空气质量改善 200 天决战攻坚行动”的 6—12 月海南省 18 个市县（不含三沙市）环境空气主要污染物浓度，通过统计学方法检验 2023 年和 2022 年同时段全省环境空气质量的差异性，以验证大气环境质量专项督导是否对全省环境空气质量有显著改善成效。

2022—2023 年 6—12 月全省各市县环境空气六项主要污染物浓度正态性检验的 P 值均小于 0.05，不符合正态分布，因此适用非参数检验，进行 Mann-Whitney U 检验。

三、环境空气质量改善 200 天决战攻坚行动成效分析

2023 年 6—12 月海南省各市县 $PM_{2.5}$、PM_{10}、NO_2、SO_2 月均浓度和 CO 月均值第 95 百分位数浓度均值与 2022 年同期均值的 Mann-Whitney U 检验显著性小于 0.05，O_3 日最大 8 h 平均值第 90 百分位数浓度均值与 2022 年同期均值的 Mann-Whitney U 检验显著性大于 0.05，表明 2023 年 6—12 月全省 $PM_{2.5}$、PM_{10}、NO_2、SO_2 月均浓度和 CO

月均值第 95 百分位数浓度水平与 2022 年同期浓度水平有显著差异，O_3 日最大 8 h 平均值第 90 百分位数浓度水平与 2022 年同期浓度水平无显著差异（表 3-1-1）。

表 3-1-1 2023 年与 2022 年海南省环境空气质量差异性检验结果

零假设	检验	显著性	决策者
在 2023 年 6—12 月与 2022 年 6—12 月的 $PM_{2.5}$ 的分布相同	独立样本 Mann-Whitney U 检验	0.028	拒绝零假设
在 2023 年 6—12 月与 2022 年 6—12 月的 PM_{10} 的分布相同	独立样本 Mann-Whitney U 检验	0.038	拒绝零假设
在 2023 年 6—12 月与 2022 年 6—12 月的 SO_2 的分布相同	独立样本 Mann-Whitney U 检验	0.000	拒绝零假设
在 2023 年 6—12 月与 2022 年 6—12 月的 NO_2 的分布相同	独立样本 Mann-Whitney U 检验	0.014	拒绝零假设
在 2023 年 6—12 月与 2022 年 6—12 月的 CO 的分布相同	独立样本 Mann-Whitney U 检验	0.000	拒绝零假设
在 2023 年 6—12 月与 2022 年 6—12 月的 O_3 的分布相同	独立样本 Mann-Whitney U 检验	0.284	保留零假设

2023 年 6—12 月全省 $PM_{2.5}$、PM_{10}、NO_2、SO_2 月均浓度和 CO 日均值第 95 百分位数浓度水平显著低于 2022 年 6—12 月，说明在 2023 年易出现不利气象条件的时段，通过海南省 2023 年“环境空气质量改善 200 天决战攻坚行动”工作，本地污染排放基本得到控制，颗粒物浓度达到历史同期较好水平，决战攻坚行动对颗粒物治理成效显著，但对 O_3 浓度控制效果不明显，仍需进一步研究和管控（图 3-1-1～图 3-1-5）。

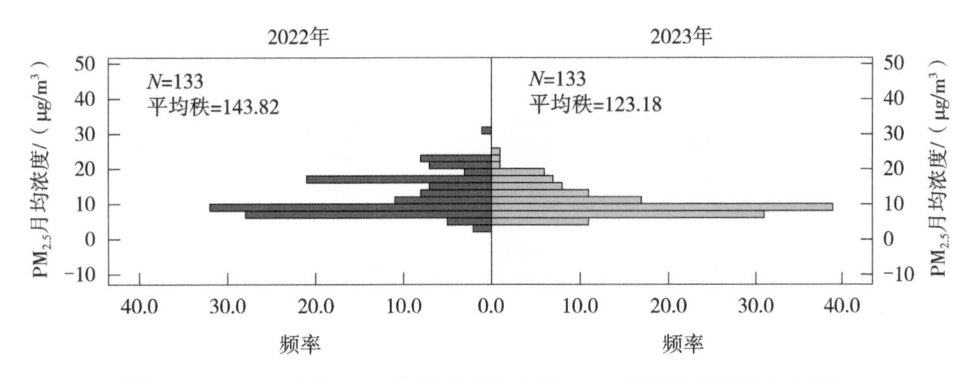

图 3-1-1 2022 年与 2023 年海南省各市县 $PM_{2.5}$ 月均浓度频率分布情况

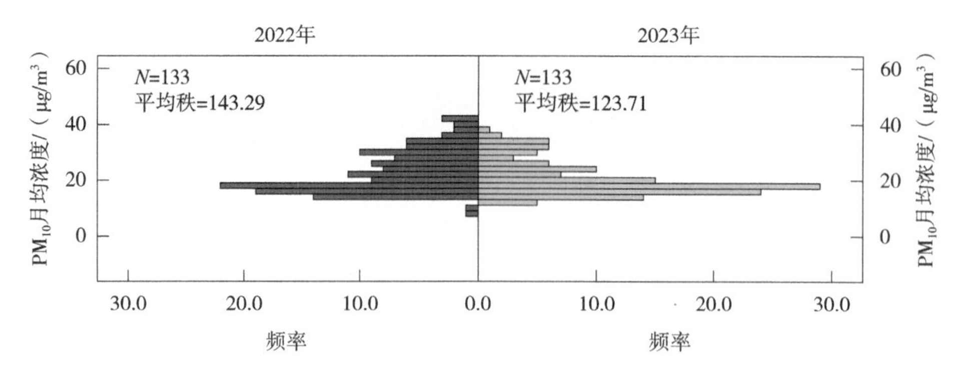

图 3-1-2 2022 年与 2023 年海南省各市县 PM_{10} 月均浓度频率分布情况

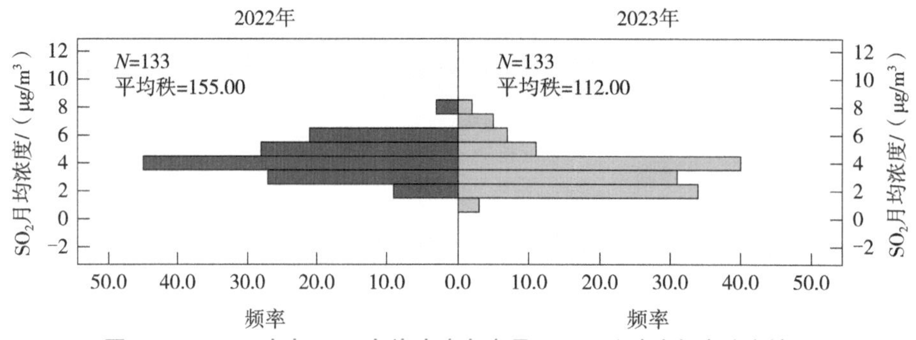

图 3-1-3 2022 年与 2023 年海南省各市县 SO_2 月均浓度频率分布情况

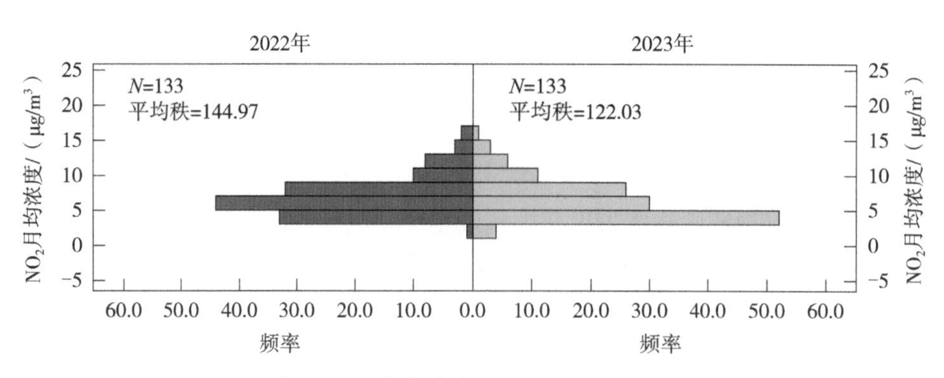

图 3-1-4 2022 年与 2023 年海南省各市县 NO_2 月均浓度频率分布情况

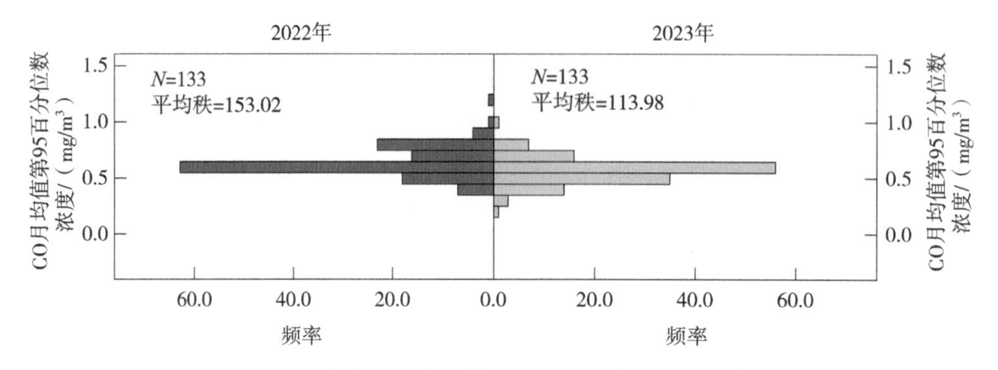

图 3-1-5 2022 年与 2023 年海南省各市县 CO 月均值第 95 百分位数浓度频率分布情况

第二节　地表水环境质量与环保措施关联分析

一、“六水共治”攻坚战情况

2022年年初，海南省“六水共治”攻坚战动员部署会召开，旨在系统推进治污水、保供水、排涝水、防洪水、抓节水、优海水“六水共治”。两年来，省、市县建立健全治水工作机制，摸清治水工作家底，横向统筹各部门治水职责。2022年、2023年累计完成治水投资392亿元。

治污水作为“六水共治”的主战场，以提升水质为核心，狠抓黑臭水体治理，推进城市截污纳管、雨污分流、乡镇农村污水治理、水产养殖、农业面源污染治理，开展全域综合治水；将控源截污作为水污染治理的重点，按照“源头减排、过程控制、系统治理”的思路，摸清污染源，严格控制外源污染直排入河；同时完善排污许可制度，加强入河排污口监管，减少入河污染物总量。经过两年的努力，全省地表水环境质量明显改善，2023年水质优良比例再创省监测历史以来最好水平。

二、分析方法与指标

运用SPSS 25.0软件进行正态性检验和非参数检验，数据来源于海南省生态环境监测网络数据。采用全省18个市县（不含三沙市）城市水质指数，通过统计学方法分别检验2020—2021年与2022—2023年海南省各市县城市水质指数的差异性，以验证“六水共治”是否对全省地表水环境质量有显著改善成效。

2022—2023年、2020—2021年全省各市县城市水质指数正态性检验的P值均大于0.05，符合正态分布，因此适用参数检验，进行t检验。

三、“六水共治”攻坚战成效分析

2022—2023年海南省各市县城市水质指数与2020—2021年的方差齐性检验显著性大于0.05，说明方差呈齐性，采用假定等方差的t检验结果，二者的平均值等同性t检验显著性大于0.05，表明2022—2023年全省各市县城市水质指数与2020—2021年有显著差异。说明“六水共治”取得了阶段性成效，主要任务指标的完成促使各市县城市水质指数整体下降，地表水环境质量得到明显改善（表3-1-2、图3-1-6）。

表 3-1-2 2022—2023 年与 2020—2021 年海南省城市水质指数差异性检验结果

指标	莱文方差等同性检验		方差类型	平均值等同性 t 检验显著性（双尾）
	F	显著性		
城市水质指数	1.185	0.182	假定等方差	0.005

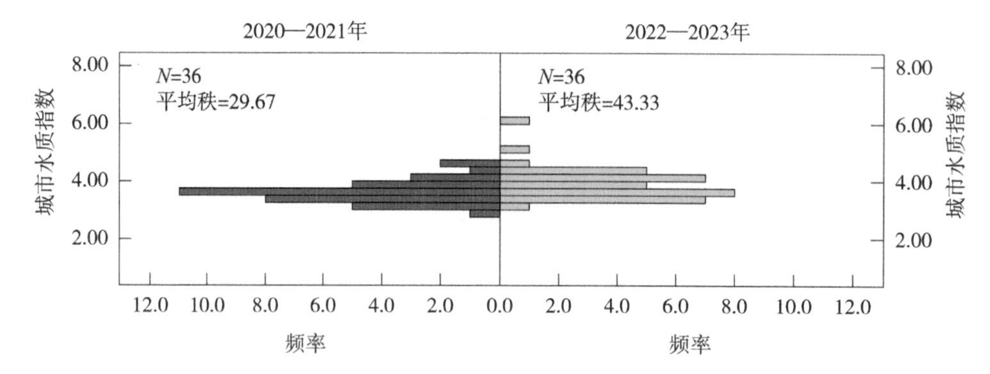

图 3-1-6 2020—2021 年与 2022—2023 年海南省各市县城市水质指数频率分布情况

第二章　生态环境质量与气候气象关联分析

一、分析方法与指标

斯皮尔曼相关系数对原始数据的选取、相关形式及分布类型均无要求，通常用于度量变量间单调相关或等级相关性的强弱，其通用性及稳健性较好。

运用 SPSS 25.0 软件计算斯皮尔曼相关系数和显著性。气候气象数据来源于海南气象信息服务网，生态环境质量数据来源于海南省生态环境监测网络数据。采用 2023 年海南省各市县环境空气主要污染物浓度和降水量进行环境空气质量与气候气象的相关性分析，采用 2023 年全省河流、湖库主要污染物浓度和降水量进行地表水环境质量与气候气象的相关性分析（图 3-2-1）。

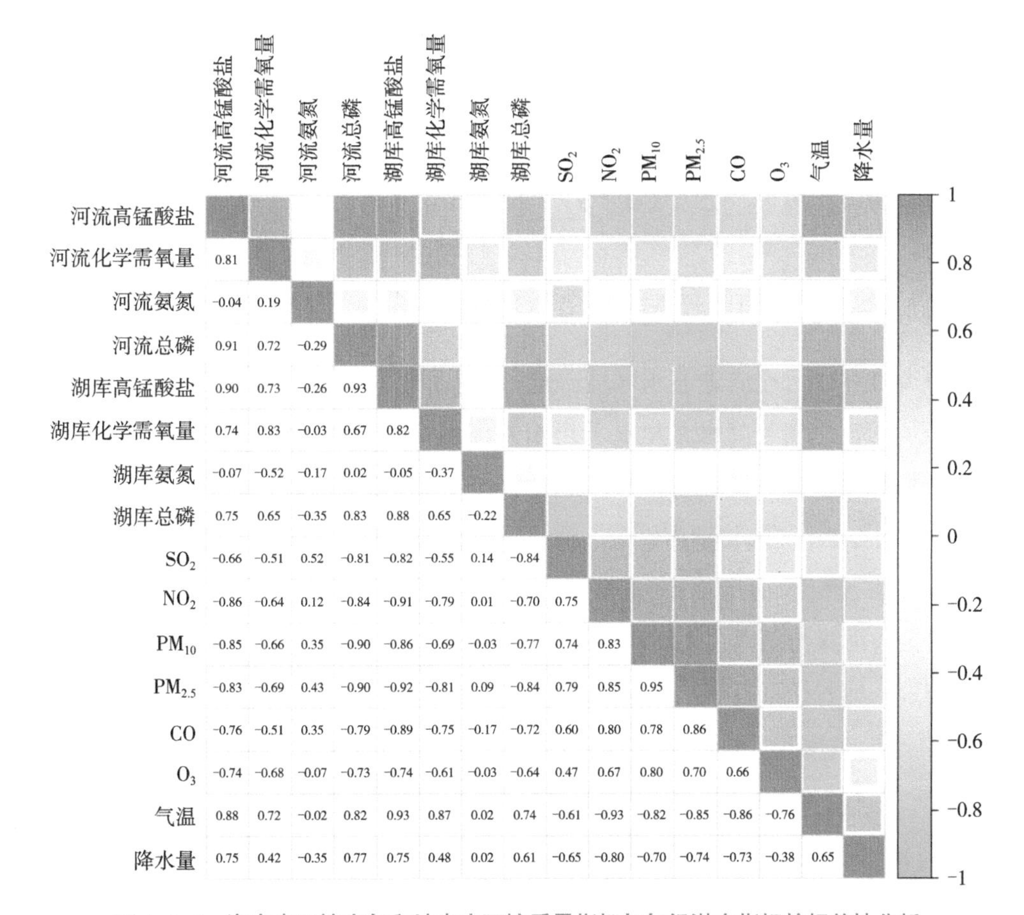

图 3-2-1　海南省环境空气和地表水环境质量指标与气候潜在指标的相关性分析

二、生态环境质量与气候气象相关性分析

（一）环境空气质量与降水量相关性分析

2023 年 1—12 月海南省各市县环境空气质量和降水量的相关性分析结果表明，环境空气主要污染物浓度与降水量均呈现负相关。$PM_{2.5}$ 年均浓度、PM_{10} 年均浓度、O_3 日最大 8 h 平均值第 90 百分位数平均浓度、NO_2 年均浓度、CO 日均值第 95 百分位数平均浓度与降水量呈显著负相关，相关系数分别为 −0.682、−0.632、−0.451、−0.355、−0.453；SO_2 年均浓度与降水量呈负相关，相关系为 −0.161。

可见全省各市县环境空气主要污染物浓度受降水量影响较为明显，降雨充沛有利于污染物的沉降，污染物浓度下降（表 3-2-1）。

表 3-2-1　2023 年 1—12 月全省环境空气质量与降水量相关性分析

指标	$PM_{2.5}$	PM_{10}	O_3	SO_2	NO_2	CO
斯皮尔曼相关系数	-0.682**	-0.632**	-0.451**	-0.161*	-0.355**	-0.453**
显著性（双尾）	0.000	0.000	0.000	0.018	0.000	0.000

注：** 表示在 0.01 级别（双尾）相关性显著；* 表示在 0.05 级别（双尾）相关性显著。

（二）地表水环境质量与降水量相关性分析

2023 年 1—12 月全省地表水环境质量和降水量的相关性分析结果表明，河流高锰酸盐指数、河流总磷与降水量呈显著正相关，相关系数分别为 0.781、0.805；湖库高锰酸盐指数与降水量呈显著正相关，相关系数为 0.780；湖库总磷与降水量呈正相关，相关系数为 0.645；河流化学需氧量、河流氨氮、湖库化学需氧量和湖库氨氮浓度与降水量的相关性不显著。

可见全省河流与湖库主要污染物高锰酸盐指数、总磷浓度受降水量影响较为明显，降雨冲刷带入地表径流影响，造成污染物短期内上升（表 3-2-2）。

表 3-2-2　2023 年 1—12 月全省地表水环境质量与降水量相关性分析

指标	河流				湖库			
	高锰酸盐指数	化学需氧量	总磷	氨氮	高锰酸盐指数	化学需氧量	总磷	氨氮
斯皮尔曼相关系数	0.781**	0.445	0.805**	-0.330	0.780**	0.501	0.645*	0.036
显著性（双尾）	0.003	0.147	0.002	0.294	0.003	0.097	0.024	0.912

注：** 表示在 0.01 级别（双尾）相关性显著；* 表示在 0.05 级别（双尾）相关性显著。

第三章　生态环境质量与产业结构关联分析

一、分析方法与指标

斯皮尔曼相关系数对原始数据的选取、相关形式及分布类型均无要求，通常用于度量变量间单调相关或等级相关性的强弱，其通用性及稳健性较好。

运用 SPSS 25.0 软件计算斯皮尔曼相关系数和显著性。产业结构数据来源于历年海南统计年鉴、海南统计月报，生态环境质量数据来源于海南省生态环境监测网络数据。考虑到海南省环境空气 6 项污染物自动监测自 2015 年起覆盖全省，采用 2015—2023 年全省环境空气主要污染物浓度、2011—2023 年全省地表水主要污染物浓度和三次产业结构进行环境质量与产业结构的相关性分析（图 3-3-1）。

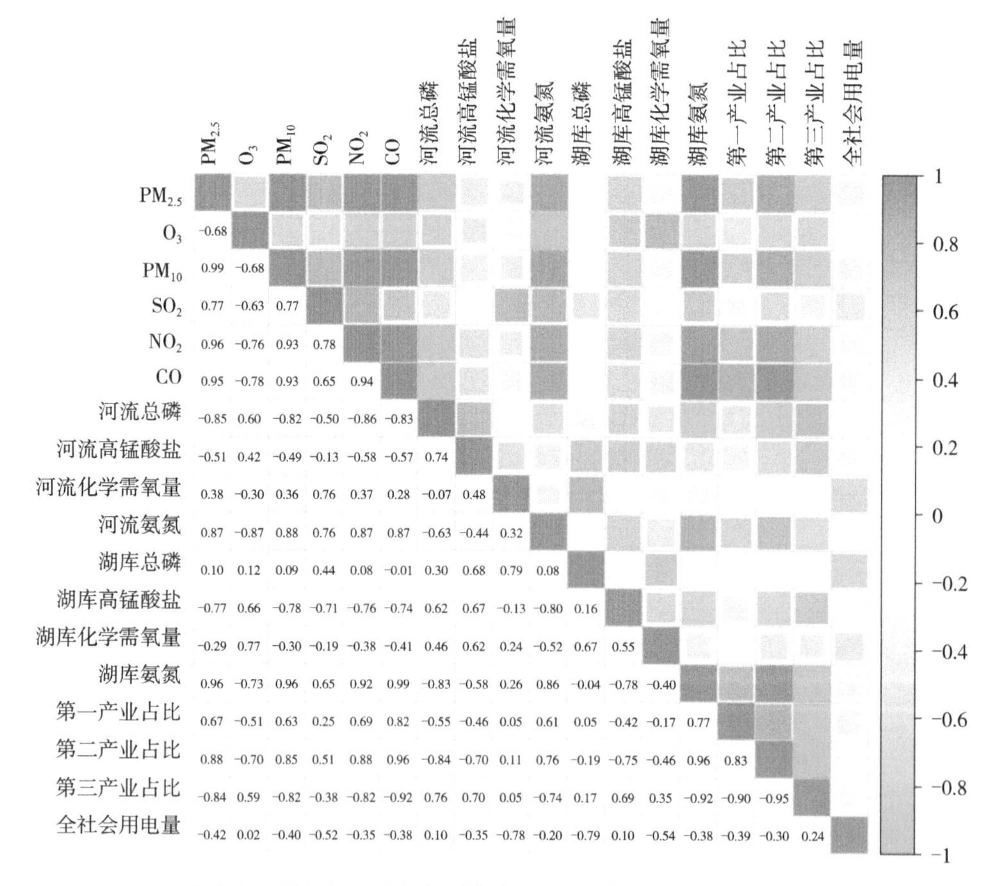

图 3-3-1　海南省环境空气和地表水环境质量指标与产业结构潜在指标的相关性分析

二、生态环境质量与产业占比相关性分析

（一）环境空气质量与三次产业占比相关性分析

2015—2023 年海南省环境空气主要污染物浓度和三次产业结构的相关性分析结果表明，CO 日均值第 95 百分位数平均浓度与第一产业、第二产业占比呈显著正相关，相关系数分别为 0.806、0.957，与第三产业占比呈显著负相关，相关系数为 -0.910；$PM_{2.5}$、PM_{10} 与第二产业占比呈显著正相关，相关系数均为 0.897，与第三产业占比呈负显著相关，相关系数均为 -0.872；O_3 日最大 8 h 平均值第 90 百分位数平均浓度、SO_2 年均浓度、NO_2 年均浓度与国民 GDP 中各产业占比的相关性不显著。

可见全省各市县环境空气主要污染物浓度受第二产业、第三产业影响明显。随着产业结构持续优化，环境空气污染物浓度下降（表 3-3-1）。

表 3-3-1　2015—2023 年海南省环境空气主要污染物与产业结构相关性分析

产业结构	指标	$PM_{2.5}$	PM_{10}	O_3	SO_2	NO_2	CO
第一产业占比	斯皮尔曼相关系数	0.616	0.616	-0.469	0.026	0.116	0.806**
	显著性（双尾）	0.078	0.078	0.203	0.946	0.767	0.009
第二产业占比	斯皮尔曼相关系数	0.897**	0.897**	-0.603	-0.133	0.368	0.957**
	显著性（双尾）	0.001	0.001	0.085	0.733	0.329	0.000
第三产业占比	斯皮尔曼相关系数	-0.872**	-0.872**	0.527	0.105	-0.321	-0.910**
	显著性（双尾）	0.002	0.002	0.145	0.787	0.400	0.001

注：** 表示在 0.01 级别（双尾）相关性显著；* 表示在 0.05 级别（双尾）相关性显著。

（二）地表水环境质量与三次产业占比相关性分析

2011—2023 年全省河流主要污染物浓度和三次产业结构的相关性分析结果表明，河流总磷浓度与第一产业、第二产业占比呈正相关，相关系数分别为 0.571、0.661，

与第三产业占比呈负相关，相关系数为 -0.665；河流高锰酸盐指数浓度与第一产业呈负相关，相关系数为 -0.661，与第二产业占比呈显著负相关，相关系数为 -0.826，与第三产业占比呈显著正相关，相关系数为 0.802；河流化学需氧量浓度与第一产业、第二产业占比呈显著负相关，与第三产业占比呈显著正相关，相关系数为 0.839；河流氨氮浓度与三次产业占比的相关性不显著。

2011—2023 年全省湖库主要污染物浓度和三次产业结构的相关性分析结果表明，湖库高锰酸盐指数浓度与第二产业占比呈显著负相关，相关系数为 -0.793，与第三产业占比呈负相关，相关系数为 0.775；湖库氨氮浓度与第一产业、第二产业占比呈显著正相关，相关系数分别为 0.777、0.829，与第三产业占比呈显著负相关，相关系数为 -0.829；与湖库总磷浓度、湖库化学需氧量浓度与三次产业占比的相关性不显著（表 3-3-2）。

表 3-3-2　2011—2023 年海南省地表水主要污染物与产业结构相关性分析

产业结构	指标	总磷		高锰酸盐指数		化学需氧量		氨氮	
		河流	湖库	河流	湖库	河流	湖库	河流	湖库
第一产业占比	斯皮尔曼相关系数	0.571*	0.490	-0.661*	-0.542	-0.730**	0.181	-0.383	0.777**
	显著性（双尾）	0.042	0.089	0.014	0.056	0.005	0.553	0.197	0.002
第二产业占比	斯皮尔曼相关系数	0.661*	0.347	-0.826**	-0.793**	-0.841**	0.034	-0.369	0.829**
	显著性（双尾）	0.014	0.245	0.001	0.001	0.000	0.913	0.215	0.000
第三产业占比	斯皮尔曼相关系数	-0.665*	-0.346	0.802**	0.775**	0.839**	-0.075	0.421	-0.829**
	显著性（双尾）	0.013	0.246	0.001	0.002	0.000	0.807	0.151	0.000

注：** 表示在 0.01 级别（双尾）相关性显著；* 表示在 0.05 级别（双尾）相关性显著。

可见全省地表水主要污染物受三次产业结构影响明显，服务业比重增加，生活污水排放增加，可导致河流高锰酸盐指数、化学需氧量浓度上升；农业、工业比重增加，点源面源污染加重，则导致河流总磷和湖库氨氮浓度上升。

第四章　生态环境质量与能源消耗关联分析

一、分析方法与指标

斯皮尔曼相关系数对原始数据的选取、相关形式及分布类型均无要求，通常用于度量变量间单调相关或等级相关性的强弱，其通用性及稳健性较好。

运用 SPSS 25.0 软件计算斯皮尔曼相关系数和显著性。能源消耗数据来源于历年海南统计年鉴、海南统计月报，生态环境质量数据来源于海南省生态环境监测网络数据。考虑到海南省环境空气 6 项污染物自动监测自 2015 年起覆盖全省，采用 2015—2023 年全省环境空气主要污染物浓度和清洁能源发电量占比进行环境空气质量与能源消耗的相关性分析（图 3-4-1）。

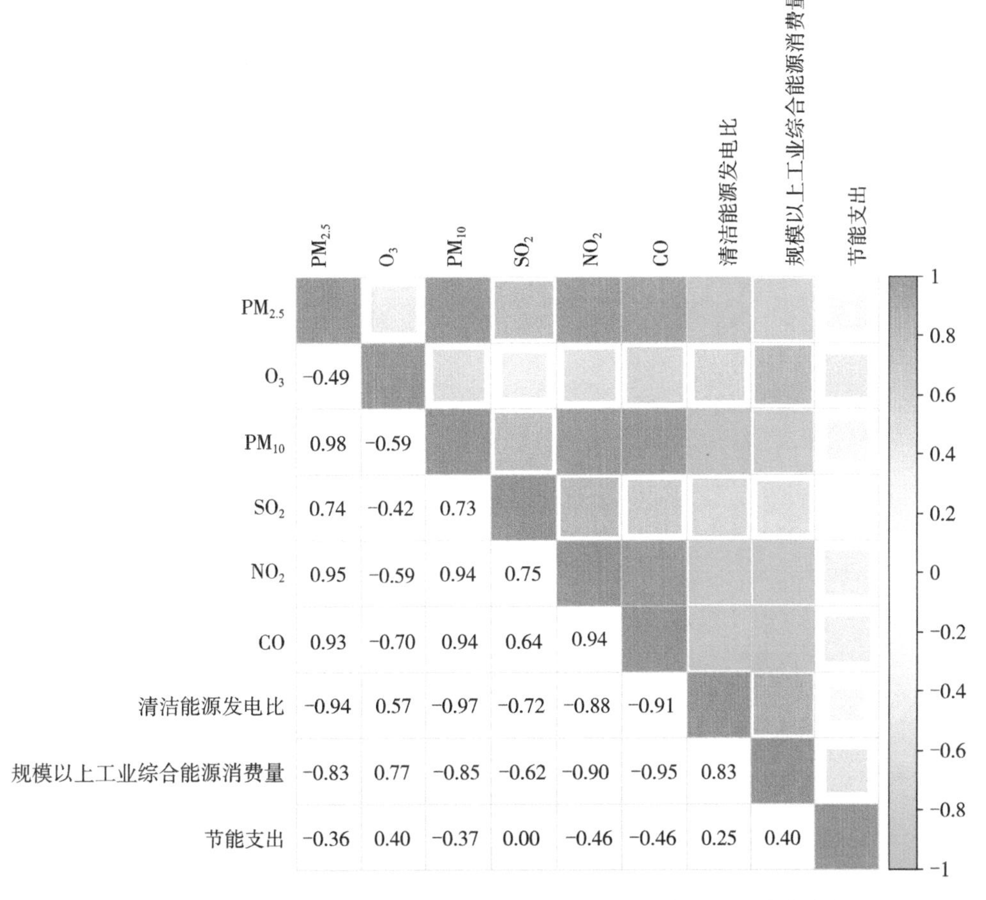

图 3-4-1　海南省环境空气质量指标与能源消耗潜在指标的相关性分析

二、环境空气质量与能源消耗相关性分析

2015—2023年海南省环境空气质量和能源消耗的相关性分析结果表明，$PM_{2.5}$年均浓度、PM_{10}年均浓度、CO日均值第95百分位数平均浓度与清洁能源发电量占比呈显著负相关，相关系数分别为-0.940、-0.940、-0.866；O_3日最大8 h平均值第90百分位数平均浓度、SO_2年均浓度、NO_2年均浓度与清洁能源发电量的相关性不显著。可见全省环境空气主要污染物$PM_{2.5}$、PM_{10}、CO浓度受清洁能源发电量占比影响较为明显，随着清洁能源岛的推进，清洁能源发电量占比逐步由2015年的10.9%上升至2023年的52.3%（表3-4-1），污染物排放总量减少，污染物浓度随之下降。

表3-4-1 2015—2023年海南省环境空气质量与清洁能源发电量占比相关性分析

指标	$PM_{2.5}$	PM_{10}	O_3	SO_2	NO_2	CO
斯皮尔曼相关系数	-0.940**	-0.940**	0.569	0.316	-0.454	-0.866**
显著性（双尾）	0.000	0.000	0.110	0.407	0.219	0.003

注：** 表示在0.01级别（双尾）相关性显著。

第五章　生态环境质量与城市发展关联分析

一、分析方法与指标

斯皮尔曼相关系数对原始数据的选取、相关形式及分布类型均无要求，通常用于度量变量间单调相关或等级相关性的强弱，其通用性及稳健性较好。

运用 SPSS 25.0 软件计算斯皮尔曼相关系数和显著性。城市发展数据来源于历年海南统计年鉴、海南省国民经济和社会发展统计公报，生态环境质量数据来源于海南省生态环境监测网络数据。采用 2011—2023 年海南省区域昼间平均等效声级和城镇化率、道路交通昼间平均等效声级和公路总里程进行声环境质量与城市发展的相关性分析（图 3-5-1）。

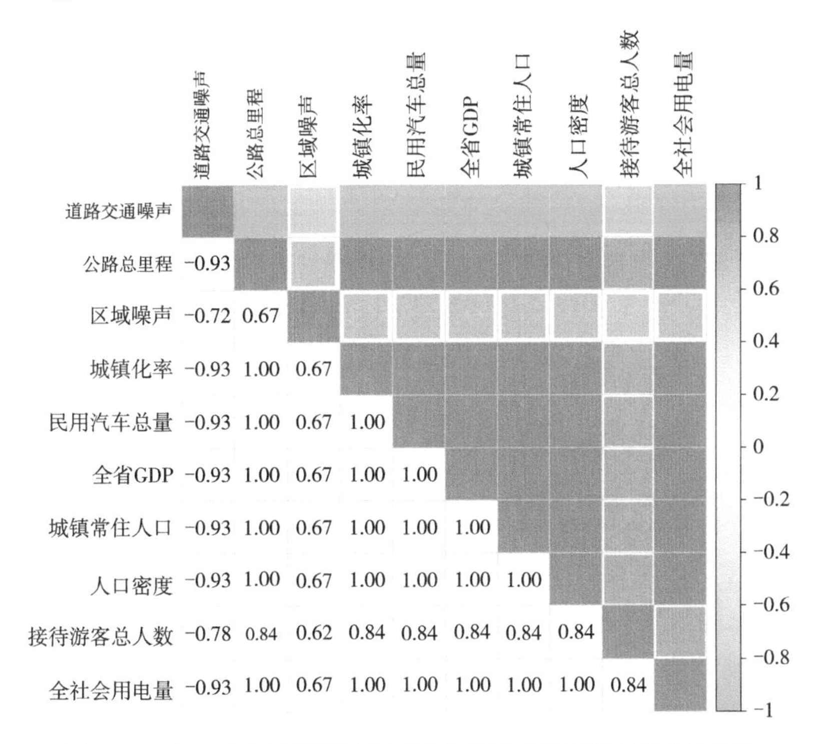

图 3-5-1　海南省声环境质量指标与城市发展潜在指标的相关性分析

二、声环境质量与城市发展相关性分析

（一）区域声环境质量与城镇化率相关性分析

2011—2023 年海南省区域声环境质量和城市发展的相关性分析结果表明，全省区域昼间平均等效声级与城镇化率呈正相关，相关系数为 0.669（表 3-5-1）。

表 3-5-1 2011—2023 年海南省区域声环境质量与城镇化率相关性分析

指标	全省区域昼间平均等效声级
斯皮尔曼相关系数	0.669*
显著性（双尾）	0.012

注：* 表示在 0.05 级别（双尾）相关性显著。

可见全省区域声环境质量受城镇化率影响较为明显，随着城镇化建设的推进，全省城镇化率逐步由 2011 年的 50.5% 上升至 2023 年的 62.5%，城市人口增加，社会生活带来的噪声污染增多，区域昼间平均等效声级上升（图 3-5-2）。

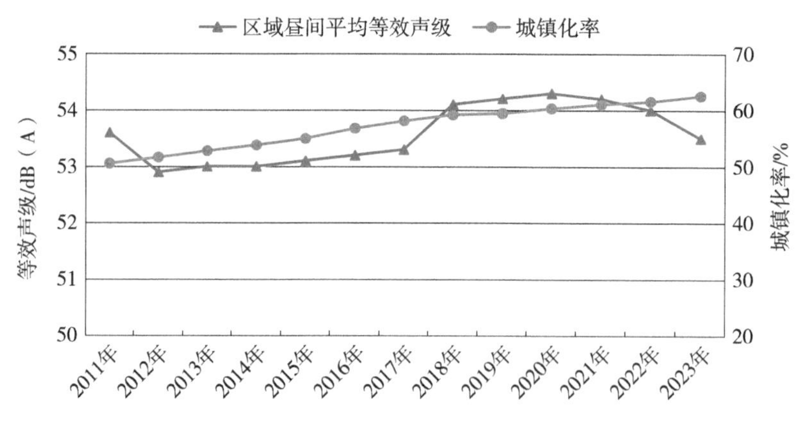

图 3-5-2 2011—2023 年海南省区域昼间平均等效声级与城镇化率变化

（二）道路交通声环境质量与公路总里程相关性分析

2011—2023 年全省道路交通声环境质量和城市发展的相关性分析结果表明，全省道路交通昼间平均等效声级与公路总里程呈显著负相关，相关系数均为 -0.934（表 3-5-2）。

表 3-5-2　2011—2023 年海南省道路交通声环境质量与公路总里程相关性分析

指标	全省道路交通昼间平均等效声级
斯皮尔曼相关系数	-0.934**
显著性（双尾）	0.000

注：** 表示在 0.01 级别（双尾），相关性显著。

可见全省道路交通声环境质量受公路总里程影响较为明显，通过不断优化完善路网，延长、加宽各路段，增加新的路线，减缓道路交通拥堵压力，道路交通噪声影响总体得到有效控制，加上近年来道路交通声环境监测点位也随着路网建设优化调整，道路交通昼间平均等效声级下降（图 3-5-3）。

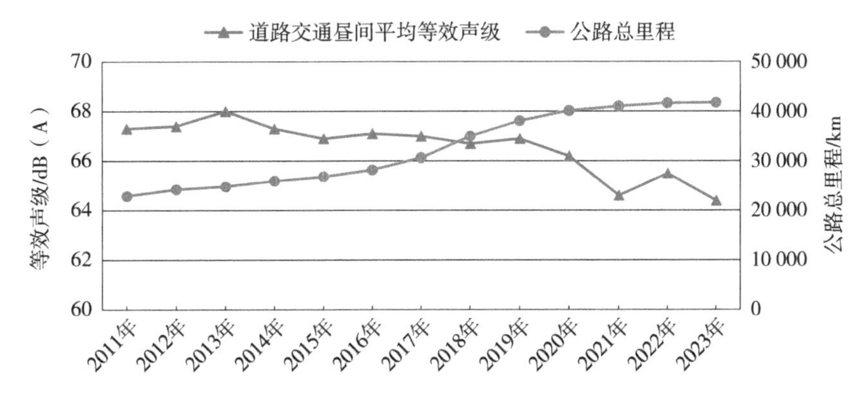

图 3-5-3　2011—2023 年海南省道路交通昼间平均等效声级与公路总里程变化

第六章　生态环境质量与农业面源关联分析

一、分析方法与指标

斯皮尔曼相关系数对原始数据的选取、相关形式及分布类型均无要求，通常用于度量变量间单调相关或等级相关性的强弱，其通用性及稳健性较好。

运用 SPSS 25.0 软件计算斯皮尔曼相关系数和显著性。农业面源数据来源于历年海南统计年鉴，生态环境质量数据来源于海南省生态环境监测网络数据。考虑到海南省自 2020 年起计算市县城市水质指数进行地表水质量排名，三沙市无化肥施用量数据，采用 2020—2023 年海南省 18 个市县（不含三沙市）城市水质指数和化肥施用量进行地表水环境质量与农业面源的相关性分析。

二、地表水环境质量与农业面源相关性分析

2020—2023 年海南省各市县城市水质指数和化肥施用量的相关性分析结果表明，城市水质指数与化肥施用量呈显著正相关，相关系数为 0.450。

可见全省地表水环境质量受农业面源影响较为明显，各市县每年化肥施用量在几千至十余万吨不等，市县间差异较大，农业越发达的市县，化肥施用量越大，通过地表径流直接排入河道的化肥污染越多，导致地表水中的污染物浓度越高，城市水质指数越高（表 3-6-1）。

表 3-6-1　2020—2023 年海南省各市县城市水质指数和化肥施用量相关性分析

指标	各市县城市水质指数
斯皮尔曼相关系数	0.450**
显著性（双尾）	0.000

注：** 表示在 0.01 级别（双尾）相关性显著。

第四篇

生态环境质量预测

第一章　预测模型概述

一、季节性差分自回归滑动平均模型

季节性差分自回归滑动平均模型（Seasonal Autoregressive Integrated Moving Average），即SARIMA模型，是一种重要的时间序列分析模型，在处理具有季节性趋势的时间序列数据具有良好的优势。该模型在传统ARIMA模型的基础上增加了季节性成分，通过整合自回归（AR）、差分（I）和移动平均（MA）等过程，能够更好地捕捉和预测时间序列中的季节性波动。

SARIMA模型的表达形式为SARIMA（p,d,q）（P,D,Q）[s]，其中p表示非季节性自回归项数，d表示非季节性差分次数，q表示非季节性移动平均项数，P表示季节性自回归项数，D表示季节性差分次数，Q表示季节性移动平均项数，s表示季节周期长度。模型中包含两部分：非季节性部分（ARIMA（p,d,q））和季节性部分（ARIMA（P,D,Q））。非季节性部分用于描述数据中的短期趋势和变化，而季节性部分则用于描述数据中的周期性波动。

SARIMA模型的原理基于差分运算和自回归与移动平均过程的组合。首先，对时间序列进行差分处理，以消除趋势和季节性成分，使序列平稳。差分次数d和D分别用于非季节性和季节性差分。其次，通过图形分析（如自相关函数ACF和偏自相关函数PACF）和信息准则（如AIC、BIC）来选择合适的模型参数p、d、q、P、D、Q，并利用最大似然估计法或其他优化算法估计模型参数。再次，通过残差分析、Ljung-Box检验等方法对模型进行检验，确保残差序列无显著自相关，符合白噪声假设。最后，利用拟合好的模型进行未来时间点的预测，并根据实际应用场景进行调整和优化。其计算步骤如下：

（1）差分运算

差分运算用于消除时间序列中的趋势和季节性成分，使序列平稳。非季节性差分和季节性差分分别用差分次数d和D表示。

非季节性差分：对于给定的时间序列X_t，非季节性差分d次后的序列为：

$$Y_t=(1-B)^d X_t$$

式中，B 是滞后算子（Lag Operator），定义为 $BX_t=X_{t-1}$。

季节性差分：对于季节周期为 s 的时间序列，季节性差分 D 次后的序列为：

$$Z_t=(1-B^s)^D Y_t$$

式中，$B^s X_t=X_{t-s}$。

（2）自回归与移动平均模型

自回归模型（AR）和移动平均模型（MA）用于描述时间序列中的短期变化和随机误差。

自回归模型 AR（p）：时间序列的当前值由其前 p 个滞后值的线性组合表示：

$$X_t=\varphi_1 X_{t-1}+\varphi_2 X_{t-2}+\cdots+\varphi_p X_{t-p}+\in_t$$

式中，φ_i——自回归系数；

$\in_t$——白噪声。

移动平均模型 MA（q）：时间序列的当前值由其前 q 个误差项的线性组合表示：

$$X_t=\in_t+\theta_{1\in_t}+\theta_{2\in_t}+\cdots+\theta_{q\in_t}$$

式中，θ_i——移动平均系数；

$\in_t$——白噪声。

（3）季节性成分

季节性成分包括季节性自回归（SAR）和季节性移动平均（SMA）模型。

季节性自回归模型 SAR（P）：时间序列的当前值由其前 P 个季节性滞后值的线性组合表示：

$$X_t=\phi_1 X_{t-s}+\phi_2 X_{t-2s}+\cdots+\phi_P X_{t-Ps}+\in_t$$

式中，ϕ_i——季节性自回归系数；

s——季节周期。

季节性移动平均模型 SMA（Q）：时间序列的当前值由其前 Q 个季节性误差项的线性组合表示：

$$X_t=\in_t+\theta_{1\in_t}+\theta_{2\in_t}+\cdots+\theta_{Q\in_t}$$

式中，θ_i——季节性移动平均系数；

s——季节周期。

（4）模型识别与估计

确定自回归和移动平均过程的阶数，通过图形分析（如自相关函数 ACF 和偏自相关函数 PACF）和信息准则（如 AIC、BIC）来选择合适的模型参数 p、d、q、P、D、Q。ACF 是描述序列与其滞后值之间的相关性，用于确定 MA 模型的阶数。PACF 是描述序列与其滞后值之间的直接相关性，用于确定 AR 模型的阶数。信息准则用于模型选择，权衡模型复杂度与拟合优度。

（5）参数估计

利用最大似然估计法或其他优化算法估计模型参数。最大似然估计法通过最大化似然函数来寻找最佳参数组合，使得模型能够最准确地描述数据。似然函数的形式为：

$$L(\theta)=\prod_{t=1}^{T} f(Xt\mid\theta)$$

式中，$f\left(Xt\mid\theta\right)$为给定参数 θ 下，时间点 t 的观测值的概率密度函数。

（6）模型检验与诊断

通过残差分析检查模型拟合后的残差是否为白噪声，残差应无明显的模式或趋势，然后利用 Ljung-Box 检验等方法检验模型残差序列的自相关性，确保残差序列无显著自相关，符合白噪声假设，一般若 p 值较大，则说明残差序列符合白噪声假设。

（7）预测与应用

利用拟合好的模型进行未来时间点的预测，并根据实际应用场景进行调整和优化。预测值通过以下公式计算：

对于非季节性成分：

$$\hat{X}_{t+h}=\phi_1\hat{X}_{t+h-1}+\phi_2\hat{X}_{t+h-2}+\ldots+\phi_p\hat{X}_{t+h-p}+\varepsilon_{t+h}$$

对于季节性成分：

$$\hat{X}_{t+h}=\varphi_1\hat{X}_{t+h-\mathrm{s}}+\varphi_2\hat{X}_{t+h-2\mathrm{s}}+\ldots+\varphi_p\hat{X}_{t+h-P\mathrm{s}}+\varepsilon_{t+h}$$

式中，$\hat{X}_{t+h}$——预测值；

ε_{t+h}——预测误差值。

二、灰色预测模型

灰色系统理论以部分信息已知、部分信息未知的小数据、贫信息不确定系统为研究对象，主要通过对部分已知信息的生成、开发，提取有价值的信息，实现对系统运行行为、演化规律的正确描述，并进而实现对其未来变化的定量预测。

GM 系列模型是灰色预测理论的基本模型，灰色预测模型所需建模信息少，运算方便，建模精度高，在各种领域都有着广泛的应用，是处理小样本预测问题的有效工具。生态环境质量指标多为非指数增长序列和振荡序列，宜选择微分、差分混合形式的均值 GM（1,1）模型（EGM）进行建模预测。

（1）对原始数据列 $X^{(0)}=(x^{(0)}(1),x^{(0)}(2),\cdots,x^{(0)}(n))$ 进行一次累加得到序列 $X^{(1)}=(x^{(1)}(1),x^{(1)}(2),\cdots,x^{(1)}(n))$，其中$x^{(1)}(k)=\sum_{i=1}^{k}x^{(0)}(i),k=1,2,\cdots,n$。

（2）对于$X^{(1)}$建立差分方程模型$\frac{\mathrm{d}x^{(1)}}{\mathrm{d}t}+ax^{(1)}=b$求解后可以得到时间响应式：$x^{(1)}(k)=\left(x^{(0)}(1)-\frac{b}{a}\right)\mathrm{e}^{-a(k-1)}+\frac{b}{a}$，$k=1,2,\cdots,n$。

（3）利用已有样本和最小二乘法估计式确定参数 a、b。

（4）计算模型预测结果的平均相对误差，检验模型模拟精度是否合格，如果模型检验未通过则采取残差修正方法对模型进行修正。

第二章　预测结果分析

一、季节性差分自回归滑动平均模型预测环境空气和地表水环境质量

（一）模型的准确度评估

基于季节性差分自回归滑动平均模型原理，采用R语言编程软件，应用2016—2023年海南省每个月的环境空气主要指标和地表水环境质量指标与气温、降水量等气候指标构建模型，采用2016—2022年为训练集，2023年1—12月为测试集，分别构建主要环境空气指标$PM_{2.5}$和O_3及主要水环境质量指标化学需氧量和总磷的SARIMA模型，分别计算每个模型的均方误差（MSE）、均方根误差（RMSE）和平均绝对误差（MAE）及基于均方根误差的模型准度（Model_accuracy_RMSE其MSE）。4个指标的模型准确度都在79%以上，模型预测值和真实值的误差在合理范围内，表明模型性能良好，模型合格（表4-2-1、图4-2-1、图4-2-2）。

表4-2-1　$PM_{2.5}$、O_3、化学需氧量和总磷的SARIMA模型评估

指标	max	min	mean	MSE	RMSE	MAE	Model_accuracy_RMSE
$PM_{2.5}$	33	6.2	14.956 25	8.972 5	2.995 4	2.749 55	79.8%
O_3	163	57	97.177	214.856 2	14.658	10.965	84.9%
河流总磷	0.065 58	0.11	0.085 47	0.000 198	0.014 0	0.012 86	83.6%
化学需氧量	14.971	8.968	11.959 0	1.537 78	1.240	1.127 18	89.6%

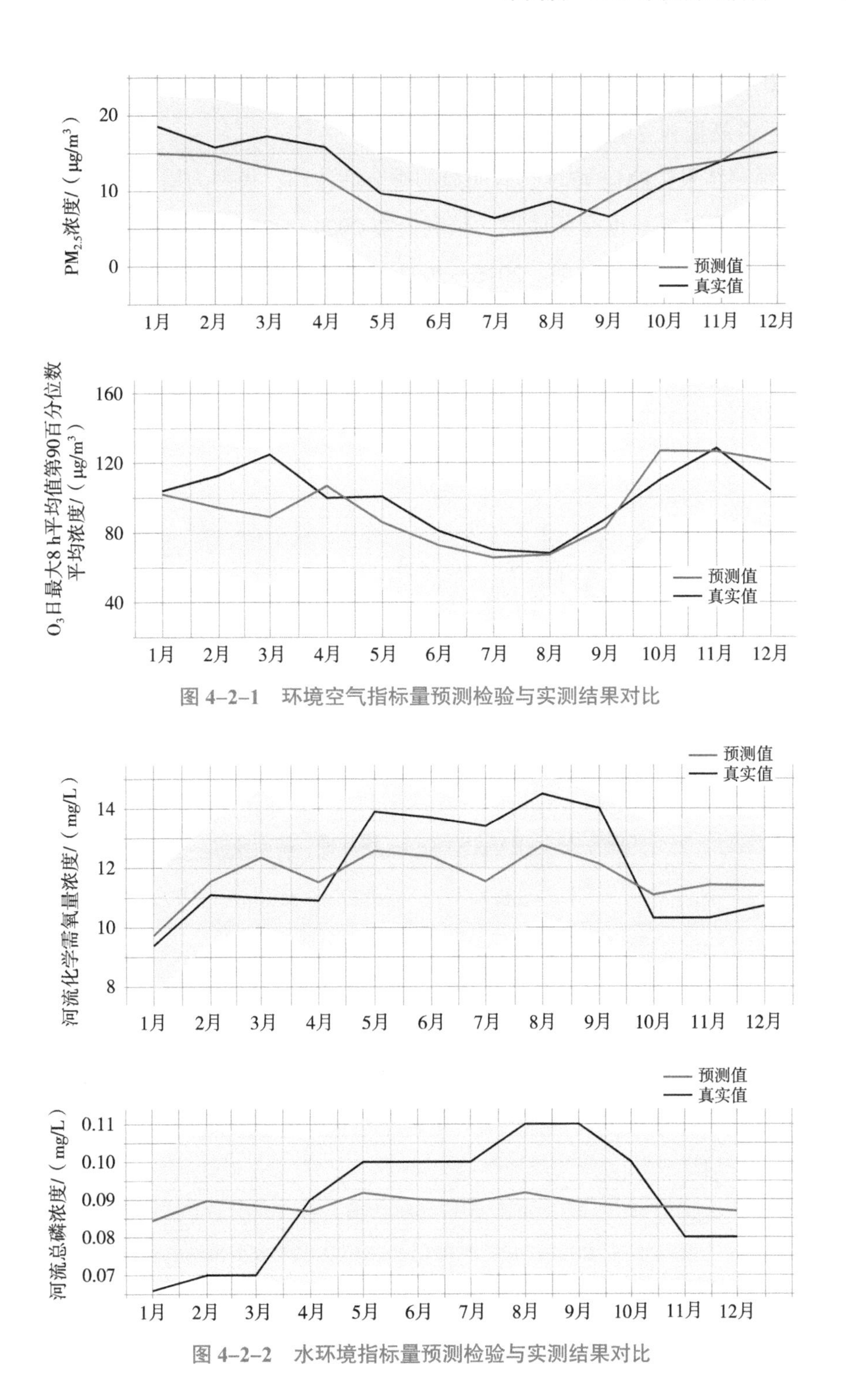

图 4-2-1　环境空气指标量预测检验与实测结果对比

图 4-2-2　水环境指标量预测检验与实测结果对比

（二）预测结果

采用 2016—2023 年逐月环境空气和地表水主要污染指标的海南省月均值构建

SARIMA 模型，对未来 36 个月的 O_3 日最大 8 h 平均值第 90 百分位数平均浓度和 $PM_{2.5}$、化学需氧量和总磷日浓度进行预测。

$PM_{2.5}$ 预测结果：$PM_{2.5}$ 浓度具有明显的季节性波动，表现为周期性的高峰和低谷。季节性特征在预测部分也有所体现，预测值在 2024—2026 年也呈现出类似的波动模式体现出模型良好的预测效果。2016—2023 年 $PM_{2.5}$ 浓度波动范围为 6.2～33 μg/m³，自 2024 年起，预测的 $PM_{2.5}$ 浓度为 1.7～16.9 μg/m³，保持季节性波动，总体趋势相对平稳地下滑。预测的浓度值和置信区间显示，未来 3 年内 $PM_{2.5}$ 浓度不会有剧烈变化，但高低峰值都相比过去 8 年有所降低，指示未来空气质量会更加优良（图 4-2-3、图 4-2-4）。

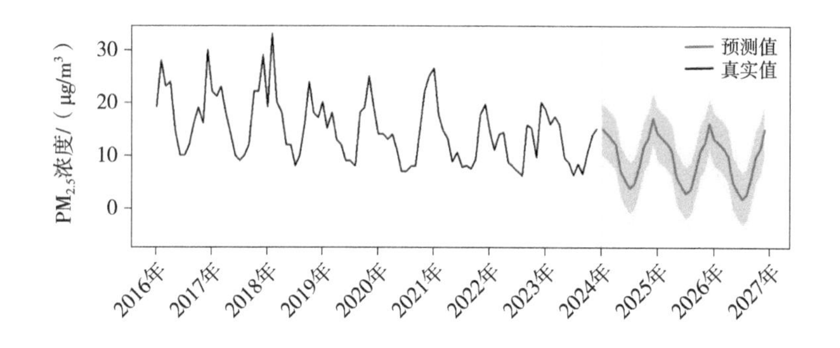

图 4-2-3　$PM_{2.5}$ SARIMA 预测模型数据分析

图 4-2-4　2024—2026 年 $PM_{2.5}$ SARIMA 预测模型预测结果

O_3 预测结果：O_3 日最大 8 h 平均值第 90 百分位数平均浓度具有明显的季节性波动，表现为周期性的高峰和低谷。季节性特征在预测部分也有所体现，预测值在 2024—2026 年也呈现出类似的波动模式体现出模型良好的预测效果。2016—2023 年 O_3 日最大 8 h 平均值第 90 百分位数平均浓度波动范围为 57～163 μg/m³，自 2024 年起，预测的 O_3 日最大 8 h 平均值第 90 百分位数平均浓度为 63～132 μg/m³ 保持季节性波动，总体趋势相对平稳。预测的浓度值和置信区间显示出未来 3 年内 O_3 日最大 8 h 平均值第 90 百分位数平均浓度不会有剧烈变化，但仍会受到季节性的影响（图 4-2-5、图 4-2-6）。

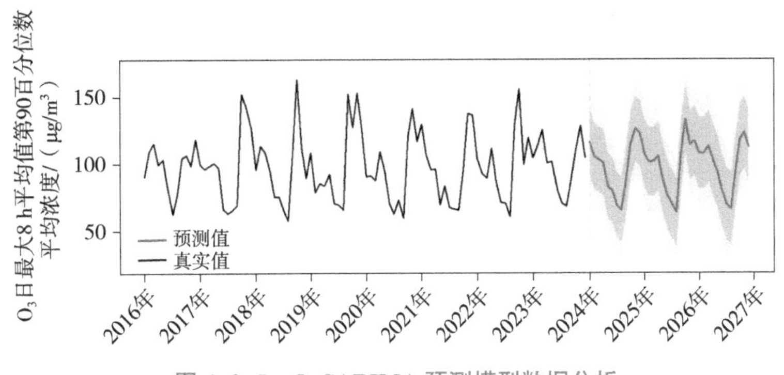

图 4-2-5　O_3 SARIMA 预测模型数据分析

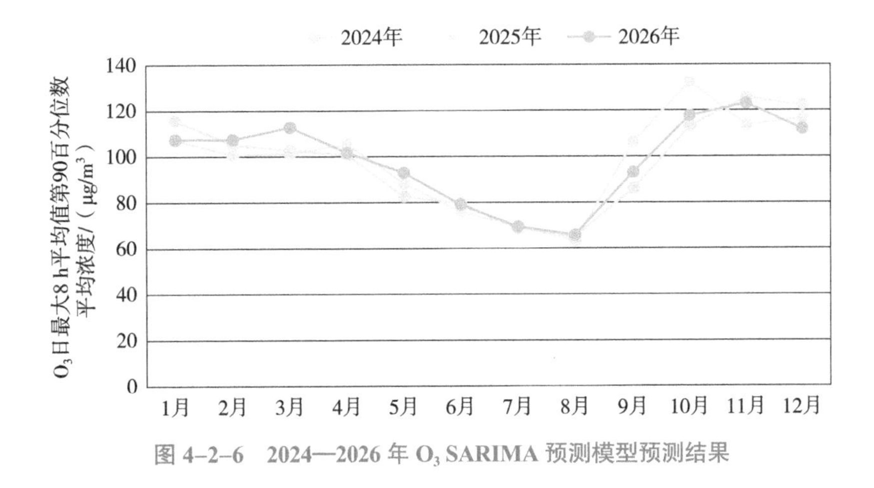

图 4-2-6　2024—2026 年 O_3 SARIMA 预测模型预测结果

化学需氧量预测结果：2016—2023 年的实际观测值显示，河流水化学需氧量浓度存在明显的季节性波动，年度高峰和低谷的出现具有规律性，河流水化学需氧量受季节变化影响较大。模型能够有效捕捉未来 3 年内的季节性波动趋势，2024—2026 年的河流水化学需氧量浓度将继续呈现季节性波动。预测值的高峰和低谷与历史数据的波动模式一致，显示出周期性的变化。但是预测结果的置信区间随着时间推移逐渐变宽，表明预测的不确定性在未来有所增加。因此在实际应用中需考虑这种不确定性，灵活调整管理措施（图 4-2-7、图 4-2-8）。

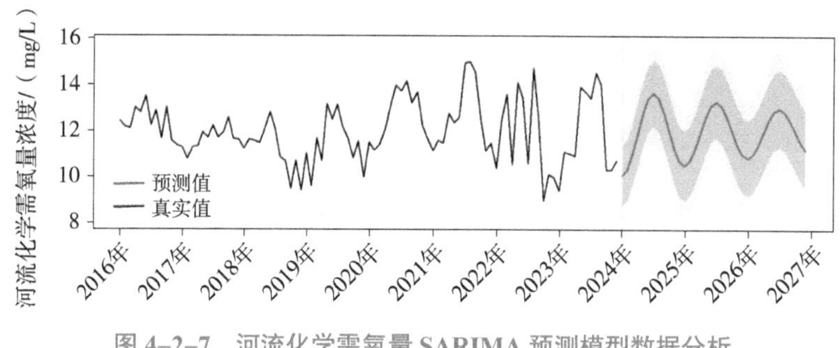

图 4-2-7 河流化学需氧量 SARIMA 预测模型数据分析

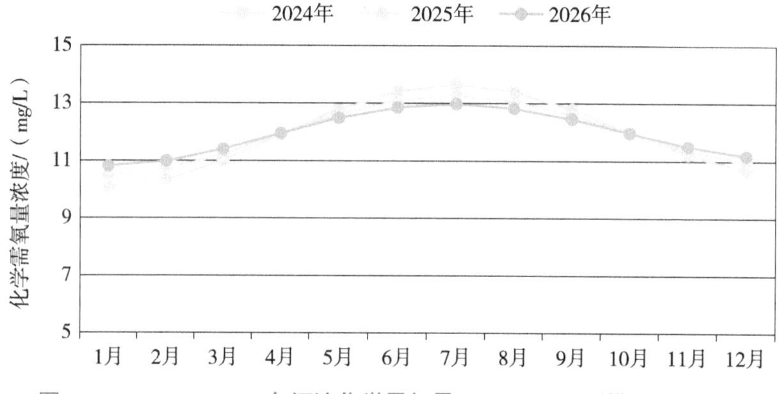

图 4-2-8 2024—2026 年河流化学需氧量 SARIMA 预测模型预测结果

总磷预测结果：2016—2023 年的实际观测值显示，河流总磷浓度存在一定的季节性波动，虽然波动幅度相对较小，但仍然可以观察到年度高峰和低谷的规律。表明河流总磷浓度在某些季节较高，可能与降水、流量等因素有关。模型能够有效捕捉未来 3 年内的季节性波动趋势，2024—2026 年的河流总磷浓度将保持相对稳定，虽然预测值仍然有一定的波动，但总体趋势较为平稳。这一预测结果与历史数据中的季节性变化规律基本一致，显示出未来几年内河流总磷浓度不会有剧烈变化。但是预测结果的置信区间较为宽泛，特别是在预测初期，置信区间较宽，表示预测的不确定性较大。因此在实际应用中需考虑这种不确定性，灵活调整管理措施，以应对可能的变化（图 4-2-9、图 4-2-10）。

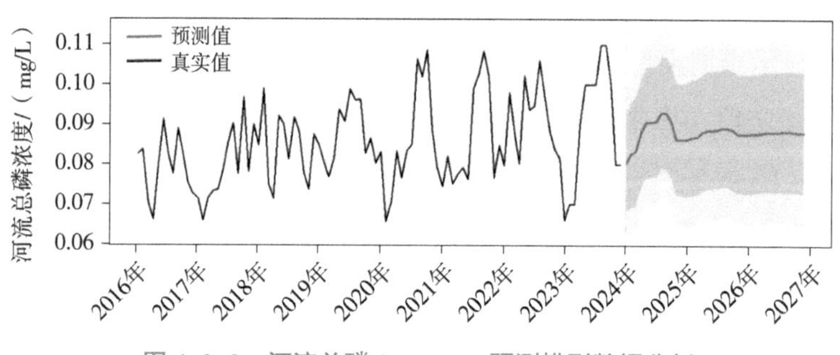

图 4-2-9 河流总磷 SARIMA 预测模型数据分析

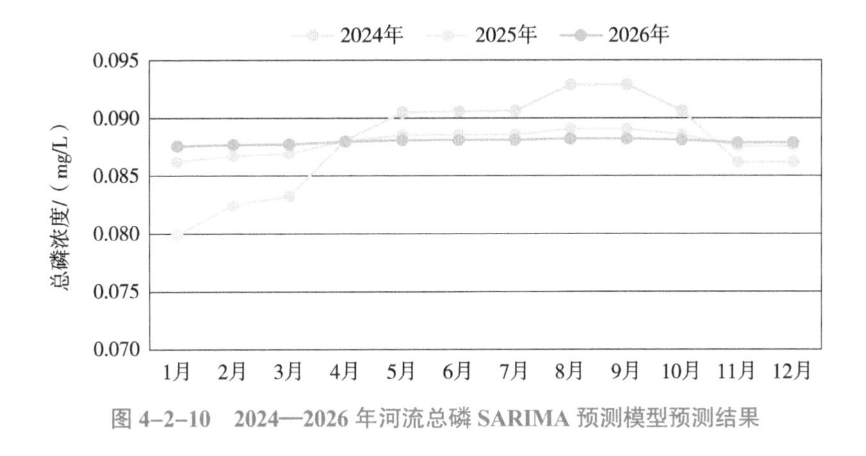

图 4-2-10　2024—2026 年河流总磷 SARIMA 预测模型预测结果

表 4-2-2　2024—2026 年 ARIMA 模型预测结果

要素	指标	实测结果	预测结果		
		2023 年	2024 年	2025 年	2026 年
环境空气	$PM_{2.5}$/（μg/m^3）	12.0	10.4	9.4	8.3
	O_3/（μg/m^3）	108	97.2	98.4	98.6
地表水	河流化学需氧量 /（mg/L）	11.2	11.9	11.9	11.9
	河流总磷 /（mg/L）	0.022	0.087 8	0.087 9	0.087 9

二、灰色预测模型预测环境空气、地表水和声环境质量

1. 模型的准确度评估

基于灰色预测理论，采用 2011—2022 年海南省生态环境质量主要指标数据构建均值 GM（1,1）模型，预测 2023 年数据，预测结果与实测结果相比，区域昼间平均等效声级和道路交通昼间平均等效声级模拟平均相对误差达到一级精度，湖库总磷模拟平均相对误差达到三级精度，河流氨氮和湖库氨氮模拟平均相对误差达到四级精度，其余指标模拟平均相对误差达到二级精度，模型均合格（表 4-2-3、表 4-2-4）。

表 4-2-3　灰色模型相对误差精度检验等级参照表

精度等级	一级	二级	三级	四级
相对误差临界值	1%	5%	10%	20%

表 4-2-4 2023年全省生态环境质量灰色预测结果与实测结果对照表

要素	指标	预测结果	实测结果	相对误差
环境空气	$PM_{2.5}$/（μg/m^3）	12	12	0.0%
	O_3/（μg/m^3）	117	108	7.7%
地表水	河流总磷 /（mg/L）	0.095	0.086	9.5%
	河流高锰酸盐指数 /（mg/L）	3.2	3.1	3.1%
	河流化学需氧量 /（mg/L）	12.2	11.2	8.2%
	河流氨氮 /（mg/L）	0.20	0.15	25%
	湖库总磷 /（mg/L）	0.026	0.022	15.4%
	湖库高锰酸盐指数 /（mg/L）	2.8	2.9	3.6%
	湖库化学需氧量 /（mg/L）	11.2	10.9	2.7%
	湖库氨氮 /（mg/L）	0.08	0.07	12.5%
声环境	区域昼间平均等效声级 /dB（A）	54.5	53.3	2.2%
	道路交通昼间平均等效声级 /dB（A）	65.2	64.4	1.2%

2. 预测结果

采用2011—2023年海南省生态环境质量主要指标数据构建均值GM（1,1）模型，对2024—2026年数据进行预测。

2024年，海南省$PM_{2.5}$浓度保持11 μg/m^3，O_3浓度上升1 μg/m^3；河流主要污染指标浓度均有不同程度上升，总磷、高锰酸盐指数、化学需氧量、氨氮浓度分别上升0.006 mg/L、0.1 mg/L、0.8 mg/L、0.02 mg/L；湖库主要污染指标浓度无明显变化，高锰酸盐指数和氨氮浓度持平，总磷浓度上升0.003 mg/L，化学需氧量浓度上升0.1 mg/L；区域昼间平均等效声级上升1.0 dB（A），道路交通昼间平均等效声级上升0.3 dB（A）（表4-2-5）。

表 4-2-5 2024—2026年海南省生态环境质量灰色模型预测结果

要素	指标	实测结果		预测结果		
		2022年	2023年	2024年	2025年	2026年
环境空气	$PM_{2.5}$/（μg/m^3）	12	12	11	10	10
	O_3/（μg/m^3）	112	108	109	109	110

续表

要素	指标	实测结果		预测结果		
		2022 年	2023 年	2024 年	2025 年	2026 年
地表水	河流总磷 /（mg/L）	0.090	0.086	0.094	0.096	0.098
	河流高锰酸盐指数 /（mg/L）	3.1	3.1	3.2	3.3	3.3
	河流化学需氧量 /（mg/L）	10.9	11.2	12.0	12.0	12.1
	河流氨氮 /（mg/L）	0.17	0.15	0.17	0.16	0.15
	湖库总磷 /（mg/L）	0.026	0.022	0.025	0.024	0.024
	湖库高锰酸盐指数 /（mg/L）	2.8	2.9	2.9	2.9	2.9
	湖库化学需氧量 /（mg/L）	11.3	10.9	11.1	11.1	11.1
	湖库氨氮 /（mg/L）	0.07	0.07	0.07	0.06	0.05
声环境	区域昼间平均等效声级 / dB（A）	54.0	53.3	54.3	54.4	54.5
	道路交通昼间平均等效声级 /dB（A）	65.5	64.4	64.7	64.5	64.2

三、目标可达性分析

2025 年预测结果表明，海南省生态环境质量“十四五”目标完成形势较为严峻，海南省 O_3 浓度持续上升，达到保持稳定的“十四五”规划目标仍有难度；河流总磷浓度、高锰酸盐指数浓度、化学需氧量浓度、氨氮和湖库总磷浓度、化学需氧量浓度均上升，其余指标无明显变化，水质优良比例达到 95% 的“十四五”规划目标仍有难度。

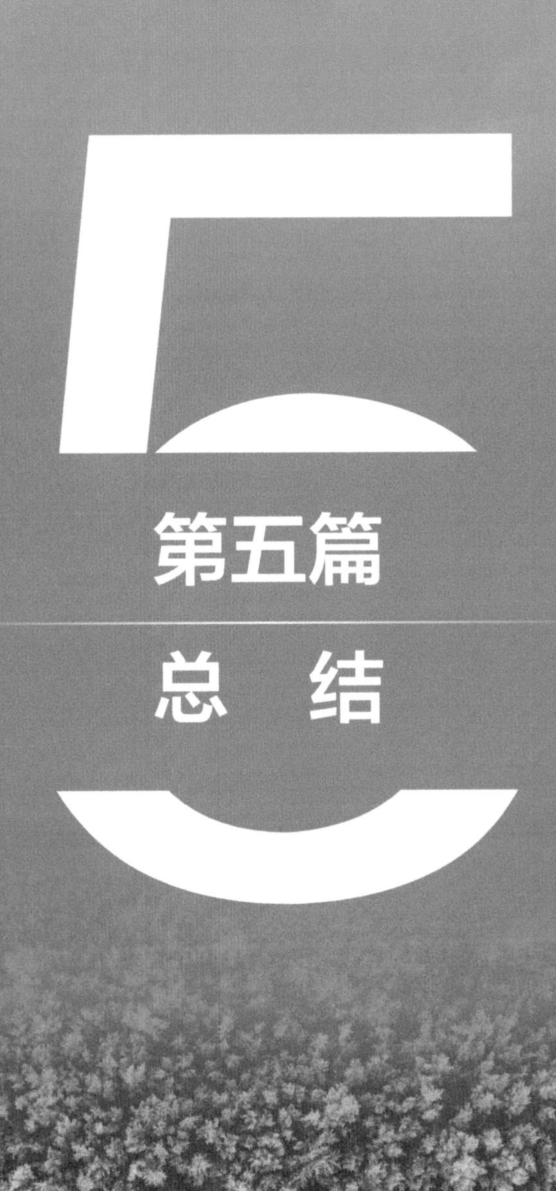

第五篇

总　结

第一章　生态环境质量结论

2023 年，海南省生态环境质量总体优良。海南省环境空气质量总体优良，$PM_{2.5}$ 年均浓度保持监测历史最低水平；海南省全年酸雨频率略有上升；地表水水质总体为优，优良比例再创有监测历史以来最好水平；城市（镇）集中式饮用水水源地水质稳定达标；地下水水质总体较好；土壤环境质量总体良好；近岸海域海水水质总体为优，典型海洋生态系统处于健康状态；生态质量为优；声环境、辐射环境质量总体良好。

一、环境空气质量优中有升，有五项污染物保持监测历史最好水平，O_3 浓度同比下降，酸雨频率略有上升

2023 年，海南省环境空气优良天数比例为 99.5%。$PM_{2.5}$、PM_{10}、NO_2、SO_2 年均浓度和 CO 日均值第 95 百分位数平均浓度达到一级标准；O_3 日最大 8 h 平均值第 90 百分位数平均浓度接近一级标准。海南省 18 个市县（不含三沙市）环境空气质量均明显优于二级标准，其中五指山市和琼中县达到一级标准。海南岛西部、北部地区 $PM_{2.5}$、PM_{10} 年均浓度和 O_3 日最大 8 h 平均值第 90 百分位数平均浓度相对较高，北部地区 SO_2 和 NO_2 年均浓度较高，CO 日均值第 95 百分位数平均浓度处于较低浓度水平。全省降水 pH 年均值为 5.72，酸雨发生频率为 10.1%，酸雨 pH 年均值为 5.01，4 个市县监测到酸雨，集中出现在春、冬季，主要表现为硫硝混合型，同时呈现海洋性酸性降水特征。

与 2022 年相比，2023 年海南省环境空气优良天数比例上升 0.8 个百分点，全省环境空气 $PM_{2.5}$、PM_{10}、NO_2、SO_2 年均浓度和 CO 日均值第 95 百分位数平均浓度持平，O_3 日最大 8 h 平均值第 90 百分位数平均浓度下降 4 $\mu g/m^3$。海南省降水 pH 年均值下降 0.22，酸雨发生频率上升 3.9 个百分点，酸雨 pH 年均值下降 0.06。

2016—2023 年，海南省环境空气优良天数比例持续保持在 98% 左右，$PM_{2.5}$、NO_2 年均浓度和 CO 日均值第 95 百分位数平均浓度呈下降趋势，PM_{10} 年均浓度波动下降，O_3 日最大 8 h 平均值第 90 百分位数平均浓度波动上升，SO_2 年均浓度在低浓度波动变化。海南省降水 pH 年均值、酸雨发生频率无显著变化趋势。

二、地表水水质持续为优，优良比例再创监测历史最好水平，集中式饮用水水源地水质稳定，地下水水质总体较好

2023 年，海南省地表水环境质量持续为优。水质优良比例为 95.9%，同比上升 0.5 个百分点，无劣Ⅴ类水质断面；南渡江、昌化江、万泉河流域和西北部、南部、南海各岛诸河水质为优，东北部诸河水质良好。东北部珠溪河由重度污染好转为中度污染，首次实现“消劣”，东北部文教河及南部东山河、罗带河持续轻度污染；38 个湖库水质优良，3 个湖库轻度污染；35 个湖库呈中营养状态，6 个湖库呈轻度富营养；超Ⅲ类水质断面（点位）主要污染指标为高锰酸盐指数、化学需氧量、总磷，平均浓度分别为 3.1 mg/L、11.1 mg/L、0.069 mg/L。城市（镇）集中式饮用水水源地水质达标率为 100%。海南省地下水水质总体较好，Ⅰ～Ⅳ类水质比例为 85.1%。

与 2022 年相比，2023 年海南省地表水水质总体优中向好，水质优良比例上升 0.5 个百分点，劣Ⅴ类水质比例下降 0.5 个百分点，主要污染指标总磷超标率下降 1.0 个百分点，化学需氧量和高锰酸盐指数超标率均上升 0.5 个百分点。城市（镇）集中式饮用水水源地水质达标率保持 100%。海南省地下水Ⅰ～Ⅳ类水质比例下降 5.6 个百分点。

2016—2023 年，海南省地表水水质状况均为优，水质优良比例在 90.1%～95.9% 波动，劣Ⅴ类水质比例在 0.0～1.6% 波动。海南省河流及各流域综合污染指数无显著变化趋势。高坡岭水库、戈枕水库、珠碧江水库、毛拉洞水库综合污染指数上升趋势显著，南扶水库综合污染指数下降趋势显著，其余湖库及全省湖库无显著变化趋势。

三、土壤环境质量总体良好

2021—2022 年，海南省土壤环境质量总体良好。监测的 402 个土壤环境质量点位中，低于风险筛选值的点位占比为 80.8%，介于风险筛选值和风险管制值之间的点位占比为 18.4%，高于风险管制值的点位占比为 0.8%。

四、近岸海域水质总体稳定为优，珊瑚礁和海草床生态系统处于健康状态，海水浴场水质优良

2023 年，海南省近岸海域水质为优，以一类水质为主，优良水质面积比例为 99.66%，劣四类水质面积占比为 0.17%，富营养化海域面积 86.7 km^2；主要污染指标为活性磷酸盐、无机氮、化学需氧量。5 个海水浴场水质等级为优，1 个水质等级为良。

西沙群岛、海南岛东海岸及西海岸珊瑚礁生态系统均保持健康状态，海南岛东海岸海草床生态系统处于健康状态。

与 2022 年相比，2023 年海南省近岸海域水质保持为优，优良面积比例上升 0.06 个百分点，富营养化海域面积上升 0.1 km^2。

2016—2023 年，海南省近岸海域水质稳定为优，优良水质面积比例均保持在 99% 以上，劣四类水质面积比例呈小幅度波动变化，富营养化海域面积呈波动下降趋势。2 个国家级海水浴场水质状况等级为优良的天数比例保持 100%，海口假日海滩海水浴场水质优良天数比例下降 2.9 个百分点。西沙群岛活珊瑚覆盖度呈上升趋势，海南岛东海岸活珊瑚平均覆盖度相对稳定，东海岸珊瑚礁鱼类呈下降趋势，海南岛西海岸活珊瑚平均覆盖度先上升后下降，海南岛东海岸海草平均覆盖度先下降后上升。

五、声环境质量总体良好，区域、道路交通、功能区声环境质量保持稳定

2023 年，海南省区域昼间、夜间声环境质量总体分别为较好、一般，平均等效声级分别为 53.5 dB（A）、46.5 dB（A）；昼间、夜间声源构成中均是社会生活噪声贡献最大，其次为交通噪声。区域昼间声环境质量 14 个市县较好，4 个市县一般；区域夜间声环境质量 1 个市县为好，3 个市县较好，14 个市县一般。海南省道路交通昼间、夜间声环境质量总体均为好，平均等效声级分别为 64.4 dB（A）、57.8 dB（A），超二级的路段长度分别占 11.2%、57.2%。18 个市县（不含三沙市）道路交通昼间声环境质量均为好；道路交通夜间声环境质量 6 个市县为好，4 个市县较好，5 个市县一般，2 个市县较差，1 个市县差。海南省功能区昼间总点次达标率为 92.4%，夜间总点次达标率为 84.4%；18 个市县（不含三沙市）各类功能区昼间总点次达标率为 75.0%～100%，夜间监测点次达标率为 63.3%～100%。

与 2022 年相比，2023 年海南省区域昼间声环境质量保持较好，平均等效声级下降 0.5 dB（A），区域声环境质量一级的市县减少 1 个，二级的市县增加 4 个，三级的市县减少 3 个。海南省道路交通昼间声环境质量保持为好，平均等效声级下降 1.1 dB（A），琼海市由较好上升为好，昌江县由较好上升为好，其余市县无明显变化。海南省功能区昼间总点次达标率下降 0.4 个百分点，夜间总点次达标率上升 0.4 个百分点，1 类功能区昼间、2 类功能区夜间、3 类功能区昼间夜间、4a 类功能区夜间达标率均下降，1 类功能区夜间、2 类功能区昼间、4b 类功能区夜间达标率均上升，其余功能区昼间、夜间达标率均持平。

与 2018 年相比，2023 年海南省区域夜间声环境质量保持一般，平均等效声级持平；区域夜间声环境质量三级的市县增加 2 个，四级的市县减少 2 个。全省道路交通夜间声环境质量由较好上升为好，平均等效声级下降 0.6 dB（A）；道路交通夜间声环境质量为一级的市县减少 2 个，二级的市县增加 2 个，三级的市县增加 2 个，四级的市县减少 2 个。

2016—2023 年，海南省区域昼间声环境质量均为较好，无显著变化趋势；海口、白沙、昌江、陵水、保亭 5 个市县上升趋势显著，五指山、琼海、文昌、澄迈 4 个市县下降趋势显著；全省道路交通昼间声环境质量均为好，平均等效声级下降趋势显著；海口、琼海、万宁、定安、澄迈、白沙、乐东、陵水、琼中 9 个市县下降趋势显著。

六、生态质量保持为优

2023 年，海南省生态质量指数为 74.98，生态质量为一类，自然生态系统覆盖比例高、人类干扰强度低、生物多样性丰富、生态结构完整、系统稳定、生态功能完善。18 个市县（不含三沙市）生态质量指数为 59.30～83.24，儋州市、海口市生态质量为二类，其余 16 个市县为一类。

与 2022 年相比，2023 年海南省生态质量指数上升 0.02，生态质量变化等级为基本稳定；18 个市县（不含三沙市）生态质量变化等级均为基本稳定。

七、辐射环境质量总体良好且保持稳定，环境电离辐射水平处于本底涨落范围内，环境电磁辐射水平低于公众曝露控制限值

2023 年，海南省辐射环境质量总体良好。环境电离辐射水平处于本底涨落范围内，环境电磁辐射水平低于国家标准规定的公众曝露控制限值。环境 γ 辐射剂量率和环境介质中的天然放射性核素活度浓度处于本底涨落范围内，人工放射性核素活度浓度未见异常；环境电磁辐射水平低于《电磁环境控制限值》（GB 8702—2014）中规定的公众曝露控制限值。

与 2022 年相比，2023 年海南省辐射环境质量保持稳定。

第二章　主要生态环境问题和原因

一、秋冬季节 O_3 污染较重，制约全省环境空气质量的进一步提升

2023 年，海南省环境空气的超标污染物均为 O_3，其污染天数占比连续五年稳居高位。从各市县来看，空气质量总体呈北部、西部较高，中部、南部较低的分布趋势，O_3 浓度则呈现不断上升趋势，高值区主要集中在北部的海口市和临高县及西部的昌江县、东方市。可见 O_3 仍是制约海南省环境空气质量优良天数比例的关键因素，未来还可能出现 $PM_{2.5}$ 和 O_3 复合型污染，带来环境空气质量停滞不前乃至转差的风险。

O_3 污染集中的秋冬季节，海南省气温在国内相对较高，降水减少，日照强，逆温现象增多，扩散条件总体不利，O_3 容易生成，且主导风向由夏季的偏南风转为东北风，易受下沉气流及弱冷空气带来的区域污染传输共同影响。同时 O_3 具备很强的流动性，其污染存在滞后性，形成机理复杂，会在区域和城市之间互相影响，污染防治难度较高。

二、少数河流湖库水质持续污染，城镇生活污水处理不善问题突出

东北部珠溪河虽首次实现“消劣”，但水质仍不稳定，污染程度仍在中度污染至重度污染之间徘徊；东北部文教河以及南部东山河、罗带河持续轻度污染，高坡岭水库、湖山水库和珠碧江水库持续轻度污染。海南省地表水环境质量与汛期水情雨情密切相关，丰水期水质下降明显，城乡面源污染已成为制约海南省水环境质量持续改善的主要矛盾。

海南省城镇生活污水处理设施及配套管网建设不全面、收集率低，污水管网建设不完善、生活污水存在直排入河问题一直是影响海南省地表水环境质量的重要因素。中央生态环境保护督察指出，海南省一些地方生活污水基础设施建设推进不力，管网缺失严重，海南省城市生活污水集中收集率仅为 62.3%，大量生活污水直排入河，河流水体污染负荷居高不下，难以保证水质稳定优良。而现有基础设施建设标准低，城市管网存在错接、漏接、破损、雨污分流不彻底等情况，又采取大截污、大截流等简单化措施，雨污混接混排入市政管网，造成工程投资和污水处理设施运行浪费，降雨

量大时可能存在污水稀释现象，降雨量小时截流管道存在淤积，再次大量降雨时污水雨水冲入管道可能会溢流至河流中，造成水体污染。

三、个别半封闭海湾水质持续污染，局部海域水体交换能力差导致水质提升难度大

海南省近岸海域水质稳定为优，持续以一类为主，但局部近岸海域水质较差，万宁小海、文昌清澜湾等近岸海域水质多年劣于二类。

劣于二类水质海域主要分布在封闭或半封闭海湾、入海河口、养殖集中区、港口等近岸海域，造成水质劣于二类的主要指标为活性磷酸盐、无机氮和化学需氧量，这类污染物多来自生活污水和农业废水，污染物在封闭或半封闭的海湾内难以扩散，水体交换不及时，造成水质污染。工业废水、养殖尾水入海排口点多面广，陆源污染及渔业养殖废水短期内难以消除，部分入海小河流不能稳定达标，封闭或半封闭海湾海水持续呈污染状态。

四、海南岛东海岸珊瑚礁鱼类密度较低，人类活动对脆弱的珊瑚礁海洋生态系统产生负面影响

2023 年海南岛东海岸珊瑚礁鱼类密度仅为 36.08 尾 /100 m^2，在历年的监测数据中处于相对较低的水平；而西沙群岛珊瑚礁鱼类密度为 184.93 尾 /100 m^2，海南岛西海岸珊瑚礁鱼类密度为 166.14 尾 /100 m^2，东海岸珊瑚礁鱼类密度明显低于其他区域。

随着自由贸易港的建设，沿海岸线的鱼类捕捞、海岸线开发和海洋污染影响海洋水质和沉积环境，叠加气候变化、栖息地退化的综合影响，导致珊瑚礁鱼类大幅减少，而鱼类的减少进一步削弱了珊瑚礁的稳定性和恢复潜力，对海洋生态系统产生负面影响。

五、声环境功能区夜间达标率不足 85%，区域夜间声环境质量较昼间低一个等级，本地居民夜间生活丰富

《“十四五”噪声污染防治行动计划》提出，到 2025 年，全国声环境功能区夜间达标率达到 85%。2023 年，海南省功能区声环境夜间达标率仅为 84.4%，尚不足 85%。海南省区域昼间、夜间声环境质量总体分别为较好和一般。

海南省地处热带，全年大部分时段昼间气温高，夜间气温较适宜，居民生活习惯于夜间活动。随着海南省自由贸易港建设发展及人民生活水平的提高，机动车数量增

加。旅游业等第三产业迅速发展，夜间休闲娱乐活动较丰富，直接带动了夜间商业活动和道路交通车流量的增加，从而导致功能区夜间总体达标率低于昼间，功能区域夜间声环境质量低于昼间。随着封关建设，外来人口增加，人类活动增多，机场、港口航运频次均增多，都在一定程度上增加了附近区域的噪声。

第三章　对策和建议

2023 年是推进自由贸易港封关运作的攻坚之年，是实现“十四五”规划目标任务的关键一年，也是贯彻落实全国生态环境保护大会精神、全面开启美丽海南新篇章的重要一年。海南省生态环境保护工作要以习近平新时代中国特色社会主义思想特别是习近平生态文明思想为指导，全面贯彻落实党的二十大和二十届二中全会精神，深入贯彻全国生态环境保护大会和海南省生态环境保护大会精神，坚持稳中求进、以进促稳、先立后破，以深化国家生态文明试验区建设为统领，协同推进降碳、减污、扩绿、增长，加快推动发展方式绿色低碳转型，深入打好污染防治攻坚战，切实防范生态环境风险，加强生态监管，提升行政效能，健全现代环境治理体系，拓展生态外交，以生态环境高水平保护全力服务支撑自由贸易港高质量发展，开启人与自然和谐共生的美丽海南新篇章。

一、争当示范样板，深化国家生态文明试验区建设

分层次分领域谋划打造美丽中国示范样板，制定出台美丽海南建设顶层设计文件。高质量推进美丽海湾、美丽河湖建设，积极创建美丽城市、美丽乡村。立足海南特色禀赋，以试验区标志性工程为引领，培育多领域先行示范。探索“双碳”示范创新，推广碳普惠交易机制。做强蓝碳国际研究中心，扩大国际交流合作。深化拓展生态产品价值实现试点实践。

二、坚持问题导向，一体推进环境治理和生态监管

紧盯三亚红塘湾项目整改，加快推动第二轮中央生态环境保护督察整改任务“清零收官”。科学制定第三轮中央环保督察反馈问题整改方案，有力有序推动问题整改。统筹推动督察曝光典型案例问题调查整改，高质量办理督察交办群众信访件。强化生态保护修复统一监管，针对督察曝光的典型案例，举一反三，加强热带雨林国家公园、红树林和沿海防护林等生态破坏问题排查整治。

三、深入打好空气质量对标攻坚战，确保环境空气质量持续一流

推动印发《海南省空气质量持续改善行动实施方案》，实施重点区域、领域、行业专项整治。分解细化各市县空气质量改善年度、月度目标并加密调度，根据市县实际情况进行差异化指导。强化源头管控，深化大气污染防治全链条闭环管理，完善研判响应机制，提升响应速度。加强部门联动，深入推动餐饮油烟、烟花爆竹燃放等面源污染防控，全面禁止秸秆露天焚烧、土法熏烤槟榔等散源污染，建立完善城市（镇）扬尘污染防治精细化管理机制，切实将现有的大气污染问题摸排清楚、解决到位。督促海南炼化、东方石化完成一批 VOCs 治理提升工程。持续推进企业绿色低碳升级改造。提升交通运输结构清洁化水平，持续推广新能源车。

四、深入打好“六水共治”水污染治理攻坚战，确保水环境质量稳中更优

强化“三水”统筹，以先进的治水提质工程为依托，综合考虑城镇污水收集管网改造及建设、农业面源污染治理、养殖废弃物资源化利用、工业废水达标排放，统筹实施河流湖库全流域综合整治。在万泉河试点基础上，拓展重点流域水生态监测评价范围。深入落实水岸一体预警联动机制，强化入河排污口查测溯治，乐东、琼海、东方、海口、文昌、陵水、三亚等市县要全面完成辖区重点污染水体排污口整治。深入开展城市黑臭水体整治环保行动，巩固治理成效，推动海口、澄迈等市县新增黑臭水体治理。推动水源地布局优化，稳步提升饮用水水源水质。加强水质不达标海湾综合治理。落实入海排污口规范化管理要求，推动核查整治。开展第三次海洋污染基线调查海湾精细化调查。

五、深入打好净土保卫战，确保土壤环境质量稳定可控

强化土壤污染源头管控。确保重点建设用地安全利用，持续落实“有效保障”。加强关闭搬迁企业地块的土壤污染管控。探索开展受污染耕地安全利用成效评估。协同推进在产企业土壤和地下水污染预防与管理。划定地下水污染防治重点区。制定海南省重点管控新污染物管控方案，继续开展化学物质环境信息统计调查。持续推进全域“无废城市”建设。

六、推动噪声污染防治工作，确保声环境舒适不扰民

加强源头管理，加快污染治理。确定交通、建筑施工、社会生活和工业等领域的重点噪声排放源，按照属地管理原则，强化部门联动和信息互通机制，严格噪声污染执法，确保实现重点噪声污染源排放达标。开展声环境功能区划分评估，调整噪声监测点位，加快推进噪声自动监测站点建设。加大城市降噪基础设施建设，优化各级道路，在城市道路、高速公路等交通干线两侧，设置隔声屏、建设生态隔离带、安装隔声门窗等。

七、持续强化生态保护监管，严控生态安全风险

开展“绿盾”自然保护地强化监督、生态保护红线生态破坏问题常态化监督，推动生态监管加大力度、延伸深度。加强生态保护红线生态环境监督，建立健全生态保护红线和自然保护地人类活动遥感监测与监管执法联动机制。实施海南热带雨林国家公园生态环境保护成效评估。统筹做好生态安全风险防控，建立跨部门工作机制，加强生态安全风险的分析研判、监测预警、应对处置。强化港口建设等重大项目环境影响评价，严控开发建设活动对红树林、珊瑚礁、海草床、沿海滩涂湿地等敏感生态系统的影响。

八、强化生态环境基础能力支撑，提升生态环境治理能力

完善生态与环境监测网络，进一步发挥监测评价对环境治理的支撑作用。建设乐东县、屯昌县大气自动监测站及儋州市、三亚市声环境功能区自动监测系统。推进“一核四区”项目。开展新污染物环境调查监测试点。推动市县监测站现场执法监测能力全面达标。加强应对气候变化、新污染物治理、多介质环境污染综合防治等重点领域科研创新。推进部卫星中心海南分中心、海南岛国家海洋生态环境监测基地建设。